岐阜県のカキ

生活樹としての屋敷柿[illegible]た暮らしの歴史

横蔵の柿　（揖斐川町）

苗木城址の柿　（中津川市）

白川郷の柿　（白川村）

峠のカキ　（下呂市）

平井の青壇子（あおだんす）（山県市）

山岡のしだれ柿　（恵那市）

宮村のカキ　（高山市）

常栄寺の柿　（関市）

伊自良のつるし柿　（山県市）

廿原のカキ　（多治見市）

カキ畑と虹　（本巣市）

舟つなぎ柿　（海津市）

堂上蜂屋の吊柿　（美濃加茂市）

カバー・口絵撮影：作美善男氏

野井御所　（恵那市）

カキ各種　11 月上～中旬の 13 種類のカキ

カキコマ　カキの幼果にマッチ棒を挿して作ったコマ。子どもの遊び道具

坪内逍遥の渋団扇（美濃加茂市民ミュージアム所蔵）

蜂屋柿レッテル
明治末から昭和戦前まで、出荷箱に貼られていた。（美濃加茂市民ミュージアム提供）

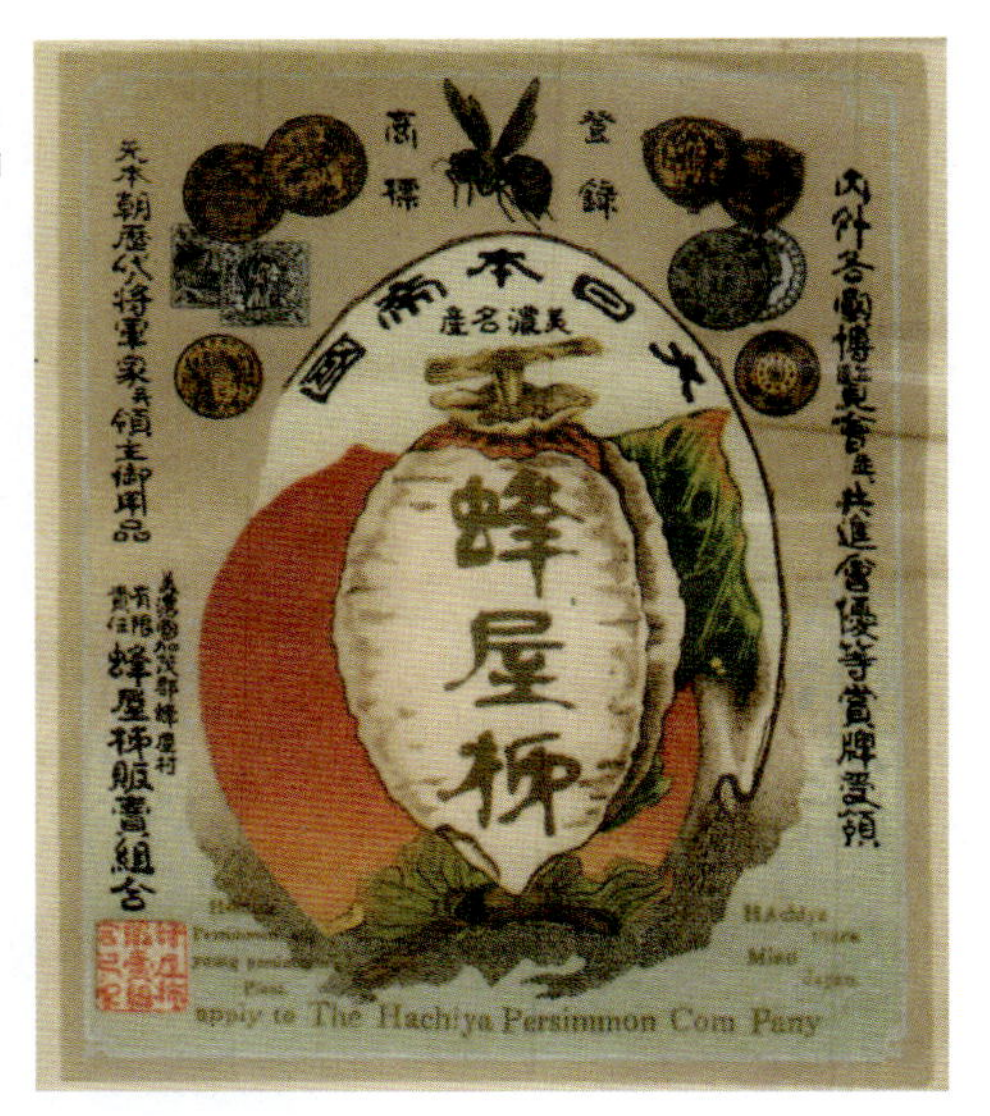

信長料理　天正２年の史料に基づいて復元された献立。上段左端が枝柿。（岐阜市歴史資料館提供・料理復元＝学校法人茶屋四郎次郎記念学園：中島範、堅山翠、和田恵美子）

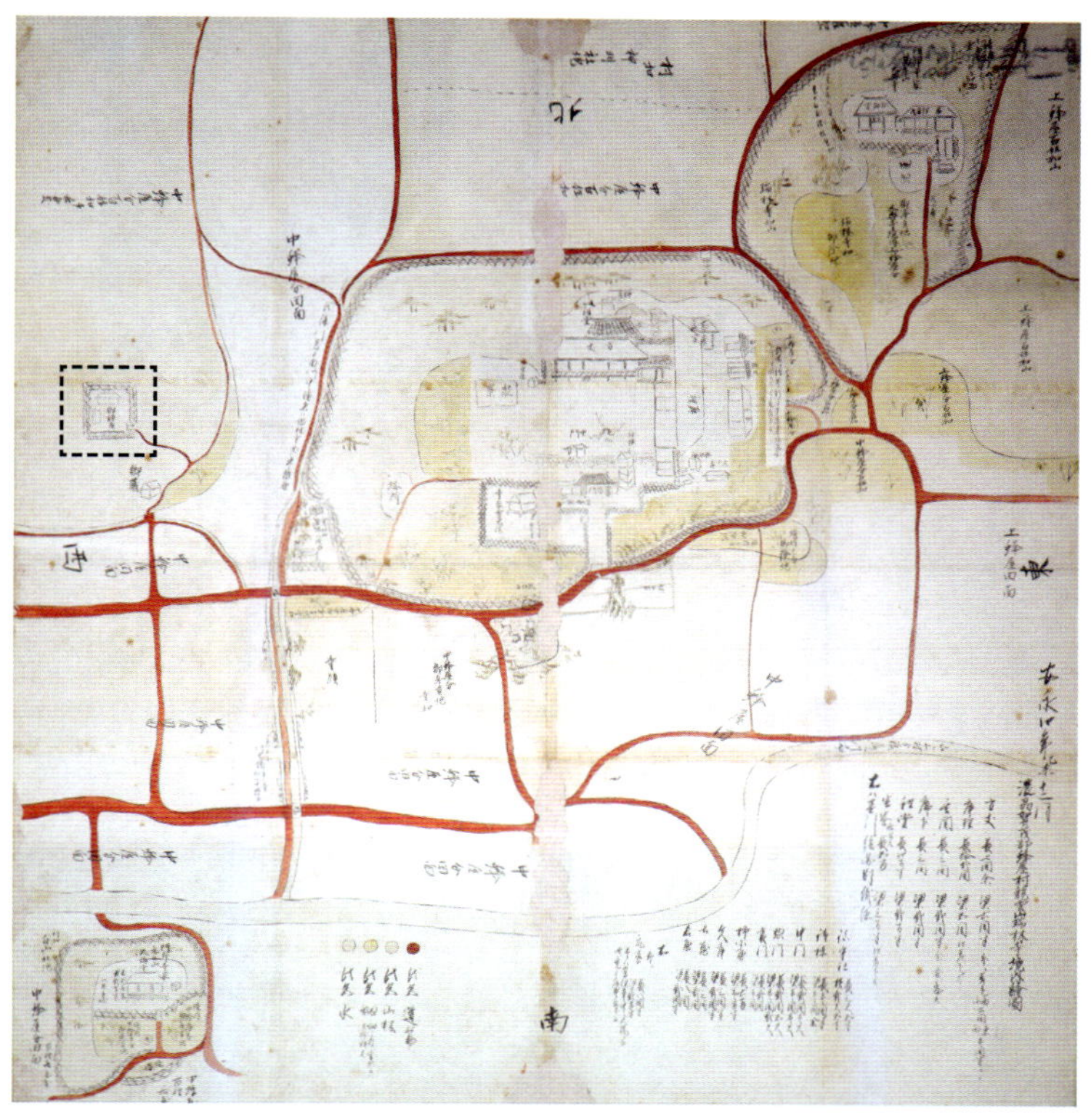

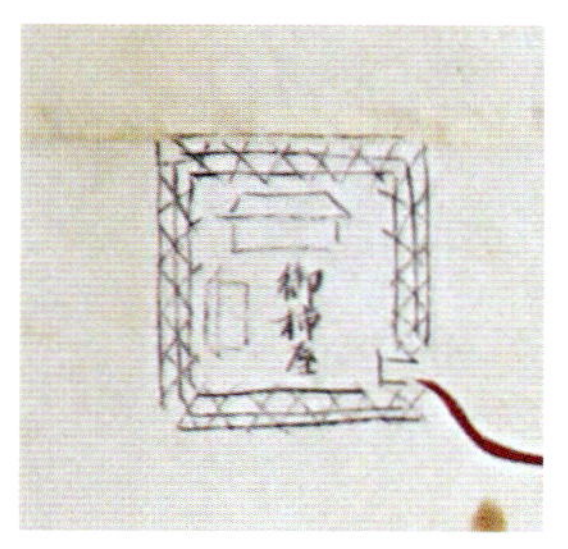

瑞林寺絵図（安永４年）

「御柿屋」（点線で囲んだ部分、左に拡大図）は西の小高い山の中腹に建てられていた。（美濃加茂市瑞林寺所蔵）

山間部に多い猿害　奥美濃での撮影。カキはネンコウジか。（梶浦敬一氏提供）

舟来山のカキ　富有柿を中心とするカキの木で、山一面が真赤になる。
（昭和 53 年頃）

岐阜県のカキ

生活樹としての屋敷柿と
かかわった暮らしの歴史

本書を読んでいただくにあたって

一、県、市町村指定の天然記念物、保存樹、母木などの名称は、できるだけ現在登録されている正式名称に従った。しかし、例えば神戸町八条の瑞雲寺境内にある町指定一四八号のカキや揖斐川町三倉の民家の庭先にあるカキは、「カキノキ」のみで登録されている。このためいたずらに混乱を招く恐れがあるので、寺社名や字名などを「カキノキ」の上に冠して新しい名称とした。

二、本来、植物名としては「柿」はすべて「カキ」と表示すべきであるが、一般には「カキ」は情緒に乏しく堅苦しい。また、馴染みも薄れるという認識のもとに、文献などに過去より記載されているもの、固有名や単語として「柿」の字が使用されているものは「柿」と表現した。

三、品種名は新しく品種登録されているものは、漢字、カタカナ、ひらがなを問わず、そのまま記載した。しかし、古い品種や地域が限定されている在来種などは慣習に重きを置き、「別名」や「類似品種名」などは括弧書きで併記した。また、文中で「柿」の字を加付して記載してある場合があるが、これは過去の資料の原案に従って記載したもので、あえて統一しなかった。例えば〈月夜〉を〈月夜柿〉、〈富有〉を〈富有柿〉などである。

四、この本のカキは本来、カキ科の落葉喬木のカキで、木も果実もすべて含めてカキと表記すべきであるが、文脈の必要に応じて「カキの木」として表記した場合もある。

五、ここに収録してあるカキはほとんどが昭和五十六年頃より調査を始め、平成二十三年秋までに最低四～五回現地を訪れ記録したものであって、調査した年次は一定ではない。また、果実の収穫期も地域によって差異があって、適期と若干前後している場合がある。とくに、糖度調査でも対象個数は十分とはいえず、参考の範囲にとどめたい。

六、カキにまつわる余話を のアイコンとともに関連するページの下段に入れた。

七、第二章で取りあげた各地のカキで県、市町村の天然紀念物、保存樹などに指定されたカキについては、それぞれの名称の下に県 市 町のアイコンで示した。

岐阜県のカキ

生活樹としての屋敷柿とかかわった暮らしの歴史

目次

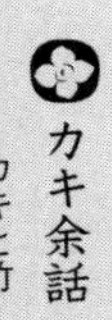

カキ余話

第一章　カキを理解するために

1　カキの語源について

カキは古くから中山間地から平坦地の農家の庭先に多く植えられてきた。また、カキの果実の色は、秋晴れの青空によく調和することから、農村の原風景として詩歌に多く登場する。

その語源については「日本釈名」（一六九九）に「あかき也、その実も赤き故也」と記され、「倭訓栞」（一七七七〜一八七七）もまた、「カキの赤きより名を得たりや、葉もまた紅葉す」とあり、両方とも「赤き」が転じて「カキ」となったといっている。また、「本草和名」（九一八頃）では「朱柿」「朱実」などの名をあげ、実の赤いことが強調されていて語呂合わせ的意向は強いが、「赤き」説はやや納得できる一面もある。

他方、『日本語の起源』（大野晋著）では、朝鮮語のkamがカキの実のことで、それに木が合わさってカキの語ができたのではないかといっている。カキは（中国の黄河下流域が原産地で、奈良時代に日本に入ってきたのではないかと考えられている）中国、韓国に野生種があって（日本にも野生種があるとする学者もあるが）、韓国よりカキの語源が渡来したとしても不思議ではない。

一方、漢字の「柿」の字であるが、敏達天皇の御代（五七二？〜八五？）「家門に柿樹があるので柿本臣氏となす」とあり、その他にも果樹の記録は残っている。その後、平安時代には「本草和名」に「加岐」として、「倭名類聚抄」（九二三〜三〇）には「賀岐」として果実をあげ、当時のわが国のカキの名称にはこの両方が使われている。下って江戸時代の宮崎安貞の「農業全書」や大蔵永常の「広益国産考」では、カキの字を「柹」と記し、世間一般に書く、木偏に市の字は俗字であるとされ、大正の終わりまでは主だった書籍には「柹」の字が使用されている。

ところで、三省堂の『漢辞海』によると「柿の字」の成り立ち説文では「赤い実」の果実と「木」から構成され、「朿」（シ）が音と記されている。

県内でも古くから屋敷柿として植えられている〈妙丹〉〈赤柿〉〈猩々〉など、いずれもその実の「赤き」色がかかわった品種名が付けられている。

2　カキの姿、形

①　カキとは

カキはカキ科カキ属の植物で、世界に分布するカキ属は約一九〇種（傍島）ある。その性状は灌木性または喬木性、常緑または落葉性で、その大部分は熱帯または亜熱帯に分布しており、温帯に分布するものは数少ない。

この中で果樹として栽培されているものは、台木として利用される〈アメリカガキ〉、渋用として中国で栽培されている〈油ガキ〉、それに〈マメガキ〉〈君遷子、信濃ガキ、ブドウガキ〉、そしてわが国で食用に供する〈カキ〉の四種類である。国内で弥生時代前期の遺跡から出土しているカキは〈ヤマガキ〉であろうと推定され、この〈ヤマガキ〉は植物分類学上はカキの変種となっている。その他、沖縄に多い〈トキワガキ〉は庭園樹として、〈老鴉（ろうや）柿〉は観賞木として盆栽や庭園で愛用されている。

また、台湾やフィリピンで生産され、一名を〈台湾黒柿〉ともいう〈毛柿〉は、その心材が家具や調度品に利用されており、日本では生産されていないが、馴染み深いものである。

私たちの身近にあるカキは落葉喬木で、岐阜平坦地では十一月中下旬～十二月に落葉して、三月初旬頃までの低温期に休眠にいたる。平年三月下旬になると芽がふくらみ始め、四月に入って気温が上昇し始めると、新梢を次第に伸ばし、葉を順次広げてくる。五月に入り「八十八夜の別れ霜」あたりを過ぎると、新梢の伸びが止まり、中旬以降に乳白色の花を咲かせる。

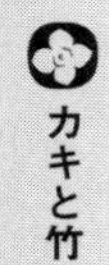

カキと竹

相性があう、あわないは日常生活の中で人と人、物と物、植物と植物、あるいは料理に使う食品と食品、調味料など、日頃から実感されることである。竹林王と呼ばれたた池田町の坪井伊助は、竹林の横にカキを植えるとカキは甘くなり、竹も良く育つといい、「竹とカキは相性が良い」といっている。これは大垣の老舗で作られている柿羊羹に半割の青竹が使われだした始まりともいわれている。

明治の初めに見つかった優秀な〈富有柿〉は居倉（瑞穂市）の竹藪の中からであるし、蓆田（本巣市）にあった〈天神御所〉の原木も竹藪の中から発見六月中旬頃の梅雨に入ると、日照不足や栄養のアンバランスにより落果が始まる。この時期までに剪定や摘果がされていない屋敷柿ではとくに生理落果が著しく、隔年結果の原因となる。そして、梅雨明けあたりから八月にかけて、果実の肥大が進み、果肉の中の種子（核）は徐々に充実に向かう。しかし、この一番暑い気候の時に土壌が強い乾燥に遭うと、果実の肥大は停滞し、収量に大きく関わってくる。

そして早いものは九月中旬頃より成熟し十一月中頃までの二カ月間にわたり収穫できる。

② 甘ガキと渋ガキ

カキには甘ガキと渋ガキがあり、さらにその中間的な半渋ガキがある。これはカキの果肉の中にタンニン細胞があって、これが口の中で潰れると渋が出て渋味を感じるためで、逆にタンニンが固まって流れ出ないような形になれば、舌に渋味を感じず、甘ガキとなる。半渋ガキは果実の中に入る種子の数によっ

されている。また、神戸町の天然記念物である〈瑞雲寺のオオガキ〉も今でこそ竹薮の南端にあるが当初は薮の中にあったと思われる。その他全国的に眺めてみても、渋ガキの代表的品種であった〈横野〉をはじめ主だった数品種が竹薮から見つかっている。

竹薮には、貯食性鳥類（カラスなど）が持ち去った〈木守柿〉などのカキの種を土に埋めるため、種子の発芽に適した条件があるともいわれているが、科学的な根拠はない。〈木守柿〉に優れた形質を保有するカキを残すことも長い未来を考えるとき大切かも知れない。

て左右され易く、種子が多いと甘ガキとなるが、少ないと渋ガキとなる可能性が高い。また、熟柿になればタンニン細胞は凝固して甘くなる。要するに可溶性のタンニンが不溶性に変わることにより渋味が感じられなくなって甘くなるのである。

カキは遺伝学上は雑種で、しかも渋ガキの遺伝子が優性で甘ガキの発現性は極めて劣るといわれている。しかも、後代に伝えられる染色体数は〈シナノガキ〉〈毛柿〉などではn—一五の基本数であるが、〈カキ〉は六倍体でn—九〇と他の果樹に比べて圧倒的に多いため、甘ガキの新しい優良品種作りは大変困難である。

適熟期に達した果実がまだ硬い状態のときに、含有タンニンが溶性か不溶性か、あるいは種子の形成の有無（多少）によって、甘渋の種別を四群に分類する方法が園芸学上広く行われている。その基準は次のとおりである。

㋐完全甘ガキ（ＰＣ甘）：種子の有無にかかわらず気温が適当であれば樹上で成熟し渋が抜ける。

〈富有〉〈次郎〉など

㋑完全渋ガキ（ＰＣ渋）：種子の有無に関係なく、常に渋ガキで果実が硬い間は果皮が着色しても樹上で脱渋しない。

〈堂上蜂屋〉〈田村〉など

㋒不完全甘ガキ（PV甘）：種子の多少によって脱渋に難易を生じる品種。種子の周囲のみ褐斑（ゴマ）が入り、渋が抜けて部分的に甘ガキとなる品種、いわゆる半渋ガキで屋敷柿の甘ガキと呼ばれている品種に多い。

〈月夜〉〈霜降〉など

㋓不完全渋ガキ（PV渋）：元来は渋ガキの種子の入り難い品種で、入ると局部的に脱渋する。普通は種子は入らないか、入っても種子は少ない。全体として少ない品種。

〈平核無〉〈富士〉など

ちなみに全国の甘ガキ主産地（岐阜、愛媛、和歌山など）の年平均気温は一四・五～一五・五度で、渋ガキの主産地（山形、新潟、福島など）の年平均気温は一一・二～一三・一度である。これは気温の低い地方では、果汁中の糖分含量が低くなるためである。また九州南部のように気温が高過ぎても呼吸代謝による糖の消費が著しく、甘味が落ちるものと思われる。全国の甘ガキと渋ガキの生産割合は、ほぼ三分の二が甘ガキで、三分の一が渋ガキである。

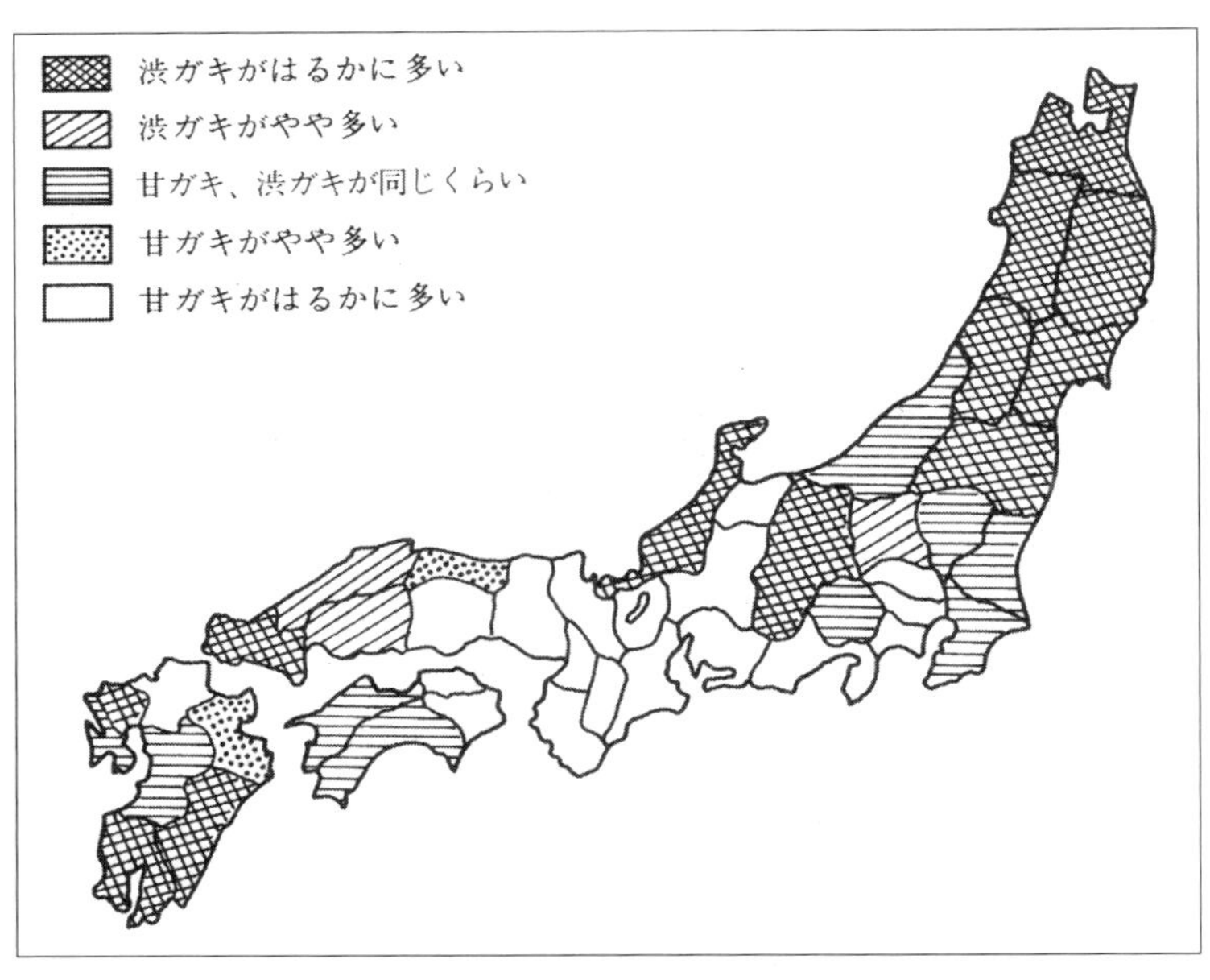

府県別甘ガキ、渋ガキの割合（平井原図　1964）

渋戻り現象

不完全甘ガキの収穫において、収穫時期の初めのうちは甘ガキで後から収穫するカキは渋くなる現象を指していわれている。初めの頃に収穫するカキは大きくて形も良く、中に種子が多く入って甘いが、終わり頃のカキは小さくて中の種子も少なくて渋味が残ることが多い。このため恰も甘ガキが後から渋ガキになったように誤解されているが、実際には渋味は後から発生しておらず、元々渋ガキであったものを指して渋戻りと呼ばれる。

一方で、甘ガキや干柿を加熱して渋くなることを指して渋戻りと呼ぶこともある。これは熱を加えると不溶化したタンニンが一部熱によって溶けだすためである。そのためカキジャムを作るときや焼ガキや燻ガキは冷めないうちに食べるのがよい。

③ カキの色とカキ色

晩秋になって真っ赤に色づくカキの実は美しい。そして、枝構えも周囲の田舎風景にも調和する。カキの果実は豊富な果皮の色によって特徴づけられる。紅色、朱色から緑色や黒紫色まで、品種により様々である。一般にニンジンやトマトなど植物界に広く分布している「あか色」はカロチノイド系の色素によるものである。これは朱色が濃い品種ほどリコピンの含量が多いのが特徴である。

また、〈青柿〉や〈アオダイ〉など緑黄色を帯びたカキでは緑色の色素であるクロロフィルが完全に抜け切らない状態で推移する。果実の果皮や果肉の色素は、秋のもみじの紅葉と同じように、温度の変化によっていろいろな色素が合成されたり分解されて、品種特有の着色が進む。カキのあか色の代表的な色素であるリコピンは、気温が二〇度前後になると発現が高まるといわれている。

ところで、今から七〇年程前の私が学童だった頃、図画用に使用した一二色クレヨンには、赤色と黄色の間に「カキ色」と書かれたクレヨンが収まっていた。最近では一二色に「カキ色」はなくそのかわりに「橙（だいだい）色」と記され、英語で「オレンジ」と書かれている。現在でも年配の人の多くは、赤色と黄色の間の色というと収穫期を迎えたカキの色で、ダイダイ色やオレンジをイメージする人は少ないと思うが、時代によって色の感覚は異なるものかも知れない。カキには長い歴史があるように、時代によりカキ色には複雑な歴史がある。
『日本国語大辞典』によれば、カキ色とは「カキの果皮の色」とある。また、岩波書店の『広辞苑』によれば①「柿渋の色に似た赤茶色」②「弁柄に少し黒を加えた暗褐色の染色」とされている。中世より木綿やアサを、防火、防腐効果のある柿渋で染めた柿衣や柿頭巾、柿帷などの衣料が使用され、山伏の装束や酒屋の奉公人の仕事着、それに柿簾などが知られていた。こうしたカキ色は、弁柄（酸化鉄）と柿渋で染めたものが多かった。

昔から一般に知られる代表的なカキ色は、十八世紀後半に活躍した歌舞伎役者、二代目市川団十郎の十八番「暫（しばらく）」の主人公、鎌倉権五郎の袈裟素襖（すおう）である。また、歌舞伎舞台の定式幕を構成する縦縞三色にも必ずカキ色が加わる。色彩の洪水のような現在の社会の中でもカキ色がどの色にも合うポイント色として生きているものと思われる。

なお、最近の富有柿などの収穫にはカキの収穫適期を徹底するため市販のカラーチャート（普及版）が用いられる。果頂部に基準色のカラーチャートを当てて、果色の数値化がなされ、品質の統一が図られている。

3　日本のカキ・岐阜県のカキ

カキの原産地には、中国渡来説や日本原生説など諸説があって判然としない面もあるが、廣江美之助（『日本列島における森林植物史』）によると、わが国の地質時代の古第三紀（ほぼ四五〇万～八五〇万年前）にカキ化石が確認されて、現在なお日本に生育しているカキ科の植物は九〇種に達すると述べている。同氏によるとその後、氷河期及び間氷河期が繰り返され、日本の植物の一部が中国大陸に移動したという。

栽培の沿革についてはすでに「カキの語源」で一部を述べたように、奈良朝時代（七一〇～九四）の食物研究史によると生果や干果の記録があるが栽培の程度は明らかでなく、山野に自生する〈ヤマガキ〉や〈君遷子〉が利用されていた可能性は十分あり得る。

平安中期に朝廷に仕えていた藤原明衡の「明衡往来」には美濃国司からの献上柿に対する礼状が収録されていて、当時、美濃国より朝廷に枝柿が届けられていたことがわかる。その後、生果として甘ガキが明らかになるのは鎌倉時代（一一九二～一三三三）の「庭訓往来」の中に〈樹淡（きざはし）〉〈木練〉の名称が残っている。この両者は甘ガキに対する一般的総称であって、今日でも関ヶ原町や高山市で屋敷柿としてその名称が伝えられ残っている。また、言い伝えによると、現在でも広く授粉樹として植えられている〈弾寺丸〉は順徳天皇の建保二年（一二一四）に神奈川県柿生村（現在の川崎市多摩区）で寺再建の用材伐採の折に偶然発見されたといわれ、すでに八〇〇年の品種経歴となる。『日本歴史大事典』によれば、室町時代のカキの産地として美濃、近江、大和の名がみられるという。

具体的な品種名が文献に現れるのは、徳川時代前期の「毛吹草」（一六四五）で、大和の〈御所柿〉、山城の〈筆柿〉と共に美濃八屋（蜂屋）の釣柿や安芸の〈西条柿〉が記録されている。また、江戸前期の天和年間（一六八一～八四）に書かれた「百姓伝記」の巻の四「屋敷構善悪・樹木集」の中で、カキの木を植えることの記載には「柿の木は渋柿を重宝とする」ことや、甘ガキの〈こねり〉〈きざはし〉の品種名が記載され、さらに栽培法にもふれている。前後して享保十九年（一七三四）、「尾張藩領産物書上帳」の本巣郡には〈柿にたり〉とあるし、翌二十年の各務郡の部に〈みようたん〉〈どうしよ〉〈御柿〉、安八郡に〈にたり御所〉〈しんみうたん〉などの記載がある。明和三年（一七六六）の「屋井村明鑑」

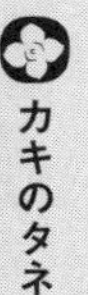

カキのタネ

カキの果実は子房が肥大したもので、その中にタネが最大八個入る可能性があるが、〈平核無〉のように全く入らない品種もある。甘ガキや不完全甘ガキではタネがある一定数以上入ることで、渋味がなくなったり落果が少なくなる。タネは五月中頃に開花して受精すると、果実とともにゆっくり肥大をはじめ、葉の出揃った頃より急に大きくなり、盛夏に一カ月位緩慢となるが、九月中頃には再び肥大が盛んになり成熟する。

果実の形が品種によって異なるようにタネの形もさまざまで、甘ガキは短三角から丸みを帯びた方形で太短く、渋ガキは長三角形のものが多く細長である。

タネが均等に入ることは少ないが、八個すべて入っているより三個位の方が果実がには甘ガキの〈御所柿〉の記載がある。

また、江戸前期に入って人見玄徳の「本朝食鑑」（一六九七）、「農業全書」（一六九六）では、相当数の品種名をあげており、具体的栽培法も出てくる。

明治五年刊の伊藤圭介の『日本産物誌（美濃部）』では〈ハチヤガキ〉のほか〈マンガ〉〈ミョウタン〉〈ダイシロウ〉など数十種ありと述べている。

明治に入って三十年（一八七九）頃までに前記以外の品種名は〈八朔〉〈江戸一〉〈衣紋〉〈核無し〉〈蜂谷（蜂屋？）〉などがみられ、甘ガキと渋ガキの区分の他に果実の成熟期を早生、中生、晩生に区分して解説されている。

明治四十五年（一九一二）の国立園芸試験場によって「柿の品種に関する調査」が行われ、品種名を有するもの一、〇三〇種、異名同種九三種、異品種と認めるもの九三七種に達したと報告されている。

近年では昭和五十三年に広島県から「種苗特性分類調査

大きくなり味も良いといわれている。これは栄養分がタネの方へ集中すると、果肉の方がやや疎かになるためといわれる。タネは次代を背負う大切な使命を担っているため、各種栄養の蓄積も多いと推測される。

ヤマガキのタネの遺体が弥生前期の遺跡から出土しているが、本県からも中世前期の柿田遺跡（可児市）の井戸から発見されている。その後も一五～一六世紀頃の曽根城館跡（大垣市）の溝跡より多数のタネがみつかっている。このタネはやや丸みを帯びていて、甘ガキに近い種類と思われる。

報告書（カキ）」が出された。全国的に同名異種や同種異名のもの含めて約四八〇種が調査され、岐阜県が原産地（または発祥地）と確認されたものが約二〇種に及んだ。その内〈富有〉は同五十三年の統計では全国一位で、約一万一、〇〇〇ヘクタールが栽植されている。また、同二十五年の統計では〈蜂屋〉は第二位で全国で約三、〇〇〇ヘクタール栽植され、これは〈富有〉と共に数年間続いた。このことは両品種の優れた特性を見抜いた先人達の卓越した識見と、岐阜県の風土がカキの発生や生育に適している何よりの査証と思われる。

ヤマガキ

県下の野山に自生する野生のカキをヤマガキと呼んでいるが、カキの分類学上は変種で、渋ガキで小形のものがほとんどである。全国的には関東以西のカキで、東北や北海道には自生のヤマガキは生えていない。

京都府北西部の大江町に〈橋谷柿〉というヤマガキとしては形が大きめのカキがあり、野生のヤマガキの大きいものを選択して長年串柿専用に使われていた。このカキは葉が細長くて毛があり、雌花の子房にも細毛が生えていて、ヤマガキの特徴をそなえている。ヤマガキには葉にも子房にも毛が生えているが、大部分のカキは生えていないカキから進化して、形が大きくなったものである。

本県では標高の低い地域ほぼ全域にヤマガキが自生しており、全国的に見てもヤマガキの種類は多く、三種類以上ある。それだけヤマガキの生存環境に適している。

[岐阜県原産・発祥地の品種一覧表]（屋敷柿の品種一覧〈p432 ～ p443 と重複有り〉）

品種名※1	原産・発祥地	甘渋別※2	特性概要
赤檀子	岐阜県下	PC 渋	樹勢強　隔年結果大　晩熟　果実は中形で長形　果皮橙色　枯露柿　品質良好
伊自良大実	旧伊自良村	PC 渋	樹勢中位　直立性樹姿　やや晩熟　果梗が離脱し易い　降霜により果面汚れ易い
絵御所（蜘蛛巣柿）	不破郡下	PV 甘	開張性　樹勢弱い　やや早生　擬宝珠形中果　果皮表面に褐紋多く出現
近江檀子	山県郡下	PC 渋	樹姿開張性　弱い樹勢　豊年性　隔年結果少ない　半乾燥（あんぽ）柿
晩御所	本巣郡下	PC 甘	樹勢やや弱い　豊産性　果皮やや濃紅色　果頂部裂けやすい　雄花着生
鬼平	本巣郡下	PV 甘	やや開張性　樹勢中位　果皮橙色で鮮麗　ヘタスキ果多　肉質粗　醂柿
帯仕（円座）	岐阜県	PV 甘	開張性　樹勢やや弱い　果肉の褐紋頗る密　果実に円形の座を有す
甘露	岐阜県下	PV 甘	樹勢弱くやや矮性　やや早生　隔年結果性大　果実はやや長形　肉質良好
サエフジ	岐阜県下	PV 甘	やや開張性　樹勢強　雄花の着生多く　富有の受粉樹　果実はやや大で甘味強
鷺山御所（草平柿）	本巣郡下	PC 甘	やや開張　樹勢は中位　やや早生の宝珠形　果皮鮮麗　品質極上　甘味強　ヘタヌキ有
霜降（沢田御所）	岐阜県下	PV 甘	樹姿やや開張　樹勢中　隔年結果性大　やや早生　肉質良好　果汁多い
素人擬	岐阜県下	PC 渋	樹姿樹勢中位　晩生大果　果皮黄色鮮麗　外観良好　豊産性　雄花有　日保良好
すなみ	旧巣南町原産	PV 甘	富有の枝変りより選抜　大果　中晩生種　外観、肉質ともに富有に似る
田村（青檀子）	不破郡関ヶ原・垂井	PC 渋	樹勢強　中晩生種　大果　果皮緑色帯びた橙色　甘味強　半乾燥（あんぽ）柿
天神御所	原産旧糸貫町	PC 甘	やや開張　樹勢やや弱い　果実宝珠形で果皮濃紅色　果汁多く甘味やや強い
堂上蜂屋	美濃加茂市	PC 渋	樹姿開張　樹勢弱い　やや晩生種　果形やや長形　甘味強く乾柿の品質極上
徳田御所	岐阜県下	PC 甘	樹姿開張性　樹勢やや弱い　雌花のみ　大果　果皮黄橙　果肉鮭肉紅色　晩生種
袋御所（裂御所）	本巣郡下	PC 甘	樹姿中位　樹勢やや強　豊産性大　品質良好　稀に雄花有　果頂部裂果有
富有（居倉御所）（改田御所）	原産旧巣南町	PC 甘	樹姿やや開張　樹勢強　土壌・気象環境適応性大　単位結果性低い　外観良好　豊産性大　貯蔵・輸送力優れる
万賀	旧加子母村	PC 渋	樹姿やや開張性　樹勢中位　豊産性　果実やや長形　中形　果頂軟化し易い　漬柿用
マンモース	岐阜県	PC 甘	樹勢弱くやや矮性　下垂　果形やや大きくやや扁円形　褐斑なし　軟化し易い
蓆田御所	本巣市	PC 甘	樹勢弱く極く矮性　雄花の着生有　品質良好　褐斑なし　樹上軟化有

※ 1. 種苗特性分類調査報告書（カキ）を基にして作成
※ 2.PC 甘は完全甘ガキ　PC 渋は完全渋ガキ　PV 甘は不完全甘ガキ　PV 渋は不完全渋ガキ

4　カキに関する難解な語句の説明

・白柿＝渋ガキの皮を剝き、一定期間乾燥させて白い粉（糖質）が表面に付いている白い色の干柿。

・あまぼし＝渋ガキの皮を剝き、少し乾燥させた半乾燥の干柿。烏柿ともいう。また地方によっては甘干とも記されている。

・あんぽ柿＝皮を剝いて干し始めてから約一カ月位で仕上げる半乾燥の干柿。カキを縦に圧縮する場合が多い。あまぼしの一種。

・醂柿（さわしがき）＝渋ガキを皮を剝かないでそのまま灰汁に浸したり、温湯に入れて渋抜きをしたカキ。

・脱渋＝渋ガキの皮を剝かないで渋を抜くこと。温湯につけたり、アルコールに浸したり、炭酸ガスを充塡させてカキを甘くする。

・追熟＝カキを収穫してから果実の内容物を安定させたり、充実させるため一定期間安置して、食用に供したり、皮を剝いで加工するのを延期すること。

・釣柿（つるしがき）＝カキを串に挿したり、紐で結わえて固定し、空中に吊るして乾燥させたカキ。ころ柿（次頁参照）以外の干柿の乾燥したカキの総称。最近では「吊柿」の字が使われる。

・高接＝異なった品種を接木する際、株元でその木全体を他品種に変えるのではなく、幹の高い所の大枝に接ぐ方法で、一本のカキの木から多品種が収穫できる。また早く新品種が収穫できるメリットがある。

・褐斑（かっぱん）＝そろそろ収穫を迎えようとすると甘ガキでは種子の周囲を中心に褐色の細かい糖質が発生する。これを褐斑（糖質）といい、中東濃ではゴマ、西南濃の一部では砂糖と呼んでいる。甘ガキを干柿にすると褐斑が木質化して品質を落とすため、干柿の原料として甘ガキは好ましくない。

・隔年結果＝カキが着花して結実する成り年、それと逆に花数も少なく結実が少ない裏年が、ほぼ交互になることを隔年結果性という。品種による差もあるが、栄養のアンバランスや日照不足による生理落果によることが多い。また、剪定や摘蕾を行わないと発生する。

・子房＝雌花の中心器官で、果実に肥大する組織。肥大の仕方によって、果実の形が決まり、中に核（種子）が入る。品種によっては無核（たねなし：次頁参照）もある。

・椑柿（きざがき）＝古書に記されている。マメガキやヤマガキなど実生から成長したカキの総称で、古くより柿渋や柿酢作りに使用された。

・枯露柿（ころがき）＝昔から長野県で多く作られ、一説によると乾かすために農家の庭先で蓆の上に載せ、陽を万遍なく当てるため乾燥程度により転がして位置を変えることから転柿ともいわれたが、その後枯露柿の字が当てられるようになった。飛騨や益田の一部では昨今でもこの方法で干柿が作られている。

・漬柿＝渋ガキを皮付きのまま塩水などに漬けて食する柿の漬物の一種。渋味は消失するが舌に漬け特有の刺激が残る。

・ほぞつるし柿＝恵那地方で大形の柿の皮を剥き、一個一個別の紐につけて干柿にした柿。上等の干柿。

・無核＝果実の内に種子がないこと。例えば平核無、宮村の種子なし柿など。

第二章　各地の屋敷柿と名木・古木・話題のカキ

1　屋敷柿の歴史と品種の主な特性

次に屋敷柿の歴史について触れてみる。

「新撰姓氏録」に「柿本朝臣は敏達天皇の御代（五七一～八五）に家門に柿の木があるので柿本臣氏となす」とあることから、この時代にはすでに屋敷にカキが植えられていたといわれている。それ以降「日本のカキ・岐阜県のカキ」の項でも述べたように、鎌倉時代（一一八五～一三三三）の文献にはカキ品種として〈樹淡（キザハシ）〉〈木練（キネリ）〉の名があげられ、今日でも高山市、関ヶ原町、白川町などに残っている屋敷柿は、これらの品種名で呼ばれている。

江戸時代に入って幕府は、カキの効用が日本人の生活の中に広く認められ、とくに飢饉対策の保存食としても有効であることから、広く奨励したといわれている。

大垣藩でも寛文十二年（一六七二）、戸田氏西が第三代藩主に就いた直後に、カキを植えさせている。この時代、世上はやや安定していたが、兵法上自前の兵糧の確保は必然で、「北越軍談付録」という兵書にも「城内に植えておくべき草木類」の中に、野菜のイモ、カブラ、ダイコンと共に、永年作物ではウメ、渋ガキなどがあげられている。

兵法上の理由と同様に、窮極の状態に至る飢餓対策としてもカキは各藩で推奨されていた。江戸時代初期の寛永十九年、二十年（一六四二、四三）には前代未聞の大飢饉に見舞われ、郡上、東濃でも大量の餓死者を出した。その後も、天候不順などの理由で、享保（一七三二）、天明（一七八二〜八七）、天保（一七三三〜三九）の三大飢饉が起きている。

享保十九年（一七三四）に記された美濃尾張領の産物調査報告書の「百姓給（たべ）候物」の一項には、マタタビ、エノキの葉と共にカキの葉なども食用に供した記録がある。果実以外にカキの葉までが食用とされ、困窮した生活を強いられていた様子がうかがえる。さらにこの時代、飛騨丹生川の記録によると、カキの葉にカマドの灰を付けて食用に供したと書かれている。同様に天保の飢饉の際、郡上藩では、串柿のように「食物として確かなるもの」は他所への持ち出しが禁止されている。

このような冷害や長雨などの天候不順による穀物不作時に、救荒作物としてソバやヒエに加えて、カキを屋敷や城内に植えさせることは、当時、当然の対策であったかもしれない。

文政十年（一八二七）飛騨国広瀬で生まれ「農具揃」を著わした大坪市二は、少年期に天明の大飢饉を体験し、その悲惨さが強烈に印象づけられていて、「人余って食足らざる下々の国」の食糧生産や備蓄の大切さをその著書に残しており、カキの食べ方についても触れている。

私が県内の屋敷柿の大木、古木を調査した結果、最近まで残っているものは大半が幹周一・五〜二・〇メートル程のもので推定樹齢約三〇〇年かそれ以上であった。時代を遡って推察すると、これらはちょうど三大飢饉前後に符号するのである。

一方、元禄以降に刊行された農書には技術的な面が多く見られる。元禄十年（一六九七）刊の宮崎安貞の「農業全書」には、中国の農書からの引用として「柿の七絶ありて」と書かれ、カキには他の木より優れた点が七つあると記されている。一つ目は木の寿命が大層長い。二つ目は、日蔭を多くつくる。三つ目は鳥が巣をかけない。四つ目は虫がつくことがない。五つ目は紅葉が美しい。六つ目は実がすぐれて旨い果物である。七つ目は落ち葉を田畑に入れると土地が益々肥える。したがって、屋敷まわりに余地があるならば、カキを植えておくと役に立って損することがないから必ず植えておくようにと勧めている。

とくに二つ目の日蔭を多くつくる項は、剪定作業が一般技術として普及していない当時ならではのもので、さらにいえばカキの枝葉は比較的しっかりして地に直根を張りめぐらすため、台風などの強風を和らげる効用もみられる。通常の南面向きの家屋では、母屋より辰巳（東南）方向に三本並列に植えると効果があると説いている。一方、白川町（坂の東）では中央の一本は少しずらして千鳥植えにするとよいといわれている。今では県内の屋敷柿で、この型を取り入れている民家は数軒となった。

各務原市北西部の民家では、屋敷柿に、長い竹の先につけた草刈鎌を高くかかげて、台風の威力を和らげるという、曾祖父の時代から長い間続けられてきた風習が十数年前まで残っていた。

大正時代以降の農作業で牛馬による中耕作業が盛んになり、八畳田字形の母屋のほかに玄関

屋敷柿に牛をつないで牛の手入れ
（昭和 15 年以前）

右手に馬や牛の部屋（小屋）が設けられる間取りが農家の定番となってくると、必然的に牛馬の運動や手入れ場が庭の一角に設けられることとなった。カキの木の下に牛、馬を繋ぎ、日光浴をしながら、毎日のブラシがけや一カ月毎の蹄の切り取り手入れなどができ、その恩恵は大きかった。

また、梅雨時の蒸し暑い中での千把（せんば）（手作業脱穀道具）による麦の脱穀や、さらに脱穀した麦粒を盥（たらい）に入れて、藁草履での芒（のぎ）取り作業など、大変な作業がカキの木陰の下で行われた。

カキの実が赤く色づき始める盆過ぎ頃からは、子供の恰好のおやつとして、あるいは正月用の甘干しのカキとしてなど、生活樹として大いに貢献してきたカキの木であった。

明治四十五年に、北海道と沖縄を除いた全国を対象としてカキ品種の大掛かりな調査がなされ、一、〇〇〇余の品種が確認された。それ以降大正時代を経て、昭和二十年、歴史上経験したことのない敗戦によって、日本ではそれまでの精神構造や生活様式が一変、とくに同三十年代から四十年代にかけての経済の高度成長によって従来の家族中心の共同体が崩壊し、車社会が到来すると食文化や住環境が著しく変化した。こうした時代の変化の中で屋敷柿を育み、旧来の農業の中心的役割を担ってきた農村においても構造改善事業が進み、カキ農家では選択的拡大によって優良品種の導入による専用カキ園の規模拡大が順次広がっていった。この様な条件下の同五十三年に広島県より「カキの特性調査報告書」が出された。これによると結果過去の品種名は約七〇年間にほぼ半減して約五〇〇種となった。

その後私は、昭和五十五、六年頃より県内各地を再三訪れ、屋敷柿やカキの古木を見て回り、その品種や特性を明らかにして一覧表とした。現在専用カキ園として栽培されている最近の品種は除いたが、異名同種とされるものを含めると約一〇〇品種に及んでいる。

左記は、明治以降多くのカキの専門家が認定した品種に、各県あるいは県内それぞれの地域で使用されている俗名も加えて、同一品種であっても異品種であると判断されているもの。あるいは異名であっても同一品種とされるものなどをあげ、昭和五十三年報告書の品種名を基準に、その特性から私なりの判断を加え別名、類似名、地元の俗名を含めて分類したものである。

① 異名同種と思われる品種（＊印は甘ガキ）

＊禅寺丸　＝　コザトウ／　枝柿

＊甘百目　＝　鎧通し／江戸一、江戸甘一

天竜坊*＝月夜／妙丹
蓮台寺*＝平柿／盆柿
富有*＝居倉御所／改田御所
御坊*＝大和御所／目黒御所、キネリ
袋御所*＝裂御所／三里御所
筆柿*＝珍宝柿／名古屋柿、油壺
月夜*＝シンショウ／シンショ
八王子*＝ハチリョウ／蜂領／ハチロウ
絵御所*＝絵師
沢田御所*＝オフル
霜降*＝オフリ／加茂野柿
鷺山御所*＝草平柿
富士＝甲州百目／美濃／タイシロウ／富士山／蜂屋
祇園坊＝美濃／西条
赤柿＝紅柿
田村＝青檀子

甲州百目＝富士／富士山／大四郎／渋百目
堂上蜂屋＝蜂屋
葉隠＝タカゼ
帯仕＝円座
水蜂屋＝うそ蜂屋／蜂屋擬(もどき)
君遷子＝信濃柿／マメガキ／コガキ／ブドウ柿

②地名が付けられた品種（）内は主な産地

〈天神御所〉（本巣、岐阜）〈蓆田御所〉（本巣）〈三里御所〉（岐阜、本巣）
〈居倉御所〉（瑞穂、本巣）〈徳田御所〉（笠松）〈鷺山御所〉（岐阜、本巣）
〈沢田御所〉（養老、大垣）〈改田御所〉（岐阜、本巣）〈大山太郎＝太郎助〉（関、富加）
〈加茂野柿〉（美濃加茂）〈富士＝富士山＝甲州百目〉（飛騨高山含めた全域）
〈万賀〉（中津川、可児）〈蜂屋〉（美濃加茂、美濃）〈野井御所〉（恵那、中津川）
〈藤倉大実〉（山県）〈伊自良大実〉（山県、美濃）〈法力柿〉（高山）

〈御所〉の発祥地は奈良県葛城郡御所町と伝えられている。すでに四〇〇年近い歴史を持っている甘ガキを代表する古い品種であるが、明治の初め〈富有〉が出現する以前は、この〈御所〉に発見された地名を付けたいわゆる御所系のカキが主に本巣、瑞穂、岐阜周辺でそれぞれ一〇品種ほど誕生している。これらはいずれも当時の大字名を冠して地元で親しまれ、誇りとされていたものと思われる。また、一方〈大山太郎〉〈加茂野柿〉は本来の品種名がほぼ確定しているのを横において、地元で育てる意味から頭に地名を冠している。〈藤倉大実〉も同様で地域が限定されている。

〈富士〉と〈蜂屋〉は、ほぼ全国に行きわたっているが、県により別名があって、〈富士〉〈蜂屋〉とも別名俗名が六つ以上あるといわれている。

③人名が付けられたと考えられる品種

〈ダイシロウ〉〈大四郎〉（白川、下呂、高山）　〈草平柿〉（岐阜、本巣）
〈次郎〉（美濃、可児）　〈七右衛門〉（美濃、関、下呂）　〈太郎助〉（富加、関）
〈宗祇〉（郡上、八百津、益田）　〈半兵衛の駒つなぎ柿＝ハッサク〉（垂井）

有名人の名前を付けるのはいつの世にもあることで、人々の期待や願望の表れであろう。
代表的な品種は〈宗祇〉で約五三〇年前の文明年間（一四六九～八六）に、当時連歌の大家だった宗祇法師が郡上の領主であった東常縁を訪ねて古今伝授が行われた。その際に現在〈宗祇〉の母木のある那比近くの新宮神社で歌を詠み、このカキの木を植えたとか、当時植えられていた渋ガキが宗祇によって甘ガキになったとか伝えられている。

〈半兵衛の駒つなぎ柿〉は、竹中半兵衛が若き頃、垂井町岩手の地で育ち、館から五丁（五四〇メートル）程離れた所に駒をつなぎ、弓矢の稽古に励んだという伝承に、また、〈草平柿〉は、森田草平が幼少の頃、屋敷の一角に植えてある〈鷺山御所〉の木に登り、秋になるとカキをいつも取っていたという逸話による。

このような有名人の他、発見者や地域の人の名が年次を経ているうちに自然とそう呼ばれるようになったものも全国的には沢山ある。また、カキの苗を世話してくれた人名、接木をしてくれた人名、さらには地域の篤農家の名を付けた木も多々ある。

その他、つい間違いがあってその品種が現在に至っているものもある。その例として、本巣郡原産の〈袋御所（裂御所）〉が四国の高知県へ関西の苗業者を通じて送られた際、名札が紛失したため当時取り扱った人の名前である「善之助」が仮称として付けられ、その後、高知県ではそのまま〈善之助〉として広まったと伝えられている。

④果皮の色から付けられた品種名（　）内は主な主産地

〈黒柿〉（岐阜、八百津、本巣）　〈妙丹〉（揖斐川、輪之内、郡上）
〈猩々〉（美濃、恵那、中津川）　〈赤柿〉（大野、山県、瑞浪）　〈赤檀子〉（山県）
〈紅柿〉（山県）　〈青檀子〉（関ヶ原、山県）　〈青柿〉（海津、白川）
〈青大〉〈赤大〉（下呂）　〈青平〉〈赤平〉（美濃）

果皮の色から付けられた品種名は結構多い。わかり易く、覚えやすいが間違いも相当あると思われる。例えば、青大、赤大や青平、赤平に見られるように、赤いカキに対比させて無理に青をカキ名として付けている節がある。色そのものでなく、語呂合わせ的に呼ばれていると思われる。「カキの色とカキ色」の項でも述べたが、〈猩々〉〈妙丹〉は赤色でどちらも着色が早く、濃紅色の果皮で鮮明である。猩々は架空の動物である猩々の毛色の朱紅色より付けられた品種名であろう。〈妙丹〉の丹は赤色で、硫黄と水銀の化合した赤土の色のことである。黒柿は数少ないが、果皮の色が黒紫色で少し斑色になる場合が多く、珍奇を好む人の絶好の色である。

⑤寺にかかわりのある品種名（）内は主な主産地

〈盆柿〉（岐阜、大垣、海津）　〈寺柿〉（池田、垂井）　〈天竜坊〉（岐阜、本巣）
〈蓮台寺〉（関、美濃）　〈ネンコウ寺〉（郡上、白川町）　〈明善寺柿〉（白川）

〈盆柿〉はその名前が県内各地に広く残っていて馴染みの深いカキではあるが、これは品種名ではなくお盆の頃の早い時期に収穫を迎えるという極早生種の総称である。したがって実際の品種は多種多様で各地域によって異なる場合が多い。例えば〈ハッサク〉や〈平柿〉あるいは〈宗祇〉など、熟期が九月下旬~十月上旬の早い品種の総称と思われるが、中には十月中旬頃の品種もあって判然としない面もある。〈蓮台寺〉〈ネンコウ寺〉〈明善寺〉ともに寺とのかかわりは推し計るしかないが、この多くは地域住民と寺との何らかの関係を物語るものであろう。

⑥植物や動物の形などのかかわりから付けられた品種名（）内は主な主産地

〈キワタガキ〉（大垣）　〈ミカンガキ〉（中津川、白川）　〈リンゴガキ〉（関）
〈木蓮柿〉（神戸）　〈筆柿〉（岐阜、本巣）　〈キツネガキ〉（恵那）
〈イヌノクソ〉（中津川）　〈ミミガキ〉（郡上）

恵那市岩村町の〈キツネガキ〉はヤマガキの一種で、つい最近まで果実をキツネが食べに来ていた木に付いているカキだけを呼ぶというが、他はいずれもカキ果実がそれぞれの形に似ていることから付けられた品種名である。

〈キワタガキ〉は果実がワタの実の開花前の蕾形状を呈し、〈木蓮柿〉も同様に木蓮の蕾の形に似ていることから付けられた名前である。

〈筆柿〉は書道で使用する筆、それも太さが三センチ以上の相当太い筆の形で、上部に座がある形が似ているところから付けられた品種名である。

〈ミミガキ〉は郡上市の天然記念物で、ややカキとしては小形であるが座が人の耳の形に似ているカキが多いことから付けられた名称である。また〈ミカンガキ〉も小形で種子がほとんどないカキで、横断面がミカンの横断面に似ているところから付けられた名前である。

⑦その他特異な意味をもつ品種名（　）内は主な主産地

〈ハッキリ〉（可児、多治見、瑞浪）

中濃、東濃地域に広く分布する不完全甘ガキであるが、渋がはっきりあがり甘ガキになるということからこの名がある。早生種で着色も早い。

〈にたり〉（養老、揖斐川、本巣）

三〇〇年程前の享保年間の資料に登場する古い品種で、〈御所〉に似たりという意味である。この他、県内には渋ガキにも〈ニタリ〉があって混乱しやすい。

〈葉隠〉（美濃加茂）

中濃地域に多く、樹勢が強く豊産性で、果実によって葉が隠れる程という意味である。

〈素人擬〉（垂井）

県内の原産で完全渋ガキであるが、果皮の色は黄色鮮麗で見映えがするので、素人目には甘ガキと区別がつかないことがあるという。

〈珍宝柿〉（関、美濃加茂）

筆柿と同一品種といわれているが、すでに江戸時代中期に筆柿として史料に顔を出し、三六〇～三七〇年の歴史がある。一方、愛知県原産という説もあり、二系統の可能性がある。垂井町では名古屋柿ともいう。果実は長形で座があり、形を男性のシンボルになぞらえて呼ばれている。

〈うそ蜂屋〉（山県）

この呼び方は、蜂屋に近いかも知れないが蜂屋ではない、という否定の意味である。地元では干柿に適すという。

その他加工法では〈漬け柿〉（恵那）、〈炙柿〉（山県、関）、などがある。また珍しい品種名に〈大名柿〉（川辺）や〈殿様柿〉（関）、それに〈油壺〉（中濃）などがある。

※県内各地に植えられている屋敷柿は、巻末資料（四三二頁～四四三頁）に掲載。

2　岐阜・本巣・山県

①　草平柿〈鷺山御所〉

小説家の森田草平（一八八一〜一九四九）は明治十四年、岐阜市鷺山下土居で森田亀松の長男として生まれ、本名を米松といった。

地元小学校を卒業し、鷺谷高等小学校に入り、一高から東京帝大英文科に学んだ草平は、幼少の頃、広い屋敷の庭木や当時数本あったカキの木で遊び自然に親しんだ。

漱石に師事した草平は、明治四十二年の『煤煙』で文壇デビュー、その後大正元年に「漱石全集」の編集にも専念したが、草平の作品には全体に自然主義の色彩が濃く描かれている。

生家の屋敷は現在他人名義となっているが、カキの木は当時のもので、屋敷に数本あったカキの木も現在では〈富有〉と、〈草平柿〉と呼ばれる〈鷺山御所〉の二本が残るのみとなった。

〈富有〉は話題になった明治の半ば過ぎに先がけて植えられたものであるが、〈草平柿〉は当時

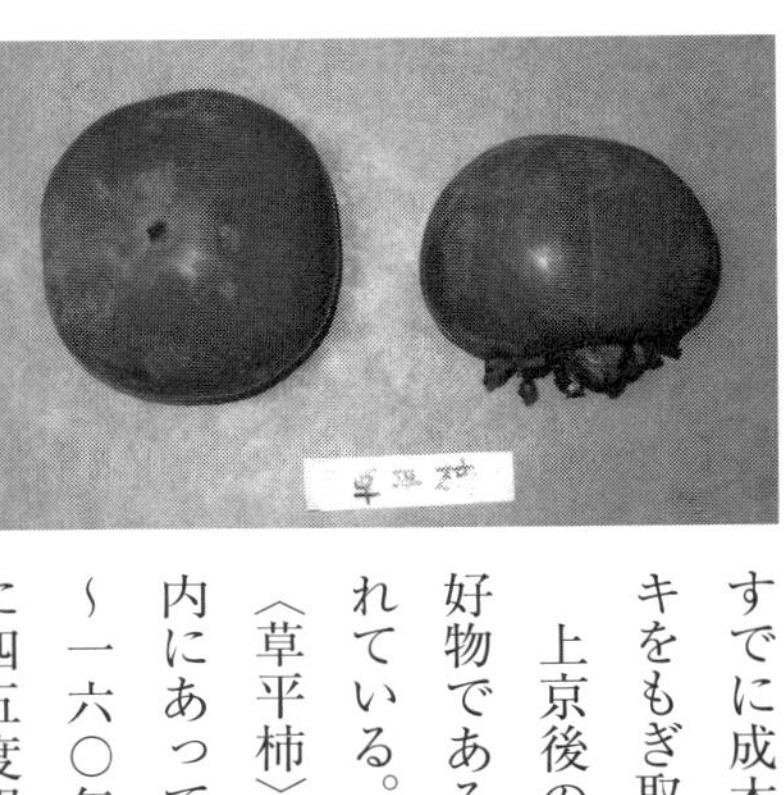

すでに成木になっていて、草平が幼少の頃より木に登って遊んだり、カキをもぎ取って、いつも食べていたと伝えられている。

　上京後の草平は故郷の岐阜を懐かしみ、とくに毎年秋になると自分の好物である岐阜のカキを、親交を深めた文人や知人に送っていたといわれている。

　〈草平柿〉は現在の入口門の位置から六メートル程西に入った生け垣の内にあって庭木と共に植えられている。所有者の話では、樹齢は一五〇～一六〇年位、主幹はゆるく折れ曲がり西南に四五度程傾いて、樹高二メートル位で太い第一枝が出て、木登りには格好の樹形を成している。近くには岐阜市が建立した自然石の「旧蹟記念樹草平柿」の碑がある。

　カキは完全甘ガキの〈鷺山御所〉と思われ、庭師による剪定が例年、定期的に行われ、十一月上旬には比較的安定して実を付ける。

　果実はやや大形で扁形であるが、果皮の色は鮮明な橙紅色で美しく見事である。果肉の色もやや濃く、多汁で甘味は濃厚で強い。糖度は一九・四で品質は極上である。しかし、このカキは年により蔕（へた）すきの

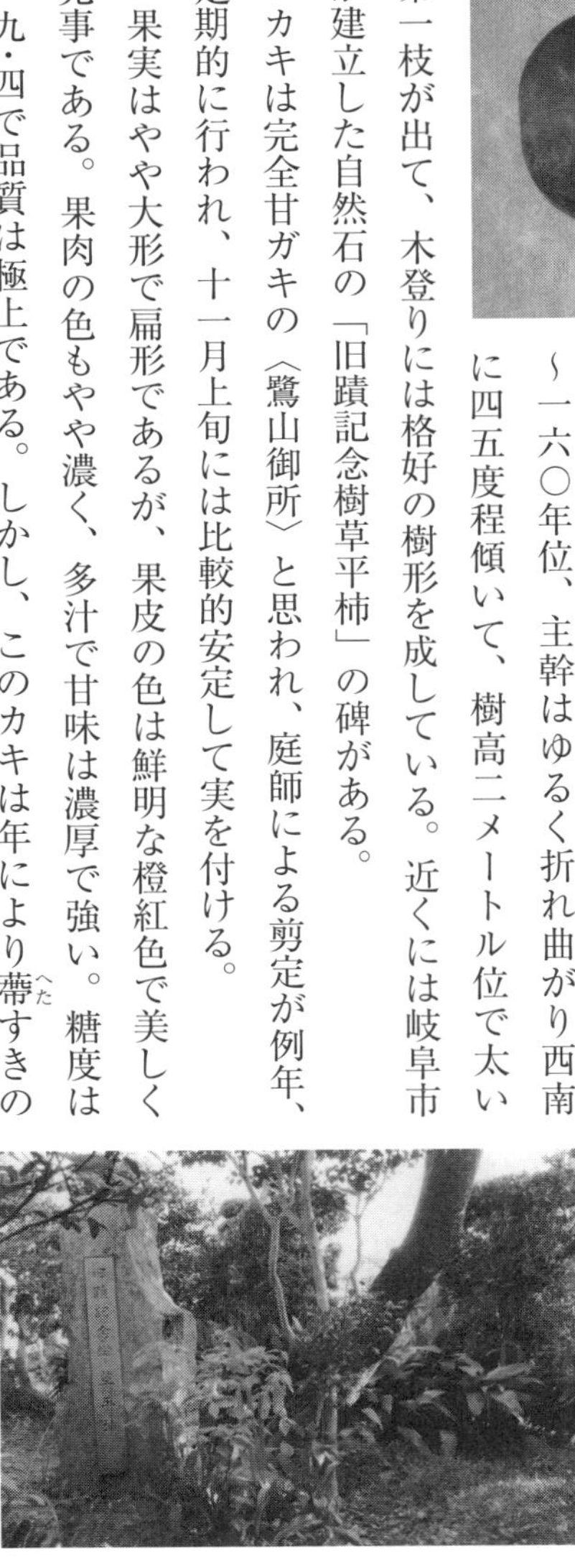

発生が極めて多く、また着果数がやや少ない傾向が欠点である。

〈鷺山御所〉は現在鷺山周辺に屋敷柿として数本あるが、他の地域ではほとんど見られなくなった。なお、昭和三十六年、生家の西に文学碑が建てられ、同四十二年には森田草平記念館がつくられている。

② 玉井神社の小柿　市

岐阜市黒野の市西部事務所北方二〇〇メートル程にある玉井神社の鎮守の森の一角にある。

本殿に向かって左手、西方向の玉垣の中に直立して高くそびえているこのカキは、通常いわれるヤマガキの一種で完全渋ガキである。ほぼ真っすぐに伸びた幹の五メートル付近まで下枝は枯れ上がり、他の周囲の樹木と競合して樹高は、約八・五メートルまで伸びている。

昭和五十二年六月八日、市保護樹二〇五号に指定され、樹齢は一六〇～一七〇年といわれている。目通りの幹周は一・一五メートルで、ヤ

マガキ特有の、粗皮が細かく、暗灰色の樹肌を呈している。果実は擬宝珠形の小形で、果皮も緑橙色の淡い色を有し、渋味も強いため現在では利用されていない。

葉はやや小形であるが、晩秋になると、ぶどう色や黄橙色のむら紅葉が見られ、他の常緑樹との調和が美しい。

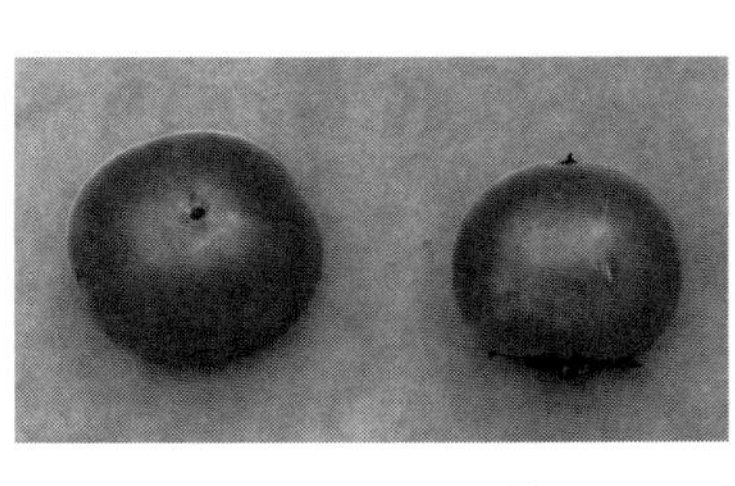

③ 御望野の月夜柿〈シンショウ〉 市

このカキは、岐阜市の北西部、県道78号線沿いにある岐北中学校の前から市道を西へ入った民家の東南庭先にある。昭和四十九年四月一日に岐阜市保護樹に指定され手厚く管理されている。品種は地方によっては別名〈シンショウ〉とも呼ばれる〈月夜〉ガキで、種子の着生が少ないと渋味を呈することが多い不完全甘ガキである。

樹姿は開張性で例年剪定作業が行われていないため細枝が多く、樹勢も中位の状態である。目通の幹周は一・三五メートル、樹高約一一メートルで、地上約二メートルの主幹位置で太枝が分

かれ、横への枝張りも東西一一メートル、南北九メートルと樹量も多い。

果実の全形は扁円形で大きさは中位、果色の着色は良好で光沢のある橙色を有し、外観は形、色彩とも整っている。果肉はやや粗いが甘味は強く、果汁も多い。また、褐斑はやや細かい。

隔年結果性はやや強く、年により成り年と裏年との差は大きいが、「月夜の晩には」果実が照り映え渋味も抜ける、という意味で〈月夜〉の品種名が付けられたといわれる。

母屋の東南に植えられているこのカキは、県内では昔から岐阜地域や西南濃地域に数多く農家の屋敷柿として植え付けられていた品種だが、最近ではめっきり少なくなった。

白壁の蔵の北側に植えられていて、推定樹齢二百数十年といわれている老木に、たわわに実をつけた晩秋の眺めは、見事に調和のとれた田舎の原風景である。

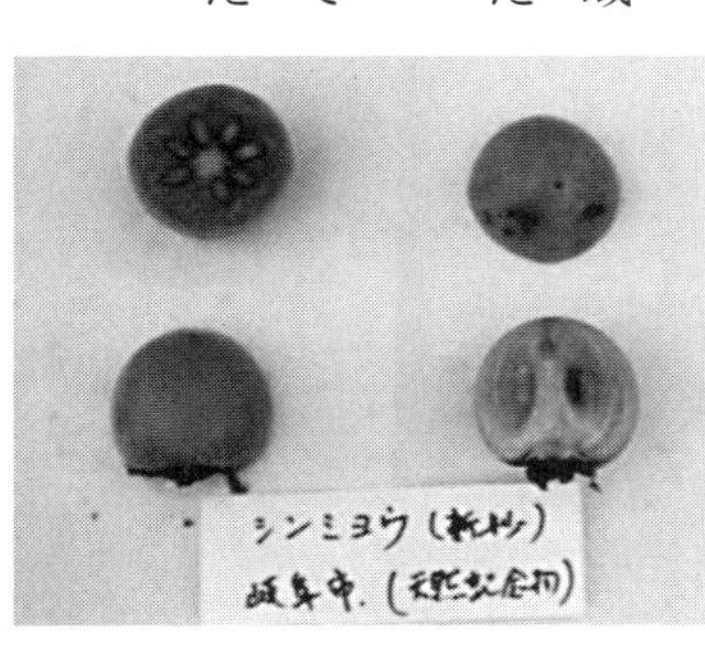

④ 駒塚神社のヤマガキ　市　（枯死）

県道18号線沿いの羽島市竹鼻町狐穴から、市道を二キロ程南下すると駒塚集落に入るが、その一角に駒塚神社がある。ヤマガキは羽島市指定の天然記念物で、推定樹齢二〇〇年以上といわれていた。

このヤマガキは鎮守の森の中にあって日陰となっているため、直幹で枝条の伸びが止まり、樹勢が極めて弱っている。それでも、目通幹周一・八メートル、樹高約八メートルの大木で、小形の完全渋ガキであった。自生のものと思われ、平坦地としては珍しく長い間保護されてきたが、数年前に枯死した。

⑤ 大森の信濃柿〈君遷子(くんせんし)〉

地方により〈マメガキ〉〈君遷子〉〈コガキ〉と称せられ、また〈猿柿〉〈ブドウ柿〉等の名もある最も小形のカキである。

山県市伊自良町大森のバス停近く、民家の庭の片隅にあるこのカキは、推定樹齢三〇〇年ともいわれ、信濃柿として県下で最も古い木である。

〈信濃柿〉は渋濃度が高いので柿渋搾りの品種として利用されてきた。一方〈マメガキ〉と称せられる同一品種は江戸中期より主に鉢植えにして盆栽とし、観賞用として庶民の間で広く親しまれてきた。また、〈マメガキ〉は古くから別名〈棗柿（なつめ）〉とも呼ばれるが、これは熟期のきた果実の色と形状が棗によく似ているために付けられた名である。ちなみに柳田國男は「信濃柿のこと」という小論の中で「信濃桜」と対比させながら、両者がいかに信州から各地に伝播したかに興味を示している。柳田は、播磨を始め近畿、中国地方に広くひろまっている〈信濃柿〉は、椎の実などよりももっと細長い、長さ六～七分（二センチ）程のものであるが、これに対して、信州のものは小粒の平柿である、と論じている。また、前代からの本草学者は、漢名の〈君遷子〉名をもってこれに当てている、といっている。

従来から〈マメガキ〉は果実の形状により、①円形のもの、②楕円形のもの、③広い楕円形のもの、の三群に区別されてきたが、発育性状に著しい差はない。大森の〈信濃柿〉は円形（球形）に近い。

元来〈信濃柿〉はやや冷涼地を好むため、県内においては西南濃にはあまり見られず、中東濃に多く見られ、岐阜市内にも古木がある。小粒な果実は葉毎に着生し、多い時には一枝で十数個を成すが、種子を含まないものが多い。

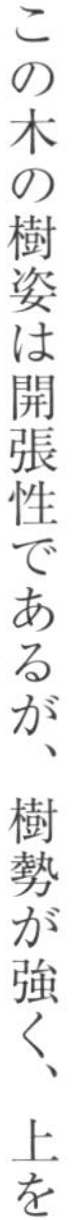

この木の樹姿は開張性であるが、樹勢が強く、上を

通る電線に触れるということで再三大きく枝打ちされ、その都度樹勢が削がれる場合があった。目通の幹周は一・四メートル、樹高一一メートル、枝張は東西、南北共に七・八メートルあって、枝葉の繁茂は比較的旺盛である。

果実は小粒であるが渋の濃度は非常に高いので、早期に収穫して渋取り用にされている場合が多い。剪定をしなくても隔年結果性は少なく、毎年多数の実をつける。熟期は遅く十二月上旬頃になると、熟果は樹上で渋抜きが進行しても落果しなくて熟柿となる。他の〈富士〉等の熟柿の品種に比べ、独特な風味を有する。暗色で樹上熟柿となっても小鳥などの被害は少ない方である。

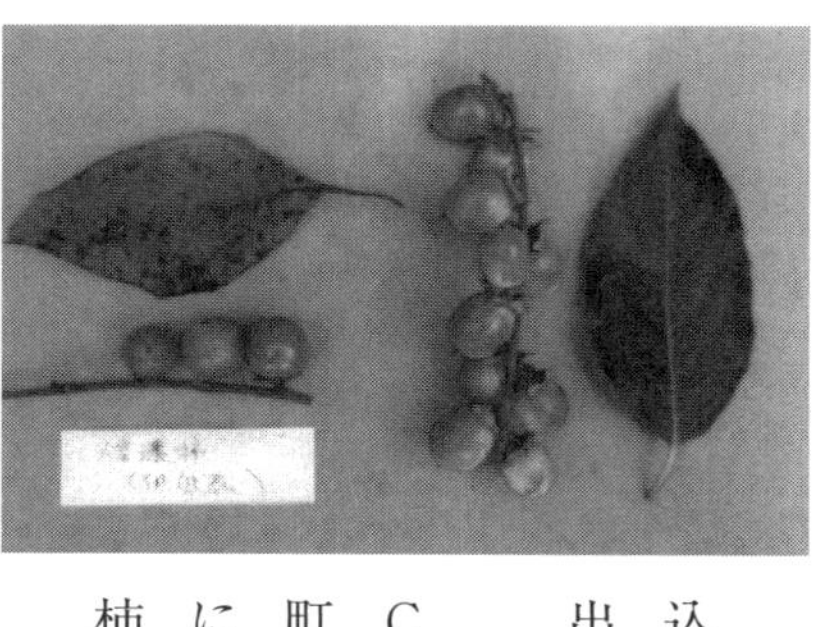

また、果実はそのまま洗って皮を剥かずに乾燥させて、砂糖に漬け込み菓子に加工する方法があって、長年にわたり岐阜市内の菓子屋へ出荷されていたが最近中止された。

なお、〈信濃柿〉の葉形は小形で細長であるが、内容的にはビタミンCの含量が多く、古くより葉を柿茶として利用している。加茂郡七宗町では〈君遷子〉を従来の桑園の仕立て法のような栽培をして集約的に管理し、柿葉採取専用園を作って七月頃収穫し、柿葉を原料として柿茶（または柿葉茶）を多量に生産している。

⑥ 平井の青檀子

このカキは山県市伊自良支所から県道91号線を北上して、平井集落を過ぎ、農道を少し入ったカキ園の中にある。

樹齢三百数十年といわれる古木で、地上に接木痕がはっきり現れ、株元の幹周二・六メートル、目通幹周二・〇メートルの巨木である。

樹高は一八・五メートル、枝張りは東西、南北共に一六・七メートルで、第一枝の太さもちょうど一メートル程ある大木である。周囲に障害物がなく枝条は四方に広がり、全体の樹姿は調和した美しい自然形をなしている。

この〈青檀子〉は地元では「あおだん」または「あおたんす」と呼ばれているが、昭和五十三年に広島県より発行された「種苗分類調査報告書（カキ）」によると、関ヶ原町または垂井町原産（推定）の〈田村〉の別名であると記されている。しかし、実際には両町にある〈田村〉とは若干異なるようであるが判然としない。

この品種はやや晩生の十一月中下旬の収穫期で、樹勢は強く結果性は比較的少なく、豊産性である。

果形はやや大形の長形をなし、果皮はやや緑色を帯びた橙色で光沢にやや欠ける。肉質はやや粗く、品質は中程度であるが糖度は高く二〇前後で甘味は強い。

なお、炭疽病など病害虫に強く、また耐寒性においても、とくに霜害などに強いので平年収量は多い。所有者の話では最高に収穫できた年には、この木一本の実で三〇〇連の干柿を作ったという。

⑦ 片狩の万賀

山県市美山町谷合より「やまぼうし街道」（国道418号線）をしばらく西に上り、片狩集落に入ると国道沿いの民家の庭先に〈万賀〉カキの古木がある。

目通の幹周一・二メートル、推定樹齢約一五〇年で「万賀としては県内最大級」の木と思われる。

樹姿は地上約三メートルで大きく双幹となって南北に広がり、やや直立性で樹高六メートル、樹勢も中位である。この〈万賀〉の特徴は、放任で剪定、整枝を怠っても再生力が強く毎年着花数を多く付け、比較的多産であることと、土壌の適応性が広く土地は選ばないが、気象はどちらかといえばやや冷涼地を好むことである。

成熟期は十月下旬～十一月上旬とやや早く果実は中形ですこぶる長形をなし、果皮は橙色を呈するが、少し収穫期を過ぎたり強い霜など低温に遭遇すると頂端が紅色を帯び、その後軟化が進む場合がしばしばある。また果実には種子が多数入りやすい欠点がある。このため原産地といわれる中津川市加子母町では、種子がほとんど入らないいわゆる無核の「核無万賀」が選抜され利用されている。

この〈万賀〉はすでに江戸末期の記録にあるが、最も注目をあびたのは明治中期以降から昭和の中頃にかけてで、旧恵那郡北部（現在の中津川市加子母町や付知町）を中心とした屋敷内や畑の周囲に多く栽培され、果実を塩漬けにする「漬けガキ」の一品種としてである。この地方のほとんどの家では、秋になると塩漬けされて暮から正月にかけて子供のオヤツや間食として供される「漬けガキ」の代表的品種であった。また最近では一部は皮を剥いで干柿にされているが、甘味も強く果肉の色もアメ色を呈し美しい。

なお、先にも述べたように〈万賀〉の原産地は、中津川市加子母町万賀といわれているが、その原木ははっきりしていない。土地の整備が実施された昭和三十～四十年以前にはこの地域にも数多くの〈万賀〉が見受けられたが、それ以降はほとんど姿を消した。最近では東濃を中心に中濃地域や岐阜地域の一部に散見されるにすぎない。

⑧ 富有柿の母木 市

「カキの王様」「甘ガキとして最高の逸品」といわれる〈富有柿〉は、明治の初め旧本巣郡川崎村居倉（現瑞穂市巣南町居倉）の竹林の中から発見された。この地方では〈大御所〉もしくは〈居倉御所〉と呼ばれていた。また別名を〈瑞光〉〈改田御所〉ともいわれていた。民家の裏の竹藪の中で見つかった当時は、地際で主幹が分かれて双幹となり、各幹周一尺八寸（約四五センチ）、高さ六間余（約一一メートル）、樹齢一〇〇年以上と、大正元年発行の『柿栗栽培法』（恩田鐵彌著）に記されている。

　このカキがどの様にしてこの世に出てきたかを紐解くと次のようである。

〈富有柿〉の発見者・福嶌才治は慶応元年（一八六五）生まれで、幼少の頃より医者を志して勉学していたが、健康を害して断念、当時の原木の所有者である小倉初衛の近くにあった実家に帰郷していた。そして二二歳の時、家督を継いで農業に従事するようになると、当時からこの辺りで盛んに行われていたカキ栽培に福嶌青年も興味を持つようになった。たまたま竹林の中の〈居倉御所〉の中に、形状、味ともに他のカキを圧するような優れたカキがあって、近郷では以前より評判になっていた。彼は家督を継ぐ前の二〇歳の時に初めてその優れたカキの接木を試み（『富有柿とその原木』）、その後十数年間にわたり情熱を注いでカキの改良、選抜に当たり、明治二十四年頃から何度か農産物品評会や共進会に出品して高い評価を得てきた。そして同三十一年岐阜県農会主催のカキ展覧会を機に新しく〈富有柿〉と命名して出品した。

〈富有柿〉の命名にも諸説があるが、広島県から昭和五十四年に発刊された「カキ特性分類報告書」によると、福嶌は中国の古典「礼記（らいき）」の中庸篇の「…四海之内を富有久……」から富有の二文字をとり、これを出品の甘ガキの名称として冠した。この意味は、備わっているものには自然に全国に広がるような天の助けがあるという意味と記されている。

その後も〈富有柿〉は、同三十五年岐阜市で開催された関西府県連合共進会、翌三十六年、岐阜県農会主催の品評会で一等賞や特別推挙奨励されるなど輝かしい成績を上げた。この時の審査長である国立園芸試験場長の恩田鐵彌が〈富有柿〉を激賞し、併せて広く各方面に紹介したことから衆人の注目を引くところとなった。翌三十七年に福嶌才治は川崎村農会を経て〈富有柿〉一籠を天皇陛下に献上したと記録されている。

こうして、明治二十五年以来同三十七年までの一二年間に行われた品評会や共進会で度々上位入賞を果たし、また献上柿となったこともあって、近くのカキ栽培農家からの〈富有柿〉に対する関心と期待は日毎に高まってきた。さらに当時新しい接木技術が導入となったこともあって、明治四十年に本巣郡蓆田村郡府（現本巣市糸貫町郡府）に専用の「富有柿園」が誕生するところとなり、これが好成績で推移し、順次近隣の栽培農家に波及していった。

やがて〈富有柿〉の命名から十数年後の大正年間初頭には、その名声が遠く九州、四国や東北地方にまで及んだ。その結果福嶌才治はもとより原木所有者の小倉氏宅には苗木や接穂の注文が殺到し、両者はその対応に追われた。そして、本巣郡を中心に〈富有柿〉の専用カキ園は着実に増加し、大正十一年には生産者によって初めて「本巣郡柿販売組合」が結成された。

そのなかで、大正十年、「富有柿原木」が暴風により倒伏損傷、その後遺症を大きく引きずったまま、昭和四年三月に小倉氏宅の家屋新築のため、原木が移植されるとその年萌芽せず、原木は枯死したと『柿の栽培技術』（石原三一著・昭和十五年刊）に記されている。

現在の「富有柿の母木」はその後に、小倉氏宅の離れ南側に植えられたもので、幹が二本に分かれており、枯死した「富有柿原木」に樹姿がとてもよく似ている。果実の特性も長年にわたって選抜、淘汰が行き届き、外観、品質とも最も優れた長所を有するものになった。

こうして広く世に出た〈富有柿〉は、新潟県佐渡や朝鮮半島にまで苗や接穂が出荷されるに至った。昭和初期の輸送では、大根に接穂を差し込んで水分が切れないように工夫したと伝えられている。県内においても大正から昭和初期にかけて屋敷柿の台木に高接を行った実績が多く、高山近郷

や中東濃の寒冷地にも幅広く導入されたが、専用カキ園としての栽培は成功しなかった。

昭和五十四年の統計によると〈富有柿〉の栽培面積は約一万一、〇〇〇ヘクタールに及び、品種中第一位である。一二年後の平成四年の統計では一位は堅持しているものの、栽培面積は約六、五〇〇ヘクタールと激減している。最近では、収穫期の幅が広く市場性の高い品種が求められ、新しい形の経営と共に多品種化が課題となっている。

なお、この〈富有柿〉には、①旧巣南町、旧糸貫町、旧真正町にも原木があった。あるいは揖斐川町にはさらに大形で味の良い〈富有柿〉があった。②〈富有柿〉の命名年次が明治二十五年である、いや同三十一年である。いやそれ以降の同三十六年である（郷謹之助著『富有柿の栽培』）。③〈富有柿〉の原木は枯死した。いや絶えたように思えたが株から芽を吹き返し再生した。等々、諸説、諸論があって判然としない面も多々あるが、発祥の地は現在の瑞穂市巣南町居倉ということで一応結着し、昭和四十七年十月九日この地に「富有柿発祥の地」の記念碑が建立された。また隣には「富有柿生みの親・福島才治顕彰碑」も建てられている。

その後、昭和五十五年十月一日、旧巣南町は民家の庭先にある〈富有柿〉を「富有柿の母木」として天然記念物第二六〇号に指定した。この木は県道92号線の市内唐栗地区から市道を北へ一キロほど北上した所にある。

〈富有柿〉の特性は土壌、気象などへの適応幅が比較的広く、早期成長を達し、隔年結果性も少なく豊産性であること。また、果実は完全甘ガキで多少成熟期を過ぎても軟熟し難く、果皮・果形も整い優美で輸送性も高い。欠点として無核であると形状も整い難く授粉樹を必要とすること。成熟期がやや遅いことなどがあげられる。

⑨ すなみの原木 市

〈すなみ〉の原木は瑞穂市牛牧地内の国道21号線から県道171号線を三キロほど北上した同市内巣南町十七条地内の市道沿いのカキ畑の中にある。ここは〈すなみ〉の生みの親である杉原作平の顕彰碑が建てられ、その碑の東側のカキの木二本が原木といわれている。

この〈すなみ〉は、昭和五年頃に定植した〈富有〉の枝変りから発見され、同二十八年頃より接木繁殖を数回繰り返し、三〇数年かけて固定化が計られ、同六十三年八月十八日、登録番号一六八三号で新品種登録された比較的新しい品種である。

樹姿は開張性で樹勢はやや強く、葉の大きさは大で樹形は比較的〈富有〉に似ている。雄花及び完全花は無く、花芽は〈西村早生〉に近くつきやすい。普通枝で六～七番の花がつくのが特長である。

収穫期は〈富有〉より一～二週間早く、〈松本早生富有〉並みで果実の外観は〈富有〉よりやや扁平で、果実は橙朱色で光沢があり、一個の重量は三〇〇～三五〇グラムの大果である。

果肉の色は橙色で褐紋は比較的小さく、糖度は中程度の完全甘ガキである。

登録申請の昭和六十一年から地元果樹苗木協同組合によって苗木が出荷されている。同六十一年四、〇〇〇本、同六十二年六、〇〇〇本、同六十三年一万本。それ以降も出荷は順調に伸び、将来的には県内で栽培面積一〇〇ヘクタール以上の新植が期待されている。

一方、栽培面積の増大と新植苗の成木化に伴って〈すなみ〉の土地適応性や果実のやや不揃いの不安材料が指摘され、早急な対応技術の開発が急がれている。

なお、昭和六十三年新登録される前に、富有の枝変りより出現した〈四L〉というカキの品種が旧本巣郡に栽植されているが、この〈すなみ〉

と酷似していて、両者を合わせるとさらに栽培面積は増える。

⑩ 天神御所の原木 県（枯死）

国道157号線（通称本巣縦貫道路）の本巣市糸貫町三橋地内から市道を東に一キロほど入った天神の民家屋敷内で、ブロック塀に囲われたトタン屋根の下という悪条件下に生えている。推定樹齢二三〇年、目通の幹周一・二メートル、樹高約五メートルであるが、主幹が強く切断され樹姿は「ずんどう」形をしていて、樹勢は大変弱っている。

この原木は近くの屋敷薮の中にあったが、明治二十三年、鵜飼嘉吉がこの土地を買い上げ、さらに昭和五十一年に転売されて団地化されたため他者の所有となり現在に至っている。

このカキの木は、明治の初めに伐採され、現在のものは二代目〈天神御所〉と伝えられているが定かではない。また大正元年発行の恩田鐵彌著『柿栗栽培法』によれば、伐採前の明治の初めには、このカキは一般に渋ガキとして知られており、当時盛んに採取された柿渋の原料として早期に収穫出荷されていた。したがって、当時近隣では甘ガキとして取り扱われていなかったが、二代目となってから

ちょっとした機会に完全甘ガキであることがわかり、その長所が次第に明らかになるにつれて優れた完全甘ガキであることが認知されていったという。

近年極端に樹勢が弱ってきたが樹姿はやや直立性から中間型で、熟期は十月中旬から着色し始めて十一月中旬頃まで続き、〈富有〉よりやや早い傾向である。

果実はやや大きく、やや扁平で腰高であって、頂端は〈富有〉よりやや尖る。果皮の色は濃い血赤色で光沢もあり色彩は鮮明である。肉質は緻密で果汁も多く甘味も強い。糖度は一八・五である。しかし収穫期が遅れて強い霜に遭うと果頂部が黒くなったり軟化しやすい。また樹勢が弱く、収量が少なく不安定である。

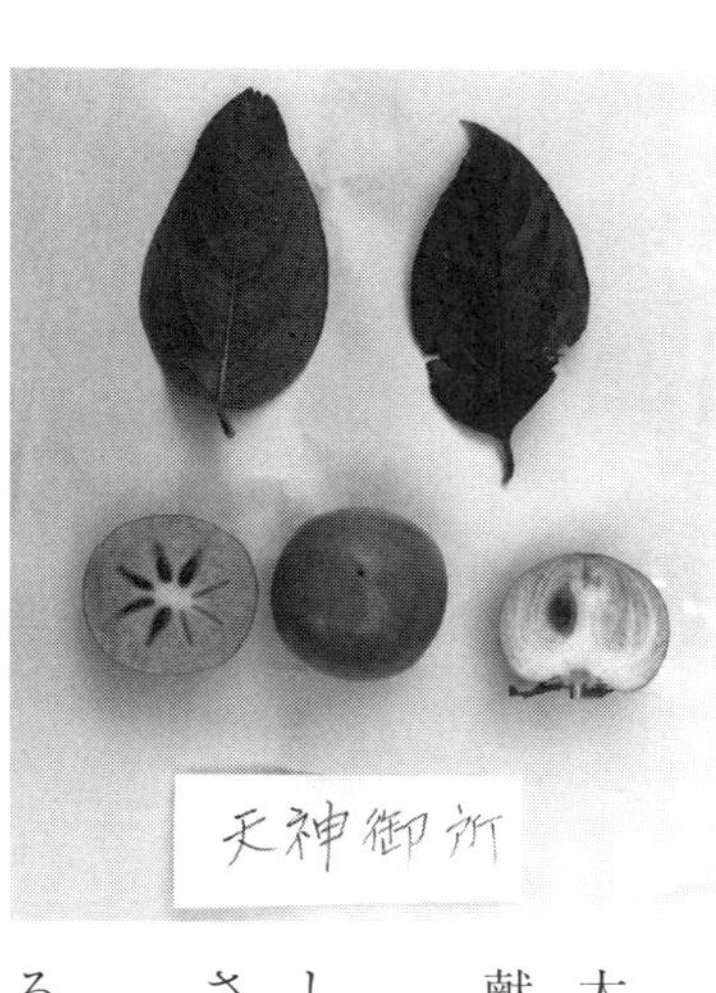

評判になった明治三十一年当時に東宮だった、のちの大正天皇が岐阜県に行啓された際、この〈天神御所〉が献上された記録も残っている。

なお、この〈天神御所〉は県内のカキの天然記念物として〈甘原のカキ〉に次いで二番目に古く指定され保護されてきたが、残念ながら数年前に枯死した。

現在、同地区内に樹齢一七〇～一八〇年といわれている〈天神御所〉が残されているが、県内でも同種の姿を見るのは稀となった。また、〈富有柿〉が世に出る前の明治初期、まだ〈居倉御所〉と呼ばれていた頃には、「富有柿の原木」が発見された付近に天神神社があったため、現在の富有柿が〈天神御所〉と呼ばれた時期があり、市場や生産者間で混乱を生じたこともあった。

3　西南濃・揖斐

①　いのちの柿〈トンゴ〉

大垣市街地の中心部にある大垣公園の西の一角に、いのちの柿の若木がある。

このカキの親木は、長崎市内に原爆が投下された際、爆心地から約九〇〇メートルの場所で被爆したが生き残った木で、その後五十有余年の歳月を経て、樹木医の海老沼正幸の計らいで育てられた数多くの二世の一部である。

カキの品種は、長崎市周辺に昔から栽培されている地域固有の在来種（福岡県にも一部の地域に栽植されている）で、地元では〈トンゴ〉と呼ばれている渋ガキである。〈トンゴ〉は長崎では甘ガキも存在するが、平成十三年以降大垣市に寄贈されたものはほとんどが渋ガキである。

この植樹活動は平成十二年度に開催された「決戦関ヶ原大垣博」連携事業のプロジェクトの一部として、子供たちが命の大切さを考え、また、このカキの木のように逞しく生きてくれるよう

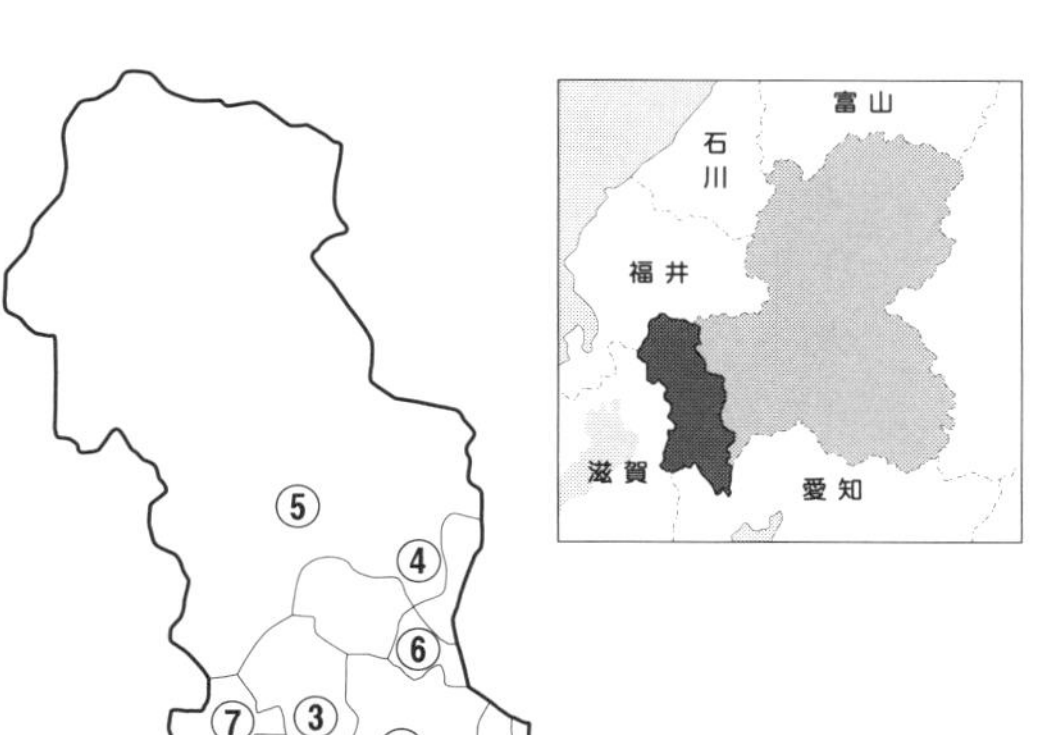

にという願いが込められて始まった。その最初の取り組みとして同十三年三月五日、市内の公立小、中学校二カ所と、大垣公園内に植えられた。

これらのカキの木は、被爆当時七〇～八〇年生の壮年樹であったが、すでに樹齢百数十年を経過して樹勢も衰えていた平成八年頃、生き長らえた五本の母木から穂を採取して、中国原産マメガキの台木に接木したものである。大垣市ではその後、実生苗の寄贈も受けて、市内各地に植えられた。

カキの実は母木よりやや小さくなったといわれるが、それでも中形の方円形をしていて、一個一二〇グラム前後で、果皮の色は橙黄色である。樹姿はやや直立性で、樹勢は中位である。また、成葉は小形で、十一月中旬頃のカキの収穫期を過ぎた頃から見事な紅葉を見せはじめる。

果実の糖度は一八・七で、渋ガキとしては少ない方である。親元の長崎市では、一般には干柿にされているが、一部では焼酎漬けにされたり、ゼリーに加工されている。

なお、大垣市では、過去に大垣を「大柿」と表記されたこともあったことから、大の字を図案化した市章のデザインはカキの蔕をも表している。

② 舟つなぎ柿〈シンショウ〉

岐阜、西濃、南濃地方に広く分布している水屋は、治水、排水事業等の進展に伴い、近年とみに減少の一途をたどっている。水屋とは古来この水場地帯に見られる避難用の小舟を備えた建物である。小舟は普段は主に水屋の屋根裏に格納されたり、軒に釣り下げて保管されているが、いざ水難事態となると、この舟を降ろして玄関近くにある頼りになる木に繫ぎ、家族や貴重品を乗せて脱出を計る仕組みになっている（場合によっては二階からも出られる構造）。この水屋の流出を防ぐためにも長年大切に管理されてきたのが「カキの木」である。植えられている場所は玄関近くの東南方向で、成木になると直根が地中深く伸長して台風などの強風にも強く、風を和らげ、母屋を守り、収穫物のカキも貴重な食料となることから、江戸時代から広く奨励されてきた。

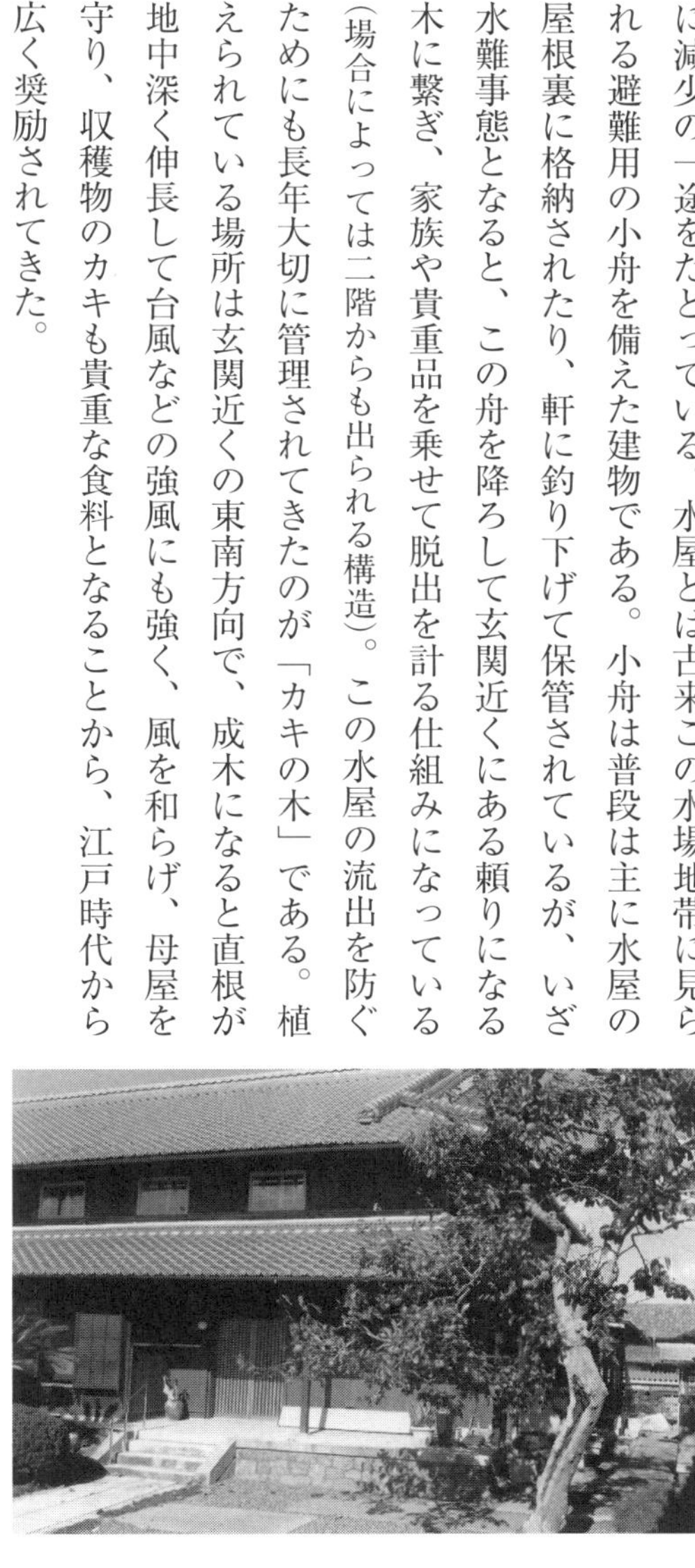

「舟つなぎ柿」は、大垣市、輪之内町、海津市などで数カ所確認されているが、品種は様々で、海津市福江は〈青柿〉、立野は〈月夜柿〉、鹿野は〈シンショウ〉、輪之内町内では早生の〈砂糖柿〉などである。

中でもここに掲げた海津市鹿野の旧家の「舟つなぎ柿」は永禄年間（一五五八～七〇）の農書でも奨励されている形式に倣い、母屋玄関から辰巳（東南）の方向に三本並列に植えられていた。ところが、最近この内二本が都合によって切られ、玄関に近い〈シンショウ〉一本となっている。

このカキは玄関軒先約四メートルの位置にあって、樹齢一五〇年、目通幹周一メートル、幹は地上二メートルの所よりやや「くの字」に曲がり、三メートル位で二枝に分かれて樹高六メートルである。主幹の一部は虚(うつろ)になっているが、樹勢は中程度で比較的結実性は高い。

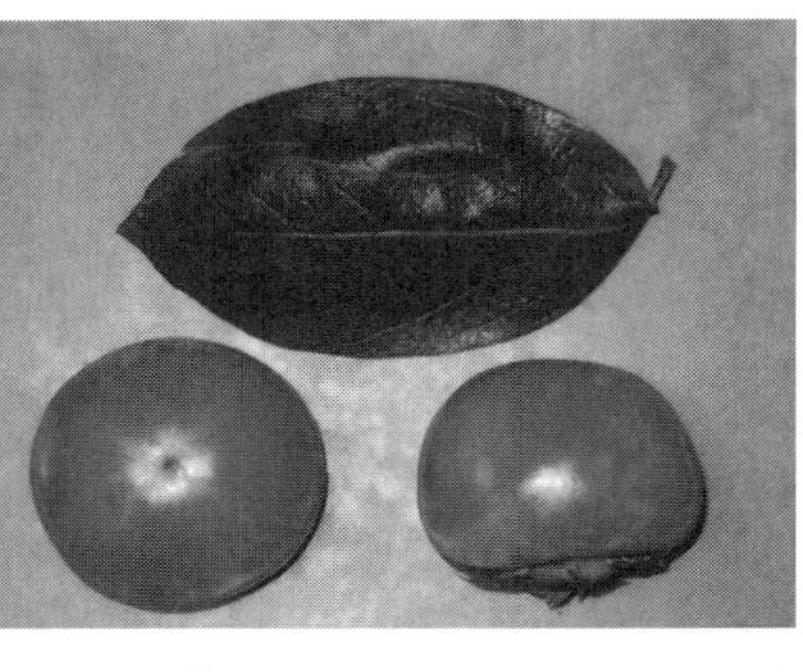

この〈シンショウ〉は県内の一部で〈シンショ〉とも呼ばれている。しかし、品種名としては通称の〈月夜柿〉の方が広く使われている。これは、月夜の晩には照り映えて脱渋が完了して甘味が増す、という意味から付けられた地方名であるといわれている。

果実の収穫期はやや中生の十一月中頃で、果形は岐阜市保護樹の〈月夜柿〉よりやや大形で扁形である。果皮の着色は良く橙朱色で光沢もあって外観は極めて良い。また、内質はやや粗いが果汁は多く、甘味も極めて強く糖度は一八・二である。しかし、種子数が少ないと渋果になり易く、また隔年結果性も高いのが欠点である。

③　半兵衛の駒つなぎ柿〈ハッサク〉

戦国時代の武将で秀吉の軍師である竹中半兵衛は、不破郡の土豪・竹中遠江守重元の長子である。幼少の頃より武術を学び、この地で乗馬の稽古をしたと伝えられている。現在の半兵衛の館跡のある垂井町岩手宮前より、東北約五丁（約五四〇メートル）先にあるこのカキの木まで駒を進め、木に駒を繋いで弓矢の稽古に励んだといわれている。

このカキの品種名は、県内では珍しい〈ハッサク〉である。早生の完全甘ガキで、東北福島県の原産である。昔はお盆や正月など地域の祭礼はすべて旧暦で行われ、旧暦八月一日を八朔（はっさく）と呼んだ。現在の九月始めに成熟する極早生種で、早い年にはお盆には収穫できるので、地元では〈盆柿〉とも

いわれていた。

現在、民家の南西妻に接する位置にあって本宅屋根に覆いかぶさり、建物、カキともども痛々しい姿を呈しているが、二〇年ほど前までは樹勢は比較的旺盛で、目通幹周一・七メートル、樹高一一メートル、枝張り東西八メートル、南北九メートルであった。樹姿全体は開帳性で横に伸び、古木の姿を見せていた。

しかし、現在では主幹が枯れ、太枝も随所で腐れ落ち、激しく弱化している。早急な手当が望まれる。

果実はやや扁形の中果で、果面淡良、肉質は禅寺丸に似て甘味多く、糖度一六・九である。また、褐斑は少ない方である。

なお、旧本巣町に屋敷柿として残っている〈初作〉と同一品種であるかは定かでない。

④ 妙丹柿（長良の妙丹）町

平成元年七月二十五日付け揖斐川町指定天然記念物第一四七号指定のこのカキは、国道303号線沿いの揖斐川町長良地内にあって、「妙丹柿」として県内でも指折りの古さである。所有者の家の歴史と言い伝えによると推定樹齢約四〇〇年の古木である。現在は母屋と東側にある他の建物との間にあって、やや樹勢は弱っているが、目通幹周一・三メートル、根回り一・五メートル

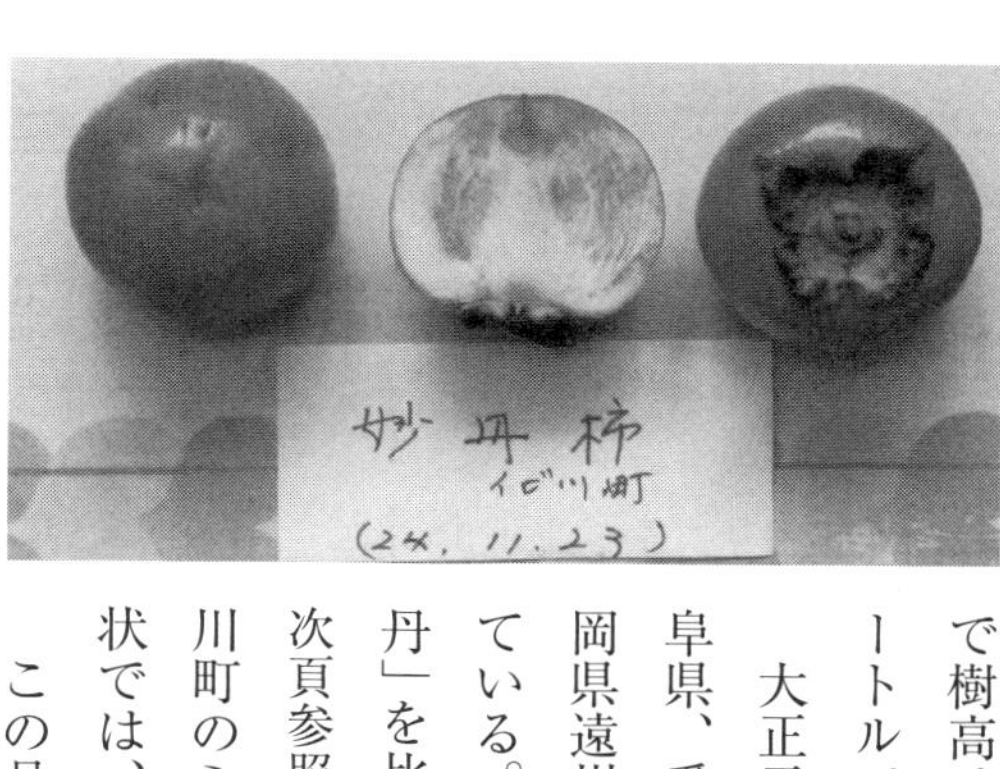

で樹高は六メートル程ある。枝張りは東西五・一メートル、南北四・八メートルで、幹がやや西側の母屋の方に傾いた開張性の樹姿である。

大正元年発行の『柿栗栽培法』（恩田鐵彌著）によれば、妙丹の名は岐阜県、愛知県での呼び名であって、本来は〈天籠坊〉と称し、原産は静岡県遠州地方で、同地方には最も多く存在し他県に及んでいると記されている。確かに当時の特性表と現在の「長良の妙丹」や下呂市萩原町の「妙丹」を比較すると相通じる箇所は多いが、「三倉のミョウタン」（カキノキ：次頁参照）とはやや差異が広がり、さらに山県市奥山のミョウタン、白川町のミョウタンなどとは外観、内質とも大きく異なっているため、現状では、判然としない面も多い。

この品種の熟期はやや早く十月下旬～十一月上旬で、果実の大きさは中形、果皮は橙朱色で鮮麗である。果汁が多いため、まだ残暑の残る早秋には好評であるが、褐斑は細かく甘味は若干不足気味で、やや淡白に感じる。成熟期の蔕窪（へたくぼ）の色も果皮と同様にやや橙朱色を呈していることから、朱色を意味している丹の字を用いて妙丹の名が付けられたと推察される。

⑤ カキノキ（三倉のミョウタン）町

このカキの木は揖斐川町役場近くの国道303号線を北上し、新北山トンネルを抜けて乙原から県道に架かる揖斐峡大橋を渡った三倉集落の民家にある。同町の「長良の妙丹」より三年早い昭和六十一年十二月七日付けで揖斐川町（旧久瀬村）指定第一八一号の天然記念物となった。品種は両方とも〈ミョウタン〉といわれているが、その特性は外観・内質とも一部異なり、とくに「三倉のミョウタン」は果実が小形で、果皮の色も光沢が少なく橙朱色がやや暗い。

二メートル程石積みされた屋敷の端にあるこのカキの木は、道路側に少し傾きながら直上している。台風により太枝が数カ所で折れ、やや樹勢が弱っているが、主幹幹の目通幹周一・五七メートル、樹高一五メートルで樹齢も約三〇〇年といわれる古木である。

なお〈ミョウタン〉は飛騨を除いた県下各地に屋敷柿として植えられているが、どちらかといえば冷涼地に多く、中津川市付知町内には二メートルを超える大木もある。

⑥ 瑞雲寺のオオガキ（「カキノキ」）〈木練〉 町

この「カキノキ」は、昭和五十五年十月二十一日、神戸町第一四一号指定の天然記念物である。神戸町八条の瑞雲寺の境内にある徳川家康ゆかりのカキで、通称「瑞雲寺のオオガキ」と呼ばれている。

天下分け目の関ヶ原合戦を目前に控えた慶長五年（一六〇〇）九月一日、江戸を出発した徳川家康は九月十三日に岐阜にて一泊、翌十四日旧東海道筋に沿って西進し、神戸に入ると現在の神戸小学校南にある白山神社の森の中で一服した。この時大勢の人々を掻き分けて、八條村（現神戸町八条）瑞雲寺の住職・智功という禅僧が現われ大柿（大垣）を届けた。家康は、長旅の疲れもあって甘いものを生理的に要求したのか、早速相好をくずしてかぶりつき、「はや大垣は我が手に落ちたり」と高らかに笑ったと伝えられている。その後この寺は、柿寺の称号と寺領一〇石（約一・八立方メートル）を永代下賜されたといわれている。

この寺は、町中心部を南北に通る県道212号線沿いの前田地区より西へ一・二キロほど入った所にある庫裏御堂の禅寺である。

カキの木は、庫裏のうらで北には真竹の薮が迫り小暗いひっそりとした場所に横たわっている。推定樹齢四〇〇年以上といわれ、主幹は下面半分以上が虚になり、樹姿は正に横臥するといった感じで支柱に支えられて高さ一メートルで横になり一・五メートル程伸びてほぼ直上していて、杖に支えられた痛々しい姿の古木である。それでも枝葉は比較的安定して繁茂し、現状を三〇年ほど前の姿と比べてもそれほど見劣りしていない。

横に伸びた目通の幹周は〇・七メートル、樹高三メートル、枝振り東西三・七メートル、南北二・八メートルである。

品種は〈木蓮柿〉と呼ばれ、これは果実の形が木蓮の花の蕾に似ているところから付けられた品種名であるといわれている。しかし実際には果実の横断面はほぼ倒卵形で、頂端部も穏やかな傾斜であって全形としてはやや長形である。一方、貝原益軒の「黒田家譜」「東路記」では「柿寺の木練柿」としている。奈良原産の〈御所柿〉を地方によっては〈木練柿〉としており、歴史資料からはこちらに分がありそうである。その上、カキの形状からいっても木蓮の蕾より〈御所柿〉に近い。また、「濃陽志略」では「瑞雲寺の僧御所柿献上しければ大ガキ手に入れりと御手自から取上玉ひ早や石田勢打ちとれる心地と宣ひ自から其柿を投捨て玉う……」とあり。著者の松平君山は「瑞雲寺の御所柿」としている。

熟期は十一月上旬頃で日陰で生育していることもあって、生理落果（六月中旬〜下旬）が多く生育途中で落ち、隔年結果性も甚だしく、例年とも結実結果は少ない。果皮の色は橙色であるがいつも日照不足のせいか光沢は少ない。

糖度は一九・五と甘い時もあるが、不完全甘ガキと思われ、とくに種子が少ない方である。褐斑も小形で量も中程度である。

なおこの古木のカキの木の近くで二代目といわれる若木が親（古木）を見守っている。またこの古木が寺の境内にあることから地元の一部では〈寺柿〉と呼ばれている。しかし、これは関ヶ原町や池田町で〈寺柿〉といわれている屋敷柿とは全く異なる品種である。

⑦　松尾の田村

関ヶ原町役場前の国道21号線を一キロほど西進すると松尾の集落に入る。〈田村〉はここより町道を二〇〇メートル程入った民家の屋敷にある。

この〈田村〉は関ヶ原町か垂井町が発祥地といわれ、両町及び牧田（大垣市）あたりの茶園の境や原野に古木が多数散在していたが、最近は伐採され、わずかに散見される程度になった。しかし、屋敷には周囲一・五メートル以上の、やっと一抱えできるような巨木が今も残っている。

やや晩生で十一月中旬頃に熟期を迎える樹勢のやや強い品種で、ほとんどの家で枝取りされるため、隔年結果性は少ないのが特徴であり、病害虫にも強く自然仕立が多いため、手間は比較的かけていない。

ここの屋敷柿の〈田村〉は屋敷の東方端に南北に二木並んで植えられ、南側の木は幹の先端が二～三メートル朽ちて短くなっているが、樹高は八メートル程あって樹勢は中程度である。幹周も一・六メートルと一・七メートルとでほぼ同じで、同時に台風除けを兼ねて植えられ、推定樹齢三〇〇年以上を経過している。昔から干柿が主体であったが、最近は渋ガキとして生出荷されている。

果実は長形の中果で、やや円錐形をなし、横断面は円形で溝はなく、果皮は橙色で厚い。甘味は強いが、肉質はやや粗く多汁である。

この品種は青檀子と同一品種であるといわれているが、土地によりやや形状や内質が異なる場合が多い。

不破、揖斐、本巣、山県など県下に多く栽培されていたが、最近では数少なくなった。

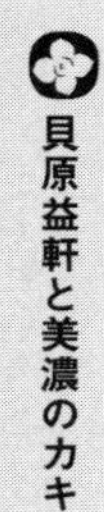

貝原益軒と美濃のカキ

益軒は江戸前期の筑前の国福岡藩の儒者、本草学者で、「養生訓」「大和本草」などが有名である。また、各地を遊学して諸国の風土や産物を研究し紀行文も多い。

益軒は「岐蘇路記」の中で、「太田より一里北に蜂屋といふ所有　此の辺の村々より柿をもちてはちやへ出るをけずりてつり柿とす。美濃のつるし柿は此辺より蜂屋柿と云…」と記述している。

一方、益軒は瑞雲寺のオオガキについて「東路記」の中で、ここは家康ゆかりの柿寺で、品種は〈木練柿〉として紹介している。

益軒は広島藩士であった宮崎安貞とも親交があって、農業先進地に旅行して優れた老農び学び、とくにカキに興味があったとも伝えられている。

4 中濃・郡上・可茂

① 保木脇の蜂屋

美濃市の中心市街地から国道156号線を四キロほど北上すると保木脇の集落に至る。これより市道を長良川に向かって一〇〇メートルほど入ると、民家の裏手にカキの大木が目にとまる。

主幹は直立し、樹高約一四メートルで樹勢も強く、主幹が地上二メートルで大枝が東方向に大きく伸び樹量も多く国道からも眺められる。

最近、長良川河川敷の護岸工事が施工され、株元近くまでコンクリートブロックが積まれたため、やや樹勢が衰えたが、年々大果をつけている。

株元には接木痕が見られ幹周二・五メートル以上の大木で、推定樹齢三百有余年といわれ、目通幹周も一・七五メートルあり、県下にある〈蜂屋柿〉では最大級の巨木である。熟期は十一月上~中旬である。

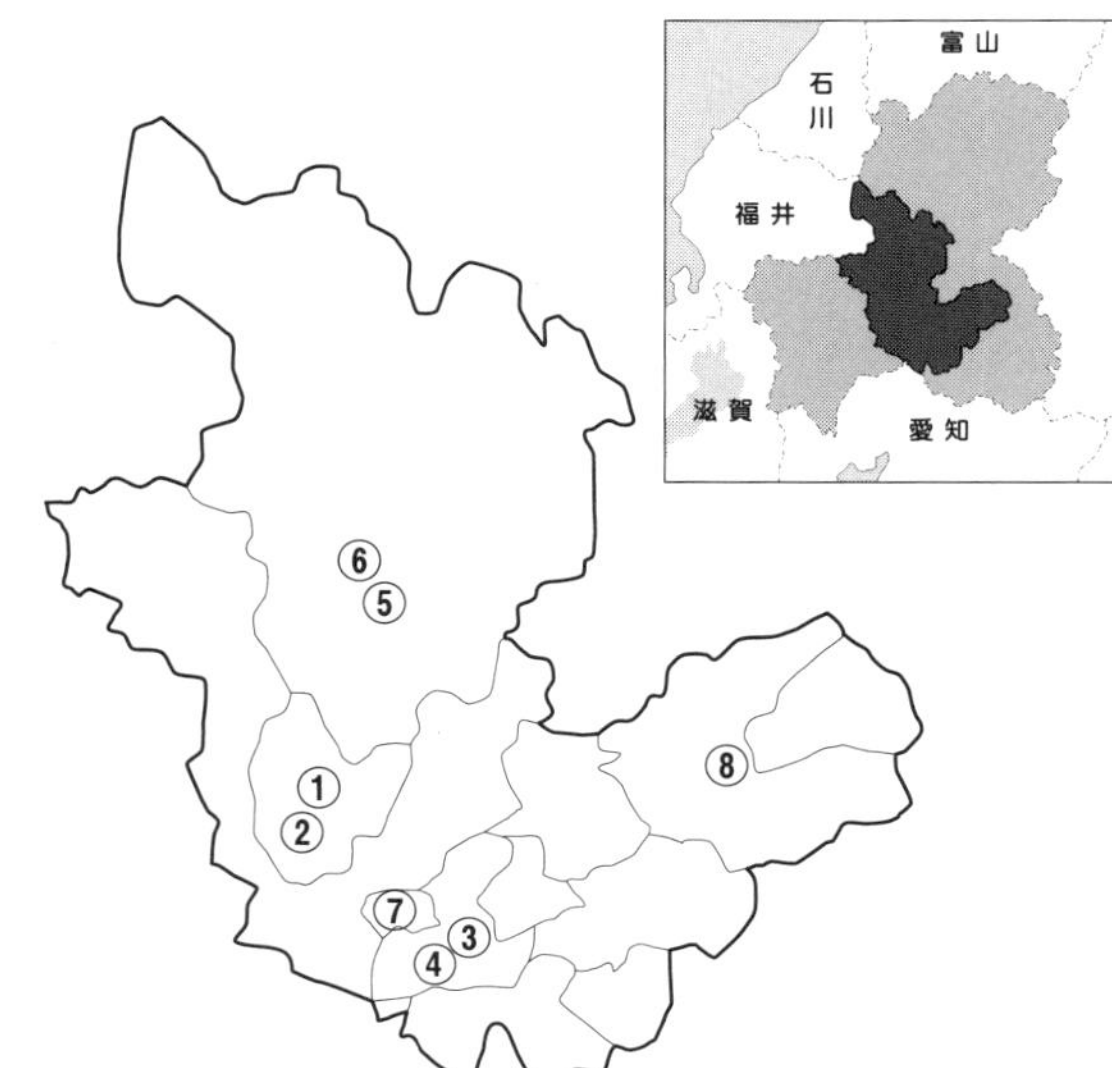

果実の形は、ほぼ方円形で果皮の色も鮮明な橙色を呈し、従来ある普遍的な〈蜂屋〉の形を有する。所有者の話によると、干し上がったカキは甘味も強く、濃厚な味わいを有するという。

美濃市周辺には蜂屋系で、〈大蜂屋〉〈水蜂屋〉〈堂上蜂屋〉とか〈蜂屋擬〉などと呼ばれる品種も現存するが、特性には各々若干の違いが見られる。とくに岐阜、西南濃地域では〈堂上蜂屋〉より蔕の形が小さく、蔕の反りの少ない通称〈丸葉蜂屋〉と呼ばれている品種も数多く残っている。

〈蜂屋〉は、全国的に見て、昭和二十五年頃の品種別統計では、富有柿に次いで第二位で三、〇〇〇ヘクタール以上の栽培面積を有していたが、昭和四十年頃から始まった専用カキ園の増加に伴って、その割合は年々減少傾向にある。しかし、地元では干柿の見直しや〈堂上蜂屋〉の再評価もあって最近はほぼ横ばいに推移している。

② 前野の次郎

〈次郎柿〉は弘化元年（一八四四）静岡県森町で河原で偶然拾われた幼木が育てられたもの。品質好評で推移したが、明治三年（一八七〇）に火災で消失した。しかし、奇跡的に再生し、明治二十五、六年頃より漸次近県に普及した。

東海地方では二十数年前までは〈富有〉に次いで栽培面積の多い完全甘ガキであった。〈富有〉より熟期が早く、土地適応性に富み、病害虫にも強く年々豊産で品質、味も優れている。反面、果実に溝があり、また果頂端が裂開し易く、外観上見劣りするため市場性が低い。しかし、現在専用カキ園を成す品種としては歴史が比較的古く、県下に導入されたのは明治中期以降である。前野のこのカキは導入当時からのもので民家の玄関前に植えられ、推定樹齢一二〇年位と云われている古木である。

主幹の目通一・二メートル、樹勢は強く、地上二メートルの位置で主幹が切断されているが、すでに傷も癒えて強い再生枝が伸びている。

発芽期はやや遅く雌花のみの中生である。また、果実の成熟期は〈富有〉よりもやや早く十月下旬から十一月上旬で収穫期間は長い。

従来までは早生の屋敷柿として飛騨地方を除いた県内に広く植えられていたが、今日ではわずかに残るのみとなっている。現在前野の次郎に次ぐ主幹の目通一・一メートルクラスの大木は、岐阜市、池田町、中津川市などで屋敷柿として残っている。

なお、前野への道順は美濃市街地北部の国道156号線より長良川に架かる新美濃橋を西に渡り、川に沿って北上した所である。

③ 堂上蜂屋の保存木　市

美濃加茂市指定の保存木である〈堂上蜂屋柿〉は、伝えられるところによると千有余年の歴史を持ち、資料も多いが一方では長い歴史の中で諸説唱えられて判然としないところも多い。〈蜂屋〉〈堂上〉〈大蜂屋〉あるいは江戸時代末期には〈ミノツルシ〉〈ハチヤオボカキ〉〈美濃柿〉と呼ばれたりしていたものが、明治に入り集約されて〈堂上蜂屋柿〉となった。また、このカキは文治年中（一一八五～八九）、蜂谷甚太夫により鎌倉将軍に乾柿（枝柿）が献上された時「柿に蜜房の甘味あり」と称賛されたことから、これまで〈志摩〉と称せられた献上柿が〈蜂屋〉と改められた（「蜂屋柿由来略書」）、などと伝えられている。

「濃州徇行記」の記録によると、文明年間（一四六九～八六）旧蜂屋村瑞林寺禅僧が時の足利将軍に〈蜂屋柿〉を献上し、寺領一〇石を与えられたとされている。その後も天正十三年（一五八九）には伏見城で秀吉に、さらに慶長五年（一六〇〇）には天下分け目の関ヶ原合戦の帰りに大垣市墨俣で家康に献上され、その後引続き徳川幕府に上納が続き、同寺は諸役免除されている。

以降、元和五年（一六一九）に尾張藩領となってから〈蜂屋柿〉の将軍への上納は藩を通じて行われることになったが、元和七年（一六二一）からは代米は順次下げられた（『美濃加茂市史』）。

この頃から尾張藩による〈蜂屋柿〉の注文が順次増加し、寛文年間（一六六一～七二）には一二万個を超えたが、急激に増える要望には応じられず、近郷に応援を求める藩令が出されたため、現在の美濃加茂市をはじめ、御嵩町上之郷、可児市土田、白川町坂の東、富加町川小牧、美濃市保木脇、関市坂取など広範囲にわたり栽培植付け本数が増加した。今日でもこの地域には〈蜂屋柿〉が空地や屋敷柿として残っているが、古木が地元蜂屋地区には少なく、前述の保木脇や上之郷などの一部に数本を数えるのみとなっている。

一方、元禄九年（一六九六）には「農業全書」（宮崎安貞）によって、カキ栽培の効用や脱渋法などの利用法が詳しく記され、広く普及した。このため、当時の農家の庭先や空地にカキが盛んに植付けられた。しかし当時あったカキの接木法は限られた一部の人々に知られるのみで、一般には品種の広がりはそんなに多くはなく、品種間の格差は広まったと思われる。

その後、安政六年（一八五九）に出された大蔵永常の「広益国産考」によって接木法が詳細にわたって記され、カキの接木が一般に先端技術として普及した。またこの書によって〈蜂屋柿〉は〈塔柿〉〈美濃柿〉として全国のカキ産地に広がったと思われる。

〈堂上蜂屋〉の名称に統一されて記録上に表れるのは明治以降（『美濃加茂市史』）で、「堂上」とは雲上人、つまり時の将軍など権力者に差し上げるカキ、という意味で後から付けられた名称である。干柿として外観、内容（味など）とも最も秀でた逸品であるという自信と自慢の表れであろう。なお、享保二十年（一七三五）の「尾州領産物書上帳」の中に、加茂郡、可児郡、武儀郡で〈どうしよう〉、各務郡の部として〈どうしう〉の名が上がっているが、現状の〈堂上〉であるか定かでない。

かつて朝廷や幕府に献上され岐阜を代表する産地銘柄品の〈堂上蜂屋〉には明治以降、次のような輝かしい受領や認証の実績がある。

伊藤圭介著「日本産物誌」（明治五年刊）ハチヤガキ原図

明治三十三年（一九〇〇）パリ万国博覧会銀牌受領
明治三十八年（一九〇四）セントルイス万国博覧会金牌受領
明治四十一年（一九〇八）アラスカ・ユーコン太平洋博覧会金牌受領
大正十三年（一九二四）東京博覧会名誉大賞受領
昭和三年（一九二八）御大典記年博覧会名誉章牌受領

平成十九年（二〇〇七）イタリアのスローフード協会による「味の箱舟」に認定
平成二十二年（二〇一〇）食品産業センターから「本場の本物」認証を取得

このように国内や海外からも高く評価される〈堂上蜂屋〉だが、一個一、〇〇〇円ほどする極上品は全体の一割程度にすぎず、手間暇がかかり採算が合わないともいわれる。確立した栽培、加工技術を後世に伝えるためにも、実収入の増大や生産者の高齢化対策を急ぐなどの課題が残されている。

この保存木は、美濃加茂市中蜂屋地内の国道418号線沿いにある蜂屋小学校の南約二〇〇メートルの民家の庭先にある。

樹齢は若く数十年であるが、極上〈堂上蜂屋〉の良い特徴が最も収斂された木として選抜され、昭和四十年頃から接穂の母木として数多くの苗木を生産、現在も利用されて木は引き締っている。

カキは完全渋ガキで糖度は一八・九である。外観の全形は横径と縦径がほぼ同じ長さで、横断面の形はやや方形に近い円形である。また果柄は短く、蔕

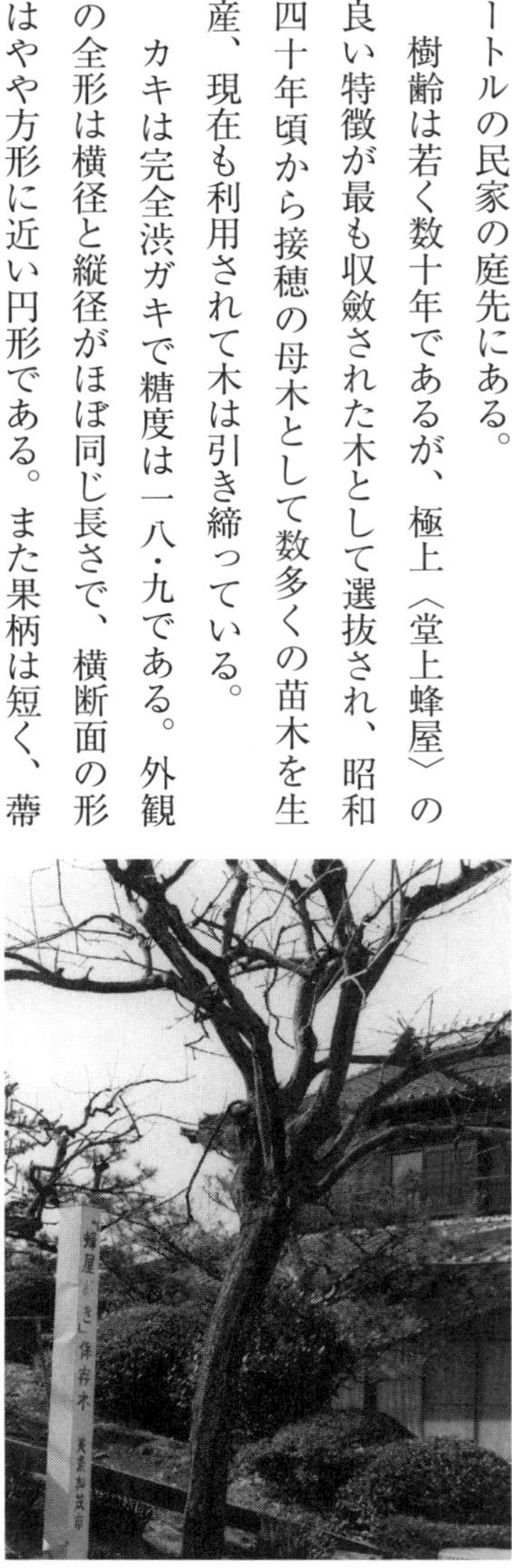

は大きい特徴がある。

果皮はやや暗い黄橙色であるが乾し上がったカキは鮮やかなあめ色を呈し、食欲をさそう。明治以前には熟柿としても食されたが近年は乾柿専用で水分も低く歩留率（ぶどまりりつ）は高い。

熟期は晩生で十一月中旬であり、釣柿として乾燥するので、枝ごと収穫するため樹勢が弱り易く、また樹姿も開張性で収穫量が多いと樹勢回復が遅れ隔年結果性が大きい欠点もある。

蜂屋町内には貞享年間（一六八四～八七）、円空によって薬師堂に納められた薬師如来三尊の造像が現存する。また、年の瀬に一年を振り返りながら蜂屋柿を味わい、その甘さを堪能しながら次の一首を詠んだといわれている（関市洞戸、高賀神社蔵）。

年のよの　さすが蜂屋の　串の柿
　蜜と見まかふ　甘口にして

この歌は、蜂の刺すと、流石（さすが）を掛け、蜂の蜜と蜂屋柿の甘口を対比させた技巧的一首とされて

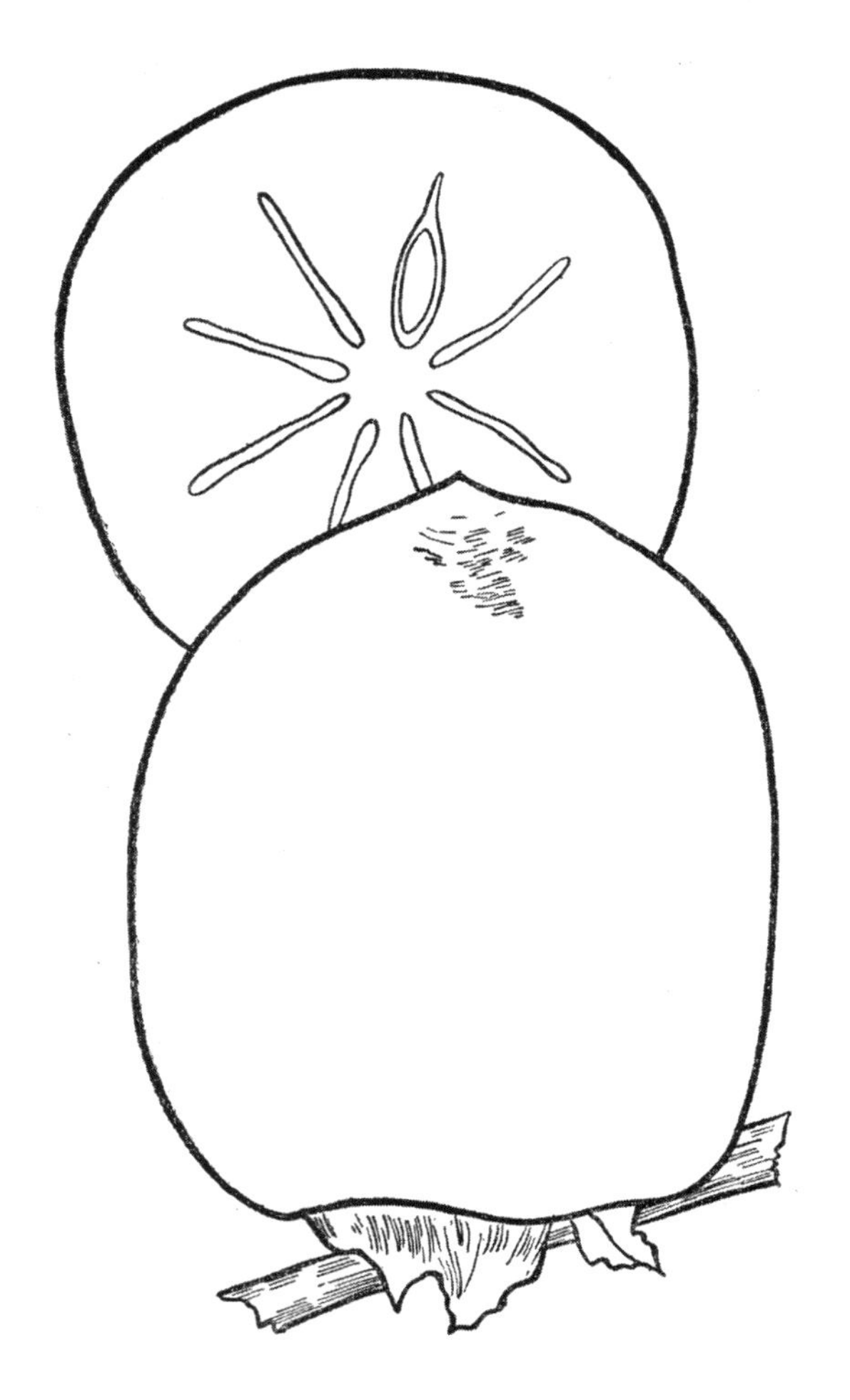

恩田鐵彌著『柿栗栽培法』（大正元年刊）
堂上蜂屋原図（実物大）

いる。また、蜂屋柿の当時の干し方が串の柿と表現され、現在の二果を一連として紐で繋いで竿にかける方法とは異なっているのが注目される。

④　加茂野柿〈霜降〉

このカキの木は、美濃加茂市加茂野町の旧248号線沿いで県道346号線との交差点を南に少し入った加茂野集落の屋敷内にある。

カキの品種は不完全甘ガキの〈霜降〉と思われ、この地帯で通称加茂野柿といって昔から地元関係者の間で親しまれてきた。この地帯周辺では現在でも主幹の幹周一・二メートル前後の大木が数本数えられる。

〈霜降〉の原産地は岐阜県内といわれ、愛知県や静岡県にも分布している。県内ではこのあたりから岐阜、西濃にも及んでいて、西濃の一部では〈オフリ〉という別名で普及している。また隣の今泉集落には〈霜降〉のほか〈シンミョウ〉の大木がみられる。

ここの加茂野柿は主幹の根回り一・四メートル、目通幹周一・二メートル、樹高八メートルで、東西の枝張四メートル、南北五メートルとこぢんまりと整枝されている。近くの屋敷では〈太郎助〉の台木に〈霜降〉が高接ぎされていて、両方とも二〇〇年を越える樹齢と思われる。

熟期はやや早く、十月下旬頃より始まり、十一月上旬頃が最盛期であるが、隔年結果性がやや強く、収量は不安定である。果実はやや長形の大形で二〇〇グラムを越えるものもしばしばである。収穫適期には見栄えのする鮮明な濃紅色に着色する。しかし、適期を過ぎると果頂部より軟化が始まり、品質を落とす場合がある。

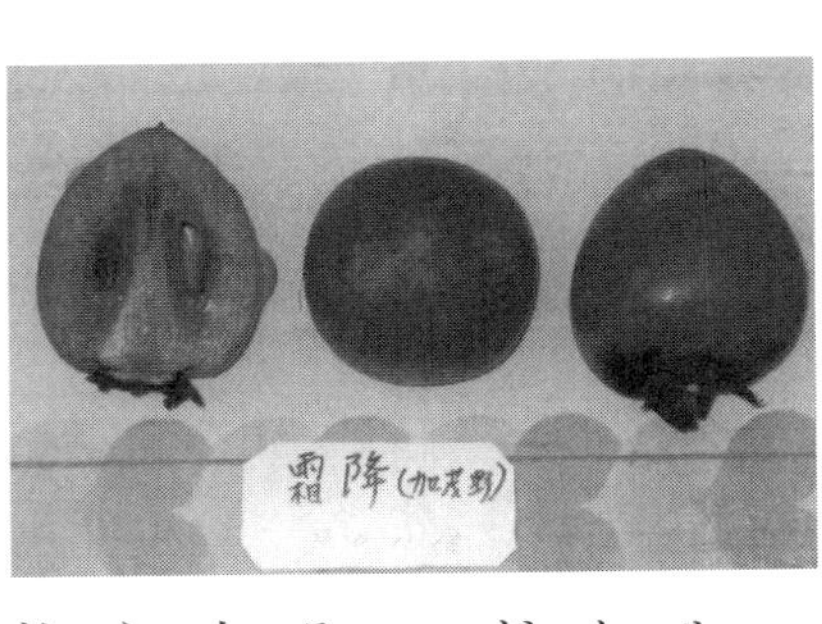

⑤ 宗祇ガキ 県

郡上市八幡町地内の国道156号線から長良川に架かる法伝橋を渡って県道256号線を那比川に沿って五キロ程進み、さらに途中那比集落の手前から新宮谷川を四キロほど上ると新宮神社がある。この境内近くの手前左手の草深い山裾を少し上がった西傾斜面にこの宗祇ガキがある。

樹齢五百有余年と推定され、カキの木の県指定天然記念物としては県下で二番目に古く、昭和三十八年三月十二日に指定されている。

郡上をはじめ中濃から東濃にかけて広がりをもつ昔からの完全甘ガキの代表的品種である。長年風雪に耐え抜いたこの木は、根元二・三メートル、目通幹周二・〇メートルで、幹の高さ一・五メートルの所で太枝の第一枝が伸び、幹の分かれ目は朽ちて空洞ができ黒色を呈している。さらに少し上がって四枝幹に分かれて大きく横に枝葉を広げている。樹高は一三メートル程で、最近樹勢は衰えている。

果実の全形はやや扁平で小形であり、頂端はやや尖っている。蔕は他のカキに比べてとくに大きい特徴がある。十月上、中旬に熟するが、果皮の色は橙赤色であるが熟度が進むにつれて頂部近くより紫黒の斑紋が現れる場合が多い。この色は郡上弁でツナビ色ともいわれている。果肉は黒ゴマ状の褐斑が多く、甘味は強い。糖度一五・六で早生種としては高く、多汁である。

宗祇の名の由来は、文明年間（一四六九～八七）に、この地を訪れた連歌師・宗祇による。当時の郡上領主・東常縁に古今伝授を行った。二人は領内で各地を巡り、新宮で次の歌を残した。

神もここに幾世か夏を杉の社　常縁

みやゐはなれぬ山ほととぎす　宗祇

言い伝えによると、宗祇ガキはその折に宗祇がこの地にもたらしたもので歌の功徳により渋ガキだったものが甘ガキになったといわれている。

この付近一帯は山が奥深いためサルの出没が多く、最近ではほとんどの年に熟した果実はサルの群に食べられている。

宗祇ガキの分布は、郡上市内の白鳥、大和、八幡で幹周二・〇メートル前後の大木が数本見られるのをはじめ、関、白川、可児などの中濃や南飛騨、東濃の一部にも今なお大木が確認され、早生の甘ガキとして重宝されている。

なお、このカキの品種名は前述したように飯尾宗祇の名前に由来するが、八幡、大和では「ソウキ」と呼ばれ、他の地域では「ソウギ」と呼ばれるなど地方名の複雑さが伺われる。

⑥ 耳柿 市

国道472号線（通称せせらぎ街道）の郡上市明宝町地内入口の大谷集落に道の駅明宝「磨墨の里公園」があり、その一角に耳柿の若木がある。道の駅駐車場より眼下の吉田川に降りてゆく東法面に、二代目か三代目といわれている耳柿が二本植えられている。成熟期になると駐車場から目に入る珍奇なカキの姿に観光客が関心を寄せている。カキの木は平成十二年に母木から穂木を採取して接木されたもので、二本共ほぼ同じ樹姿、樹勢を呈し、株元は大人の腕程の太さになっている。

このカキはヤマガキの変種で完全渋ガキである。果実の形は全体が小形で、蔕の下に人の耳形の大きな座が付いている珍しい姿の小柿である。座は耳形というものの一定ではなく、全く形を変えて、大きな疣状のもの、瘤状のものなど千差万別である。下呂市馬瀬町内にもカキが二つ揃って成る〈双子柿〉とか、大小が二個ついている〈子持柿〉と呼ばれているカキもある。また宮城県下には〈疣柿〉

という品種があって、これは果実の元となる子房の周辺に不完全な雌芯が付着して疣状に肥大し、座を形成するものでカキの特殊性の現れである。

果色は橙色であるが、熟期が進むとやや朱色を帯びてくる。糖度は高く二二・七である。形状からして皮剥きに難があって干柿には向かず、数十年前まではこの周辺の通常のヤマガキと同じように盆過ぎ頃に渋を取ったり、塩漬けにして食用に供されていた。しかし最近では観賞用として重宝されている。

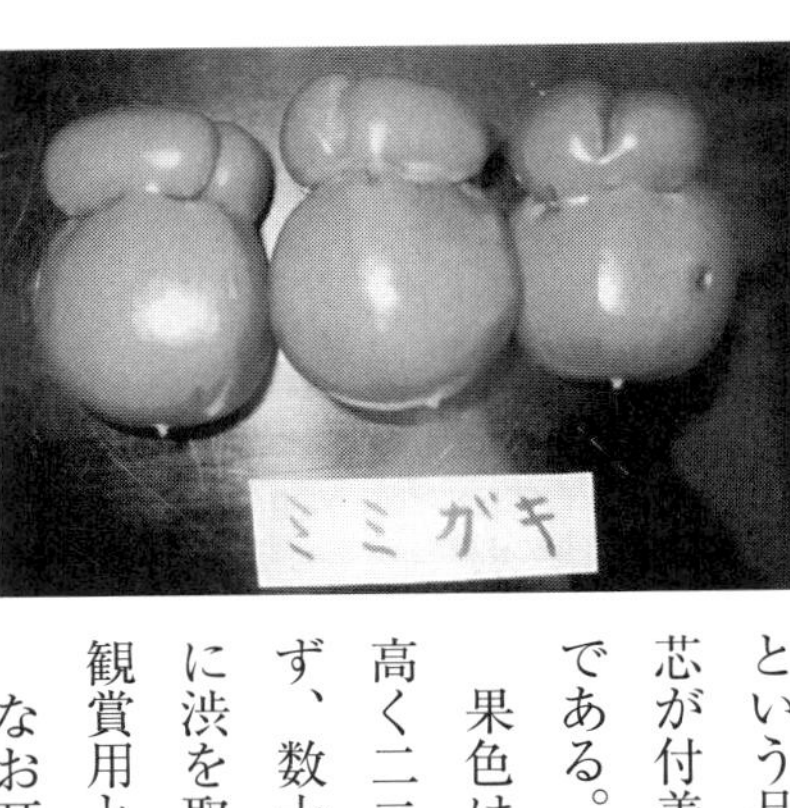

なお耳柿の母木は、「磨墨の里公園」より五〇〇メートル手前の寒水口から県道82号線（奥美濃こもれび街道）を寒水川に沿って六キロ程入った寒水中島の山林の中にある。幹周は一・五メートルであるが、木立の中で下枝が少なく、他の樹木に圧倒されて樹勢は弱っている。昭和六十二年六月十六日、旧明方村の天然記念物（郡上市指定第二三号）として指定されている。

この耳柿には「奥美濃よもやま話」によると五〇〇年か六〇〇年前の民話が残されている。

⑦ 大山太郎〈太郎助〉

このカキの木は、主要地方道58号線（平成こぶし街道）沿いの富加町大平賀から津保川に架かる大山橋を渡り、東へ三〇〇メートルほど入った大山集落の民家の屋敷内にある。

カキの品種は不完全甘ガキの〈太郎助〉で、原産地は明らかでないが美濃、関、美濃加茂の一部地域に限定され分布している。とくに昔から大山地域に多いため、この付近一帯では別名を〈大山太郎〉と呼んで、地元で親しまれている。

この品種の樹姿はやや立性で、樹勢も比較的強く、樹齢二〇〇年を超えるといわれている木が、この集落だけでも数本ある。その中でも元薮の中にあった〈太郎助〉は、主幹の目通幹周一・三メートル、樹高一三メートル、東西の枝張り一〇メートル、南北九メートルの大木である。

成熟期は、十月下旬頃から果頂部より着色し始めて十一月下旬頃までと、長く続く特徴がある。種子数が多く入ると甘味を増すが、少ないと半渋果となる。この地では形状が整って着色の良好なものは生食に、蔕近くまでの全果皮着色が遅れたものは塩漬けにしたり、干しガキとする慣習があった。とくに塩漬けは、いったん四つ割りにし、日干しにした後で塩漬けにする方法や、吊るしガ

キにしたり、四つ割をそのまま蓆干ししたりする、この地方独特の方法が三〇年ほど前まで続いていた。

果実は中形の方円形で、果皮の色は橙色である。褐斑の大きさは中程度、また種子が五〜六個以上入った時に限り褐斑は多く、全体としては甘渋半々位となる事が多い。

⑧ 水戸野のオオカキ〈キネリ〉町

国道41号線の白川町白川口から県道62号線を白川の流れに沿って五キロ程東へ進むと水戸野瀬之上の集落に入る。県道から眺められる民家の茶畑の片隅に「水戸野のオオカキ」がある。

昭和四十七年十二月十五日町指定二九三号の天然記念物の古木で、品種名は〈キネリ〉といわれている甘ガキの古い品種である。地方によって呼び名が異なるため断定できない面もあるが、〈御所柿〉の別名とか、関西地方に多い〈木練柿〉と似ていて、〈コネリ〉の類似品種とかいわれている。いずれにしても〈樹淡(きざはし)〉とともに鎌倉時代(一一八五〜一三三三)にも登場する完全甘ガキの古い品種である。

天保二年(一八三一)には当地を襲った台風により地上三メートル程の高さで大枝が大きく折損し、扇形で天空に大きく拡がっていた樹形が崩れ、それ以降に主幹に空洞ができたと伝えられている。

樹勢は比較的旺盛であったが、平成二十四年にカキの木の周囲東側の茶畑が改植された際、開墾に使用された重機の踏圧を受けて以降、樹勢は弱まり枝葉の繁茂は鈍化した。

地際付近の根回りは太く三・四メートル、目通の幹周は二・七メートルで県内のカキでは最大級の太さである。また、樹高は七・五メートル、枝張り東西八メートル、南北五メートルで枝条はやや細く、樹勢はやや弱い。

無剪定で管理されているため隔年結果性は大きく、生理落果も多いため生産性も低い。果実は中形で、果皮の色は橙朱色で鮮明であるが、熟期をやや過ぎると果頂部にわずかに條紋の発生が見られ軟化し易くなる欠点がある。果汁は中程度であるが甘味は強い。

推定樹齢は約三五〇年といわれている。所有者は数年前まで一部を干柿にされていた。

5 東濃・恵那

① 廿原のカキ〈ヒラクリ〉県

廿原のカキは国道19号線を多治見市街から西進し、愛知県境の内津トンネルを抜け、県道123号線に入り三キロほど道を南下した廿原集落の一角にある。

昭和三十四年七月二十三日付でカキとしては第一号の県天然記念物に指定された大木である。主幹の目通りは二・四五メートルと大きく、地上一・八メートルの高さで五本の太枝に分かれ、一番太い幹は周囲一・三メートルである。また、主幹は樹高約五メートル程の所で強く剪定されていて、そこからは強い枝条が叢生していて、樹勢は中程度で樹高一一メートルである。

五本の太枝は東西一一・五メートル、南北一一メートルの枝張りで、全体としてはバランスのとれた樹姿をしている。成葉は小形であるが樹量は多い。

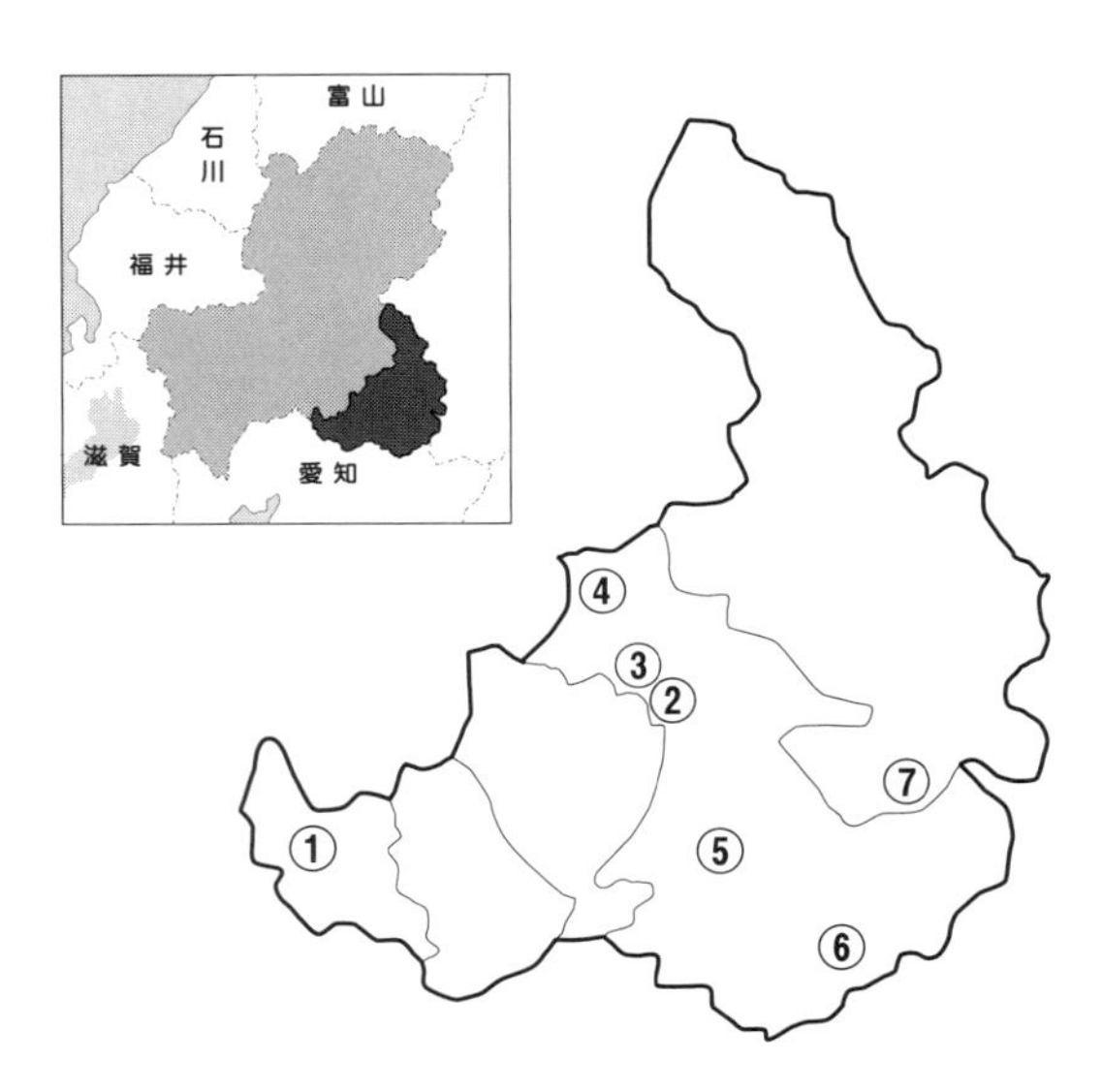

成熟期は十月中旬から十一月上旬までとやや長い。一個の果重は一一五グラム程度とやや小形の扁形で、果実皮色は橙朱色であるが熟期が進むと濃朱色となる。糖度は一六・四の完全甘ガキである。

このカキは従来からこの地方で〈ヒラクリ〉と呼ばれているが、この呼び名のカキは過去の文献などにはなく、一九八一年岐阜教育文化協会出版の『岐阜県の天然記念物（下）』では渋ガキの〈ヒラクリ〉と記載された。調査したところによると、恵那市串原町内にも〈ヒラクリ〉と呼ばれているカキがあるが、果実には若干の差異があって同一品種であるか定かでない。しかし、従来からこの東濃地方には広く存在していたことが推察される残り少ない貴重な品種である。

② 三郷の野井御所

恵那市長島小学校近くの県道66号線を南へ五キロほど南下した三郷野井から、狭い市道をさらに五〇〇メートルほど南東へ入ると大沢集落に着く。カキの木は、急な傾斜地にあるため石垣が高く積まれた民家の東側入口近くにあり、主幹が東にやや傾き、下から大きく見上げる形で周辺を圧倒した風景を醸しだしている。

品種は地元で〈野井御所〉と呼ばれている在来種で、近郷の山岡や岩村地域でも散見されるが、昔から三郷地域で圧倒的に多く栽培され、しかも古木が多い。しかし近年、家の新築や駐車場新設のための屋敷替えが盛んに行われ、それに子供のカキ離れも加わって、その姿はめっきり少なくなった。

この民家にあるカキの木は、所有者の話によると家の歴史から推定して、樹齢三〇〇年以上といわれる古木である。幹は高さ三メートルの所で二つの幹に分かれているが、直立の箒型の樹姿で、樹勢は二十数年前と変わってはいない。また、目通幹周二・八メートル程ある。樹高は一五メートル、東西の枝張り一六メートル、南北一一メートルほどで小枝の数も多い。

カキの熟期は十月中旬の早生種で、隔年結果性は高く、梅雨どきに生理落果が多い。果形は中形でやや扁形を成しているが赤道面はやや角ばっている。また、果皮の色は濃紅色で熟期を過ぎるとやや暗色を呈する。
果汁はやや多い方であるが甘味は中程度の不完全甘ガキである。

③ 永田の富士山

このカキの木は、「三郷の野井御所」に向かう恵那市内から県道66号線を一キロほど南下した永田地内にある「永田下信号機」近くの民家屋敷近くにある。県道から少し入った元水田畦畔（けいはん）の急な傾斜の法面という狭い限られた土地に雄々しく聳え立っている老木である。

推定樹齢三百有余年といわれ、目通幹周二・六メートルであるが、主幹はすでに朽ち四メートル位まで拡大している。樹高七メートル位で主幹が切断されて、その位置より徒長枝が叢生しているが、作物などが日陰になるためで、この徒長枝も度々カットされ全体としては小振りとなっている。
〈富士山〉の起源は明らかでないが、飛騨の一部や東濃では〈富士〉を〈富士山〉と呼び、近畿以北で広く植えられている。別名、類似名も多く、飛騨の一部では〈ダイシロウ〉、中東濃より西の岐阜、西濃、南濃では従来より〈富士〉と呼ばれている代表的屋敷柿で古木も非常に多い。

隔年結果性はやや強く、生理落果もやや多い。果実は大形でやや長形をしている。この品種はやや冷涼地を好む完全渋ガキである。十一月上、中旬頃になると樹上で熟柿になるが、収穫が遅れると落果する。熟柿としては一級品で、干柿にも多く利用されているが、上がりはやや果肉が黒ずみやすい。

東濃、中濃地方の一部では富士の熟柿は、桶に米糠を入れ、その中で後熟させる風習がある。約一カ月ここで保存して、年末から正月にかけて食する家庭も多かった。

なお、恩田鐵彌博士は『柿栗栽培法』の中の〈富士〉の項で、「岐阜県では水蜂屋もしくは富士山の称号有、山梨県では干柿として最も多い。四国、九州では、美濃または大蜂屋と称するもの本種なり」また、当時すでに三〇〇年以上の歴史があると記述している。

④ しだれガキ 県

恵那市中心部から県道72号線を蛭川町に入り、中田原バス停を右折して市道を奥渡に向かって二〇〇メートル行くと左手に二ヘクタール程の水田灌漑水池が目にとまる。この池の北側法面下方にしだれガキがある（所在地　恵那市蛭川町五二一五番地）。『岐阜県天然記念物調査報告書』（第一回大正十二年三月発行）によると「樹高二丈四尺（約七・二メートル）地上四尺（約一・二メートル）の高さにて双幹になるが、主幹の太さは二尺四寸三分（約七三センチ）、他方の幹は二尺二寸（約六六センチ）となり枝は枝垂梅の如く下垂して美観を呈する。さらに果実は渋を有し、小形でやや卵形状なせる球形で、特筆すべきは過大な萼（がく）である」と記している。また池の法面と水田用の排水溝に挟まれた、根部の生育障害を指摘し、根部の保護の必要性を説いている。その後、細い方の主幹は台風により折れた。

昭和四十七年六月十七日付で県の天然紀念物に指定されており、最近の調査によれば双幹の直下の幹周は一・三三メートルで樹高八メートル、枝張り東西五・〇メートル、南北四・〇メートルで九〇年を経ても少し成長している程度であまり大きくなってい

ない。

果実は小形で、着果数が例年少なく、隔年結果性も若干あるが平年少ない傾向で樹勢も弱っている。また、渋味は強く多汁の完全渋ガキである。

果形は卵形に近い球形で、果径指数は一一三である。また、前述のとおり蔕が特別大きく茶褐色で果実に沿って湾曲している。果皮の色はやや黄緑を帯びた橙色である。

なお、このカキの木は自生であるか否かは不明であるが、地上での接木痕は見当たらない。また、同じしだれガキである恵那市山岡町の〈山岡のしだれガキ〉とは樹姿、樹形を異にしている珍しいカキである。

⑤ 山岡のしだれ柿 町

恵那市中心部から国道３６３号線を第三セクター明知線沿いに南下し、「はなしろ駅」手前近くの市道を八〇〇メートル程入った道路沿いの恵那市山岡町馬場山田松原の一角にこのカキの木がある。

この付近一帯は中世には旧天台宗飯高山満昌寺の寺領の一部で、当時広大な土地で僧兵二千余名が多大な勢力を誇って馬術の訓練に励んでいたといわれる。古老の話では、大正から昭和中頃まではカキの木周辺は畑として耕作されていたというが、最近では民有地の原野となっている。

このカキの指定理由は、大正十二年発行『岐阜県天然記念物調査報告書』によれば「相応の年数も経ているものにして、カキの枝垂は珍しきものとして天然記念物として保護する」というものである。

近くの古老によると、樹齢は三五〇年から四〇〇年ほどで、自分が子供の頃の八〇年前の姿と全く変わっていないという。

前記報告書によると、樹高八丈（約二四メートル）根元の周囲一丈（約三メートル）あって、地上二尺五寸五分（約七六センチ）において二幹になっていると記されている。最近調査したところによれば、第一枝である分幹の一方が枯死し、主幹地際の周囲は三・二メートル、目通幹周は二・六メートル、樹高一八メートルで枝張りは東西、南北ともに約一三メートルである。古老の話にもあったが、ここ九〇年間で根元の幹周はほんのわずかに微増しているが、樹高や枝張は風雨に傷つけられてむしろ小さくなっている。しか

し、中枝以下の枝条はいずれも下垂して美しい樹姿を見せている。枝垂れはヤナギを始め、サクラ、ウメ、モモ、クリなど何種類も知られているが、カキは珍しいということで町指定になっている。また、この地に自生していたかどうかは不明である。

地元では、このカキを〈細長柿〉と呼んでいるが、実際の果実の形は果径指数で七八位で〈田村〉や〈伊自良大実〉のクラスの長形である。

成熟期は十月下旬～十一月上旬で、果皮の色は黄色を帯びた橙色である。

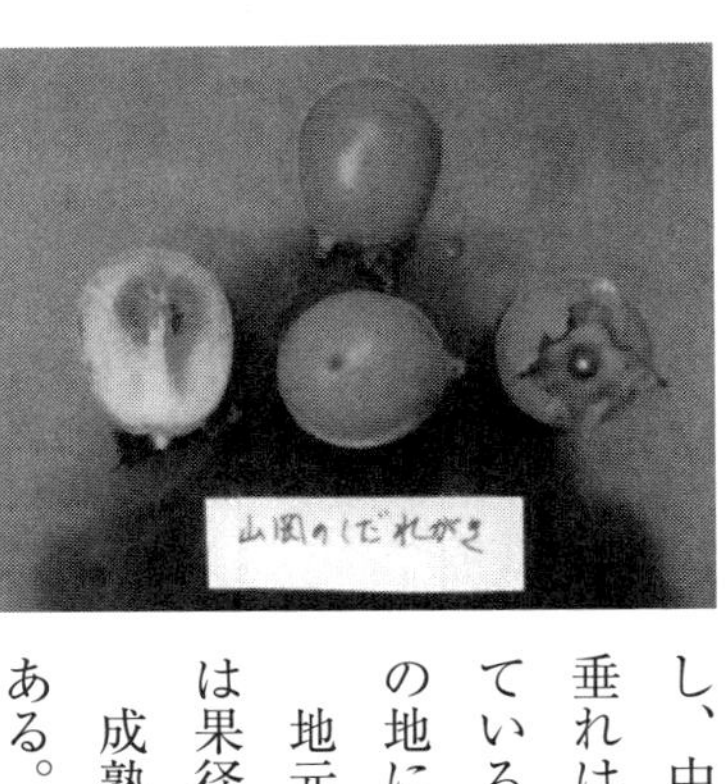

果実は完全渋ガキで、糖度は一七・九と渋ガキとしては渋味が弱い方である。この木は隔年結果性が強く、表年、裏年の差が歴然としている。

カキの利用法は、所有者の話によれば、従来まで近くにあった傘屋の傘に使用する渋取りをしたり、四つ割にして蓆干しにして干柿にしたりしていたが、最近では収穫もほとんどしていないとのことである。

なお、大正時代より接木繁殖による二世をつくる試みが地元でなされていたが、主幹の先端から湾曲して枝垂れを発生し、樹勢が極めて弱く成長が緩慢で、栽培が不可能であったと伝えられている。

なお、同市内蛭川町にある〈しだれガキ〉とは同じしだれガキでも樹姿、樹形ともにかなり異なっている。

⑥ 大平の立石

恵那市の南端、愛知県境の串原町にある。県道11号線を明智町から明智川に沿って南下し、中山橋を渡って県道403号線に入ってしばらく東へ向かうと大平地区に入る。この集落の民家の一角に〈立石〉の古木がある。

根元は太く、主幹の目通二・二メートルの大木であるが、中途で主幹がカットされ樹高は約四・五メートルで、例年強剪定が実施されており枝張りは三・四メートルである。この品種の樹勢は中位で、比較的隔年結果性が少ない。また、炭疽病にも強く、結実は安定していて豊産である。以前、民家が火災に遭ったため、幹の中心部が焼け焦げて空洞になっているが、この木の樹勢は強い方である。根元には接木痕がはっきり認められる。

この〈立石〉は静岡県の西部が発祥地であって、隣

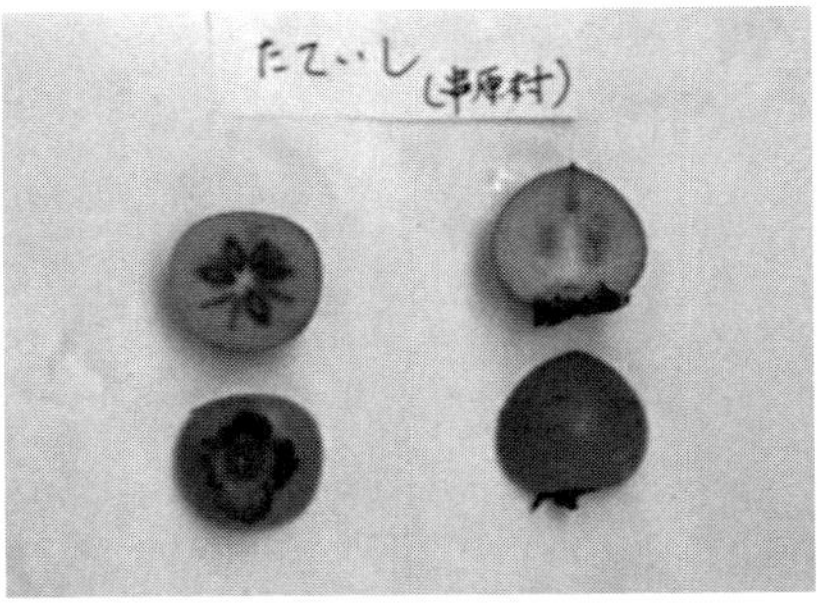

の愛知県を経由して二百数十年前にこの地に導入されたという。串原町で戦前には多数見かけられたが、最近は数本を数えるのみとなった。また、県内の他の地区でも確認できない限定的な完全渋ガキの品種である。

収穫期は中熟種でこの地区では十月下旬から十一月中旬頃までと比較的長きにわたり収穫できる。

果形はやや長形をなし頂端はやや尖っている。果皮は橙色である。地元では収穫したカキは昔より一部醂柿とされた。最近ではほとんどが干柿で、昭和三～四十年頃までは番傘の骨を予め保存しておいて、それに皮剥きしたカキを三～五個刺して串柿にし、雨除けをした稲架に掛けて乾燥したといわれている。

生果の糖度は二二・一と高いが、果汁は少なく肉質はやや淡白である。干柿の品質評価は比較的高い。

⑦ 阿木のクロガキ

明知線飯沼駅近くの県道４０７号線を一キロ程坂道を登って東進すると、左手民家屋敷の一角にこのカキの木がある。典型的な屋敷柿で、母屋の東南、玄関より四・五メートルほど離れた位置に悠然と聳えている。屋敷は県道から一〇〇メートルほど坂道を登った所にあるため、このカキの木は一際目立ち、周辺から眺めることができる、県下屈指の大木である。

所有者の話では、推定樹齢四百有余年といわれ、根上り状態で力強く大地に根付いた根元の幹周約四メートル、目通幹周三・一メートルである。主幹が地上二メートルの所で二幹に分かれているが、それでも各々の幹は約二メートルの幹周を有し、樹高約一〇メートルの巨木である。

樹勢は強く、以前は樹高約二〇メートルあり、枝条が広範囲に繁茂して伸育し、日陰を作って作物に影響したり、建物や周辺に落葉や枝葉が拡散したりすることが常態化していたため、数年前に主幹や主要な枝をすべて半分位の長さに切り縮められた。それでも再生枝の伸長が旺盛で、現在は、南北の枝張七・〇メートル、東西六・〇

メートル程で強い樹勢を保っている。

品種名は定かでないが、カキの木の芯が黒いということで、先代の所有者から〈クロガキ〉といい伝えられ、周辺でも同様の呼び名となっている。甘ガキといわれている。

従来より定まった剪定や摘果作業が行われず自然樹型であったため隔年結果性が高く、表裏年の差が大きい。熟期は十一月上旬から中旬頃である。果実は鶏卵位の小形で、形状はこの地方のヤマガキの一種である〈センボロ〉に似ている。

なお、このカキは新聞やテレビ放送でも紹介された話題のカキの老木で、地元ではよく知られている。

6　飛騨・益田

①　宮村のカキ〈タネナシガキ〉［県］

このカキは高山市宮地内（旧宮村）の国道41号線宮峠の北面に下る曲がりくねった坂道を見下ろす問坂集落の一角にある。ここは旧国道41号線の道路法面で、民家と作業舎の間の三メートルほどの狭い傾斜地に生えている。

昭和四十二年十一月十三日、〈廿原のカキ〉〈宗祇ガキ〉に次いで県下で三番目に県指定天然記念物となったカキの古木で、カキの果実の中に種子（核）が入っていないのと、果実が完熟しても落果しないことが特長で、近郷の人々には〈タネナシガキ〉とも呼ばれている。

推定樹齢約二七〇年といわれている完全渋ガキである。この木の道路の反対側三・五メートルほど離れた畦畔には、一回り小振りな兄弟柿があり、これは江戸時代末期頃に道路の下を横断した根から発芽して生長したものといわれている。

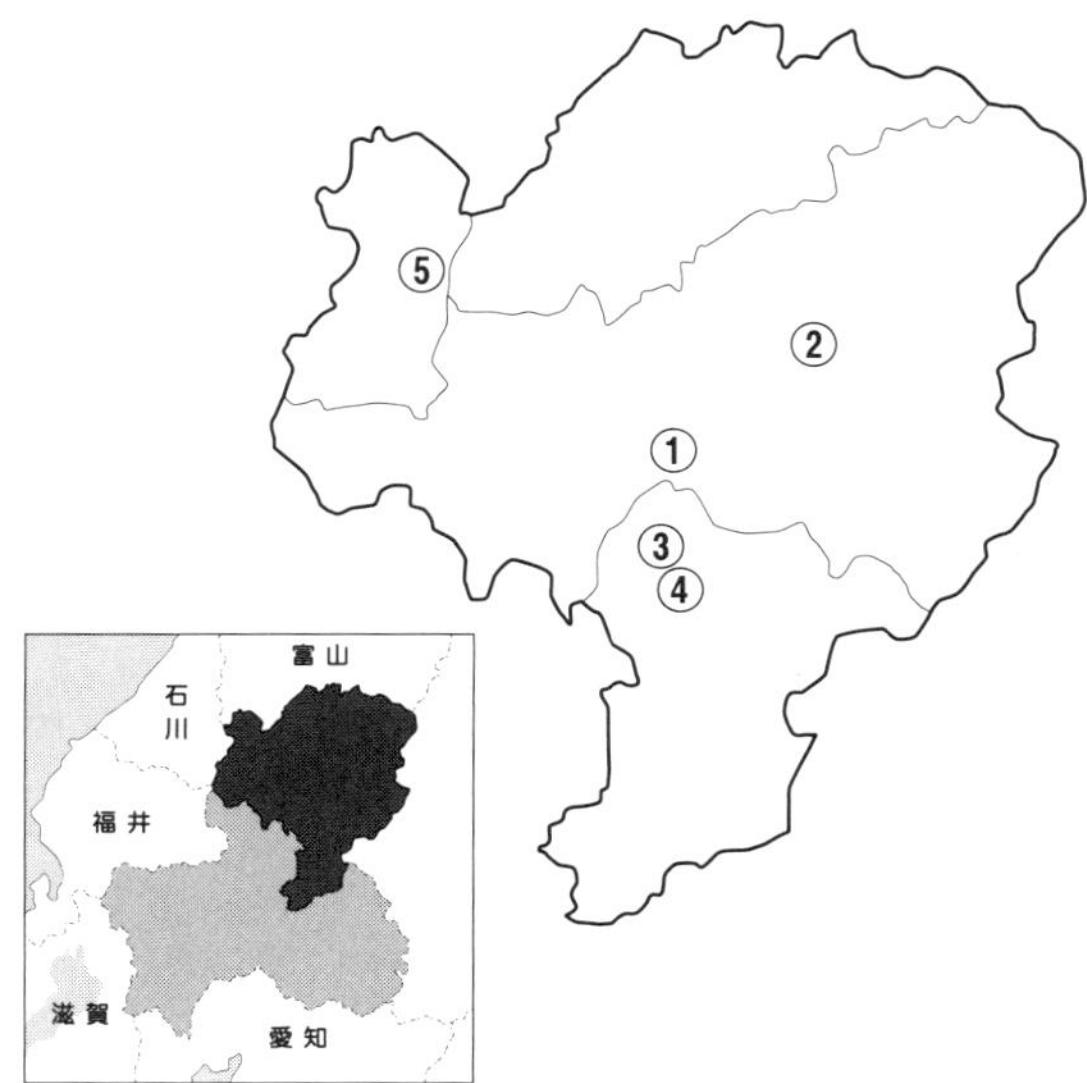

指定カキは、主幹の目通り二・二メートルで、高さ約二メートルあたりから主幹が数本に分枝しているが、樹勢が強く太枝が直上し、枝張も旺盛で扇形の樹姿をしている。

果実の形状は小形で、方円形を呈している。果皮の色は橙色である。蔕は中形の淡緑橙色で果梗は細い。また、果肉は多汁であるが果質はやや粗く、心白は中大で白色が強い。

このカキは以前から干柿や塩漬けにされて保存されていたが、最近ではほとんど利用されていない。

なお、前述した道路反対側の兄弟ガキは、隔年結果がやや多く結果数も少ない年がある。

② 法力柿

このカキは、高山市街北から国道158号線で約一〇キロ東にある高山市丹生川支所の北東、小八賀川の右岸にある瓜田集落の傾斜地畑

の中にある。古来より「法力柿」で知られた法力集落では、現在接木の幼木が育成されつつあるが、その姿はほとんど見られなくなり、東隣の瓜田にただ一本残るのみとなった。

　このカキは温湯に浸ける「醂柿（さわしがき）」で、大正末期から昭和の初めにかけて生産が始まり、昭和九年十月の高山線全線開通を機に、名古屋や岐阜市場への出荷が本格化した。法力を主力に瓜田や北方などから木樽に詰められた「法力柿」が大八車に乗せられ、早朝まだ暗いなかを列を作って高山線上枝駅に向かったという。

　現存するカキの木は数少なく貴重な保存木で形も臥竜の如く、主幹を左右にくねらせながら斜めに伸びている。目通の主幹はほぼ六〇センチ、主幹が強く切断されているので再生枝が伸びていて、樹高四・五メートル、枝張りは東西、南北共に約四メートルと小形化しているが、樹齢は百数十年といわれている。

　地元の古老の話では、当時の収穫時期は十月中旬から始まり、終わるまでに二十四〜二十五日以上を要したといわれているが、長期間でも軟化しないで収穫できる特性を備えている。また果実には種子（核）が極めて少ないなどの長所もある。

果実の大きさは、中形の擬宝珠形で果頂部は適度に尖っている。果肉の中心にある心白体はやや大きいが、多汁で肉質は良好である。果皮色は橙色であり、蔕はやや淡緑を帯びているが、果実からやや反って離れる特性がある。甘味は強くまろやかである。また、カキは完全渋ガキで糖度二〇・四である。

③ 峠のカキ 市

下呂市の最北部、旧山之口の中心部から県道98号線（中部北陸自然歩道）沿いに坂道を約一キロ北上すると、道の中央にこのカキの木がある。

めずらしいことに、このカキの木は、県道を半分に割るように、上り線と下り線の中央分離帯の中に残っている。もとは、ここの私有地に同じような姿のカキの木が二本あったが、県道の拡幅、改修工事と、岐阜大学演習林新設に伴うバイパス道の開設等の理由により、木炭倉庫が取り壊され、一本が切り倒された。それでも当時の町長の計らいで道路が上下線に分けられ、現在残るカキの木は助けられた。

この「峠のカキ」は今迄にもいろいろな名前で呼ばれてきた。木の所有者の話によると、①旧山之口村を代表する長寿の樹木であるので「山之口のカキ」、②ここからしばらく坂道を登ると

位山峠に至るので「位山峠のカキ」、③すぐ近くの下を流れている小川を鍛冶屋（カジヤ）谷と称しているので「鍛冶屋柿」、④このあたりの坂は昔より「ドウジョウ坂」といわれているので「ドウジョウ」など、長い間には種々の名称で呼ばれ、地元の人々に親しまれてきたが、町天然記念物指定の際「峠のカキ」と統一することで結着した。このカキの正式品種名は定かでない。

このカキの木は株元を九〇パーセント以上舗装で覆われているが、比較的樹勢は強く、直立して大きく枝条を伸ばし、目通幹周二・一メートル、樹高約一八メートルで枝張りも道路幅をはるかに超えて枝葉を繁らせ、下枝は枝垂れ枝となって古木の風格を備えている。カキは完全渋ガキで、糖度は二一・九度である。

果実は昔はやや大形であったと伝えられる。終戦前後の食糧難の時代には、原野のカヤ（ススキ）を刈り集めて株元全体に敷き詰め、カキの木に登って木をゆすり果実を落として収穫し、大勢で串柿にして干したという。多い年には一本のカキの木で約八斗（一二四リットル）もの収穫があった。また、昭和四十年頃までは、二つ割りにしたカキを囲炉裏の上に置いたツシロ（養蚕に使用した網）にのせて、イブリ乾燥させ、子供のオヤツや間食にしたという。

かつて、この坂道を往来する旅人が振り返り仰いで眺めたり、近郷の人々が収穫を待ち焦がれて幾度と見上げたりしていたこのカキも、今日ではサルが一番に来て収穫し、次いでテンの餌となり、最後にムクドリの絶好の食料となっている。さびしい限りである。

④ 尾崎のせんぼガキ 市

下呂市萩原町地内の国道41号線から飛騨川に架かる浅水大橋を渡り、県道88号線を北上して尾崎小学校近くから県道98号線をさらに北上し、左手に一〇〇メートルほど登った傾斜地原野の中にこのカキの木がある。

昭和四十八年五月三十日、当時の萩原町指定で現在では下呂市指定天然記念物第三一号となっている。品種はヤマガキの一種で、この地方で「せんぼ」とはよく成るという意味で、「せんぼガキ」は小形のヤマガキの総称である。同種のヤマガキを東濃地方では、「せんぼん」「せんぼう」とも呼ぶ。尾崎のせんぼガキは地元ヤマガキのよい特性を持った民家近くのカキを、永年にわたり取

捨選択して残存した原木であると思われる。現場の状況から推測すると、他から移植されたものではなく自生のヤマガキであろう。

地元では樹齢二〇〇年とも三〇〇年ともいわれ、主幹は地上四〇～五〇センチの所で二幹に分かれ、株元は中心に虚（うろ）ができているが、周囲約三メートル、樹高約一五メートルの県下きっての巨木である。

樹姿は自然形を保ち、全体としてはやや枝葉開張性で樹量も多く、樹勢は中程度である。一般的にヤマガキなどを放任すると隔年結果性は高くなり、さらに果実が途中で落果するいわゆる生理落果が多くなるが、この木も同様である。

果実は小形でやや扁平をして、果皮は普通のヤマガキと同じように淡い橙色である。渋味は強く、数十年前までは若取りして渋を取って利用されていたが、最近ではその需要もなく、一部を干柿としている。高木であるため収穫にも難を生じ、鳥など動物の絶好の食料となっている。

⑤ 荻町の〈サンネモ〉〈キンギリ〉

〈サンネモ〉〈キンギリ〉は、白川村荻町の中心部近くの旧国道156号線沿いから、村道を少し入った長瀬家の合掌造り近くの屋敷内にある。

これらのカキの木は、明治中頃に建てられた五階建合掌造りの家屋を見下ろすように、裏手のやや高い所の傾斜地に他の自然木やヤマガキなどと共に叢生している。

この白川郷では、カキは昔から報恩講のお菓子として貴重な品物で、このお菓子は二十数年前まではカキを四つ割りにして蓆で干し、その後囲炉裏の上で燻(いぶ)して作られてきた。

カキの木はほとんどが無剪定で放任状態であるので隔年結果が著しいが、いずれのカキも果実はほぼ小形で、十月下旬か十一月上旬頃には熟期を迎える。

〈サンネモ〉の主幹の目通は一・三メートルほどで、縦に溝ができ、螺旋状に大きく捻れながら肥大を続け、推定樹齢三〇〇年といわれているが、樹勢は今も強く、幹の先端まではほぼ一〇メートルになっている。

〈サンネモ〉の果実はやや小形の円形で、熟期になると果頂に斑紋が出易く、種子数もやや多い。また、〈キンギリ〉も種子数は多い方で、極小果でやや長形をなし、鶏卵位の大きさで果皮色も橙色である。

両種の他、ヤマガキなども白川郷にほぼ限られた在来種で、この土地に適応し永く人々に支えられ、またその実が利活用されてきた貴重な品種である。昔からこの地では前述の燻り柿のほか、醂柿も作られてきたが、ミョウガの茎葉を蓋替わりに湯に入れて使用する風習も長く続けられていた。

第三章　県内カキ産地の沿革と概況

国立園芸試験場が明治三十五年頃から全国のカキの品種を大規模に調査した結果、それまで各地域でしか把握されていなかった在来種（地方種）の特性が明らかになった。中でも甘ガキの〈富有〉や〈次郎〉、渋ガキの〈蜂屋〉や〈平核無〉などの品種が超一流であることがわかってきた。これらの品種は、果実の品質が優秀であることは勿論であるが、さらに土壌や環境適応性が広く、その上豊産性をも備えた、ほぼ全国区の品種であった。

この調査が行われた明治中期以前は、干柿の商品生産が主力であったが、調査の結果明らかになった優秀な品種の出現と、発展する都市部に出現した消費者層の増加に伴って、増大する果物の需要を背景に、甘ガキは大正から昭和の初めにかけて急速に普及し始めた。そして、昭和四年に岐阜県はカキ振興十カ年計画を立て、目標栽培本数を一〇〇万本とした。

昭和六年度の統計によると、本県のカキ栽培本数は六五万三、七〇〇余本で全国一位を占め、収穫高は福島、長野に譲っているが、生産価格では五五万二、〇〇〇円余で府県別で最高額をあげている。その後、同五十五年には〈富有柿〉の栽培面積七五〇ヘクタールで全国一位となる。

このことは県内の甘ガキが、河川流域部の排水の良い沖積土や濃尾平野の北西部端の扇状地を栽培地としており、そうした土壌環境に恵まれた栽培地が、美濃平坦地に多く分布していることを示している。

これらの栽培地は、気象的にもミカンの経済北限とされる年平均気温一五度圏に位置し、年平均気温はほぼ一五～一六度前後で、成熟期の九～十月の平均気温も一六・五～一六・六と、生育積算温度三、四〇〇～三、五〇〇度を確保できる場所である。一方で、経済的栽培には極めて不利といわれる四月中旬～五月上旬と十月の低温や降霜があり、気象災害の項（二三〇頁）でも述べたが、この点では度々被害を被っている。

大正末から昭和の初め頃には、昭和恐慌による米価、繭価の下落を経験したことから、農村更生対策がとられ、産業組合が設立される。これに伴い県当局も積極的奨励指導をし、〈富有柿〉の栽培は、昭和八年の産業組合五カ年計画にもとづき、購買、販売など四つの部門が設けられて意欲的に取り組まれた。その後は同十八年の農業団体法公布による農業会が誕生し、戦時下の食糧増産体制となるが、二十年に終戦を迎え、しばらくは混乱期となる。

太平洋戦争終結後は、他の農産物と同様にカキも一時期著しく衰退したが、昭和三十年頃にはそれまでの技術の上に各種新資材が投入されて、目覚ましい復興を見せ、カキの収量も一〇アール当たり戦前の五〇〇～六〇〇キロから一、〇〇〇キロを超えて約二倍となる。このため同三十六年には、粗収益、純収益ともに米作りを大幅に上回るが、一日当たりの労働報酬はほぼ同程度に留まった。そんな中、同三十三年には「岐阜県富有柿振興会」の発足をみていた。

昭和三十六年に「農業基本法」が制定され、果樹や畜産物の選択的拡大が奨励指導されると、水田転換畑でのカキ栽培の振興が図られ、主に水田＋カキの経営形態が確立する。そして、同四十六年には県下のカキ園面積が一、九〇〇ヘクタールに達してしばらく好調を維持するが、同五十年代に入るとカキ栽培農家の高齢化や後継者不足などにより、少しずつ減反傾向をたどることになる。

全国のカキ生産農家は、平成の初めに約八万戸あり、その内五、五〇〇戸が県内で、都道府県別では一番多い。しかし、約七〇パーセントは三〇アール未満の農家で、一戸当たりの経営規模は小さい。

1 岐阜圏域

岐阜圏域の中でカキの生産地は、根尾川の東からほぼ長良川の西に面した地域で、東と北は中濃圏域、西は西濃圏域に囲まれている。県内では西濃とともに最も甘ガキ生産に適した土地柄である。この圏域は年平均気温一五度前後で、岐阜市、本巣市、瑞穂市、羽島市、各務原市、山県市などを含む県内のカキの大半を占める主要産地である。

圏域全体にわたって従来から屋敷柿があったが、都市化や生活環境の変化によって平坦地ではその姿はほとんど見られなくなった。とはいえ不完全甘ガキの〈シンショウ〉〈シンミョウ〉〈盆柿〉〈裂御所〉などはほとんどの市町でわずかに残っている。

甘ガキの主力品種である〈富有〉をはじめ、この地域原産といわれる〈天神御所〉や〈すなみ〉〈晩御所〉〈袋御所〉など、わが国のカキ育種の血統の源を占めている地域である。

江戸末期には、加納藩が幕府に岐阜のカキを献上していたことからもわかるように、すでにこの時代にはカキが地域の名産品としての評価を得ていた。しかし、一般庶民の生活には飛騨や東濃でみられるようなカキに対する食生活上の風習は、わずかに山県市や本巣市の山間部に残るのみで、平坦地にはほとんどみられない。

・岐阜市

カキ栽培の歴史は定かでないが、明治十四年（一八八一）の明細帳によれば、主な生産地は小西郷（四、五〇〇貫）、下尻毛（一、三〇〇貫）、下鶉飼（三、五〇〇個）などで、厚見郡では上加納（一五万個）、上川手（一万個）など、市内全域にわたっている。現在でも市内には〈裂御所〉〈盆柿〉〈月夜柿〉など樹齢二〇〇～三〇〇年の古木が随所に見られる。とくにこの傾向は市内北西部に多い。

『黒野史誌』によれば、明治三十四年に甘ガキ二〇本で実三斗（五四リットル）を収穫。これの半数を自家消費、残りの半数を岐阜へ販売して七円五〇銭を売り上げた記録が残ることから、すでにこの時代に販売されていたことがわかるという。そして、明治末期には農事試験場から優良種苗のカキ苗が配布されて〈富有〉の植え付けが始まっている。

当時のカキの植付密度は、畦間が二間（三・六メートル）×二間または二・五間（四・五メートル）植えで、反（一〇アール）当たり六〇～七五本植えの密植である。また、仕立法も盃状か半円形で有袋栽培であった。

大正末期の黒野でのカキの生産量は三、七二一貫（約一四トン）で、北隣の網代では生産者三名でカキを東京へ出荷している。昭和七年の黒野のカキ生産量は二万二、五〇〇貫（約八四・四トン）で、代金一万二、五〇〇円を売り上げている。約一〇年間で六倍の生産量をあげたことになる。大正末から昭和十三年頃までは昭和恐慌の最中であったが、カキと同様に養蚕は盛んになって桑園も増えていた。

戦後は岐阜市北西部の黒野、七郷、西郷あたりの桑園は徐々にカキ園に転換され、昭和二十五年には市内で五三町歩（五三ヘクタール）、収穫量一五万九、〇〇〇貫（二一二トン）の実績をあげ、反収も平均三〇〇貫（一・一三トン）へと増大した。

平成初期の選果場風景

昭和三十年代後半には農業基本法の施行により果樹類が奨励され、食生活の改善も行われたこともあってカキの消費も伸び、同四十年には果樹総面積二〇七ヘクタールのうち六六パーセントまでをカキが占める状況となった。品種では〈富有〉が九〇パーセント以上で、〈松本早生富有〉が五・六パーセントであった。

その後、昭和四十五年に農業振興地域整備計画が進められると、岐阜市も同四十七年に指定を受け、水田転換団地化もより進んだ。そして、同五十三年には市内全域で栽培面積二八一ヘクタールに達し、〈富有〉の割合は七五パーセントになった。一方でカキの木の平均樹齢は四五年を超え、木の老齢化が進んだため、岐阜市振興会はその対策として同六十年に〈刀根早生〉約二、五〇〇本と、同六十三年〈すなみ〉約三、五〇〇本を導入して、品種の更新を図っている。

この間、昭和四十二年に県の単独事業で果実共同選果場を新設、同四十五年度には岐阜市農協が大型共選場を建設して共販体制を確立、その後同五十四年度、六十三年度に選果機を最新設備にして更新を図った。

平成に入り同十年にはカキ集荷施設を増改築し、カラーセンサ付選果機も導入して規格の統一化による品質改善を一層図った結果、一日の最大処理量は約二万ケース、年間処理量二、八〇〇トンまでアップしている。それに伴い共同選果場の出荷実績も徐々に増加し、約二、〇〇〇トンとなって、販売額も四億円を超えたが、その後は生産者の高齢化もあって伸び悩んでいる。

・羽島市

羽島市においても屋敷柿が始まりで、〈シンミョウ〉〈妙丹〉などが昭和三十年代後半まで見かけられたが、最近ではほとんど姿を消した。

専用カキ園は昭和十年頃に正木や福寿地区の畑地帯に〈富有〉が植えられたのに始まり、その後、一部の桑畑やモモ畑が改植されて〈富有〉が新植された。当時五メートルの畦間に二・〇～二・五メートルの株間で一〇アール当たり一〇〇本位の密植栽培で盃状仕立を行い、早い時期から環状剥皮を行って間伐を行うなど集約化を行ってきた。

昭和四十年代にも果樹振興策によって〈富有〉の新植が行われ、〈富有〉の占める割合が市町村別では最も高い九五パーセント位に達し、他の品種ではわずかに〈西村早生〉が新植されたに過ぎなかった。同五十三年の統計では、二三ヘクタールのうち〈富有〉がほとんどで約二二ヘクタール、他は〈西村早生〉約一ヘクタールである。

市内は圏域の内でも温暖で気候に恵まれ、カキの木も比較的管理が行き届き、販売市場も近くにあって条件が良く、個人農家から出荷され、販売の平均価格は県内一、二を争う好条件を保っている。

平成に入り同三年には栽培面積も三ヘクタール微増して二七ヘクタールと最高に達したが、その後は都市化や生産農家の高齢化によりカキ栽培面積は減じ続け、最近では昭和五十三年当時の約半分の十数ヘクタールにまで少なくなった。

なお、昭和四十三年には正木農協（当時）が園芸団地事業として選果場を新設している。

・各務原市

各務原市のカキの歴史は定かでないが、蘇原地区の山沿いには昔から屋敷柿が多く見られた。甘ガキでは〈ヤシマ〉〈シンミョウ〉〈ミョウタン〉〈御所〉など、渋ガキは〈ドウジョウ〉〈富士〉などの古木が多く品種数も多かったが、最近ではわずかに残るのみとなった。

戦後、市内に専用のカキ園が誕生したのは昭和三十年代後半で、鵜沼地区の野菜団地の中にナシの栽培と同じように点在していた。同五十三年の統計では、この団地のカキを中心に約二五ヘクタールで、その内ごく一部を同四十年代後半に新植された〈松本早生〉が占めていた。一戸当たりの平均面積は約一〇アールで、〈富有〉の割合は高く九六パーセントである。このため団地内経営として農業の専用経営者が比較的多いのが特徴である。

平成に入り十年頃まではほぼ同傾向で、この地域は比較的〈富有〉の樹齢も若く、経営は多角化で安定している。

なお、昭和四十年に鵜沼農協（当時）は独力で選果場を設置している。

・〔岐南町〕

〈徳田御所〉の原産地といわれている岐南町では、明治十四年の記録によると、上川手村でカキおよそ一、〇〇〇個、下川手村でおよそ二万個の生産をあげていた。

・本巣市

本巣市は平成十六年に本巣町、真正町、糸貫町、根尾村が合併して誕生した新しい市で、カキは従来から各町で振興会を作りブランドを育ててきたので、旧町村に分けて記述する。

〔旧糸貫町〕

糸貫のカキの歴史は慶長三年（一五八九）の文献では、犬山城主から手代に宛てた文章に「請取枝柿之事、合四百拾ヲ、但春近村ヨリ上ル柿ナリ」とあって、旧春近村より枝柿四一〇個を領収したとの書状が残っている。その後も享保二十年（一七三五）の「村産物書状帳」や明和三年（一七六六）の「屋井村明鑑」などには、カキが当時の産物として記録されていて、品種では〈にたり〉が載っている。

町内は〈天神御所〉〈蓆田御所〉〈改田御所〉などの原産地といわれ、とくに〈改田御所〉は樹齢推定三〇〇年以上といわれる木が最近まで屋敷柿として残っていたことからもわかるように古い歴史がうかがえる。

明治十四年の「町村略誌」では早野村の物産としてカキ八、八八〇個生産したと記されているし、旧蓆田村でも古い屋敷柿が残っていた。

明治四十三年には郡府の松尾松太郎が初めて〈富有〉を福嶌才治から譲り受けて宅地内に三本の接木をしている。大正三年には専用カキ園として三畝歩（三アール）に三〇本と、六畝歩（六アール）に五〇本以上の新植を行っている。そして、同六年には一万個のカキの収穫をあげ、三百余円の収入を得ている。

松尾はこれを契機に近隣農家にカキ栽培を奨め、〈富有〉〈天神御所〉〈富士〉〈蜂屋〉などの接木苗の配布により郡府を中心にカキ産地が形成された。

昭和に入ってこの勢いは周辺に及び、早野では同十一年に二万六、八〇〇貫（約一〇〇トン）のカキ生産量をあげていた。しかし、やがて、戦時体制下では食糧増産が優先され、一時期カキの生産は頓挫するが、用水や水路の畦畔（土手ガキ）へのカキの新植が試みられた。

昭和十五～十七年の三カ年には、船来山南傾斜を郡府、上保

昭和 57 年頃の船来山のカキ

の農家が開墾して〈富有〉の新植が始まり、やがて戦後の同四十年頃には総面積ほぼ二五ヘクタールのカキ園が誕生する。そして、園内には配管施設やモノレールなどが付設された。しかし、やがてゴルフ場造成計画が浮上し、平成元年にはカキ園は伐採されてしまう。

昭和三十五年の町制施行以降はカキ栽培面積は順調に増え、同四十年には約一二〇ヘクタール、同四十六年に約二〇〇ヘクタール、同五十三年に二七二ヘクタールとなって、市町村別の生産量では岐阜市（当時）の二六五トンを超えて県下一位となった。

戦後しばらくカキの販売は、北方町の河川敷に設けられた市場への個人出荷が多かったが、昭和三十二年頃から町内八集落が小型選果機を導入して行った共販体制が徐々に浸透し始めた。そして、同四十年頃からは農協単位で事業選果場が建設され、それぞれの商標で共販が本格的に進行した。同六十二年には形状式選別機の導入に伴って共販体制が再編され、平成七年には先進的農業生産総合推進対策事業で約五億一、〇〇〇万円が投じられ、カラー形状計測装置など最新鋭の装備をしたカキ施設が造成された。これによりカキ処理量は約四、二〇〇トン、一日処理量一万五、〇〇〇ケースとなった。

なお、平成四年には市内上保に富有柿の里「富有柿センター」がオープン、カキの拠点施設として指導や交流の場となっている。

〔旧本巣町〕

旧本巣町のカキは他の地域と同様、昔から屋敷や畑の隅にクリやウメなどと一緒に植えられてきた。品種は甘ガキでは〈盆柿〉〈しんみょう〉〈にたり〉などであり、渋ガキは〈つるのこ〉〈だんし〉などであったが、今でも一部にはこれらのカキの古木が残っている。

専用カキ園が誕生したのは大正四年、市内郡府から〈富有〉の苗を取り寄せ、目刈の開墾地畑二町歩（二ヘクタール）に新植したのが始まりといわれている。同十四年、後に成木園となったカキ園から大正天皇に〈富有〉が献上されたのを始め、当時盛んに行われていた各地の品評会や共進会に積極的に出品、その都度入賞して評価を高めている。このことに影響を受け、大正末から昭和初めには宝珠の村有林二町五反（二・五ヘクタール）が開墾され、〈富有〉が増植されている。

昭和初めには大平山山麓の畑地にも広がり、〈富有〉はますます増反された。戦中から終戦直後は一時滞ったものの、同三十年代半ばには平坦地の水田転換畑への新植と傾いていった。しかし、結局旧本巣町としては比較的少なく、四ヘクタール程度にとどまっている。

昭和四十年代初めには栽培面積約三〇ヘクタールで生産量四五〇トンであったが、同五十四年には栽培農家戸数二八六戸で面積五六ヘクタール、平成二年には戸数一八〇戸まで減じたが面積はほぼ微増の五八ヘクタールと最高に達した。

販売体制も面積の拡大と共に対策がとられ、昭和四十六年には法林寺果樹営農組合が設立された。前後して同四十五年に旧糸貫町の果実選果場の出荷が開始されているが、一部では〈蜂屋〉などの干柿の出荷もされている。

〔旧真正町〕

真正町のカキは、南は旧巣南町、北は旧糸貫町そして東は北方町と隣接し、周囲をほぼカキの産地に囲まれており、それらの産地と同じように昔からカキの栽培が盛んだった。

〈シンショウ〉〈シンミョウ〉〈御所〉などの屋敷柿もほぼ同じようで、最近まで残っていたが、現在ほとんどその姿が見られない。

明治四十三年の弾正村は、甘ガキ八〇〇本、生産量四〇〇貫（一・五トン）、干柿一〇〇本、生産量五〇貫（一九〇キロ）、渋用カキ九〇本、生産量二七〇貫（一・〇トン）で、甘ガキは半分を、渋用カキは八割を岐阜方面に販売して、この年の生産額は二四五円であった。真桑村は、同四十二年にカキ一、四〇〇本で生産量一万四、〇〇〇貫（五二・五トン）を収穫して販売額二四〇円、加えて干柿の販売額として五七円をあげている。

大正十年になると弾正村はカキ四、九〇〇本になり、同十三年の販売額は約一万九、〇〇〇円と急増している。真桑村も同十年には二、一〇〇本で生産量五、〇〇〇貫（一八・八トン）をあげている。そして、同十三年には販売額約一万五〇〇〇円となっている。

昭和十年の弾正村はカキの栽培面積約三八町歩（三八ヘクタール）、反収一八〇貫（約六八〇キロ）で計五万貫（一八八トン）を収穫し、販売額約二万二、六〇〇円をあげている。また、真桑村では同八年にカキ約一万八、〇〇〇本が栽培されている。

終戦直後は他の生産地と同様に栽培面積、生産量共に激減して、昭和二十二年の弾正村では面積は約二〇町歩（二〇ヘクタール）生産量四万七、〇〇〇貫（一七六トン）で、食糧難の当時としては特異的に九割の四万二、〇〇〇貫余（一五八トン）を販売している。

昭和三十年後半からは果樹振興策によって水田転換畑による新植が積極的に行われ、同四十年後半には栽培面積一〇〇ヘクタールを超え、同五十四年には一二〇ヘクタールと順調に増加した。品種も〈富有〉〈松本早生富有〉〈西村早生〉が加わり、大型選果場が誕生し全体の基盤が整った。

平成三年にはカラーセンサーを導入し、共選場の再編整備も加わってさらに増植され、栽培農家数は五三七戸となり、栽培面積も一三五ヘクタールと最高になった。しかし、その後は住宅化や生産農家の高齢化もあって伸び悩んでいる。

・瑞穂市

旧巣南町内の古老の話によると、居倉や七崎あたりでは昭和三十年代初め頃まで〈せんぼん〉〈盆柿〉〈御所〉の大木が屋敷や周辺の空地に数多く見られ、最近でこそほとんど見られないが、その歴史は古いという。

旧巣南町は何といっても〈富有〉の原産地であり、明治中頃からは〈富有〉が中心であるが、それ以前の記録は明らかでない。

恩田博士はその著書の中で「富有柿は本巣郡川崎村居倉の原産にて以前この地にて大御所若しくは居倉御所と言ひその親木は同地小倉長蔵氏の竹林中にあり……」と記し、明治末期の調査で樹齢一〇〇年以上経過しているものと認めている。

このことについて小倉淳一は『富有柿とその原木』の中で、富有は大御所を文政三年(一八二〇)に植えた中から出たのだと記述していて、元の品種については齟齬があるが樹齢についてはほぼ一致する。当時、付近一帯にはすでに〈富有〉栽培がされていて、その優秀さが知れわたって皆から注目の的となり、次第に苗木の要望が高まっていたことがうかがえる。

大正五~六年頃から本格的に挿穂の頒布や苗木販売が行われ、美江寺の苗木商によって広く県外にも送られるようになっていった。

〈すなみ〉の育成者・杉原は昭和五年に〈富有〉をこの地で定植しているが、付近の先進農家ではすでに昭和の初め頃に〈富有〉の新植が盛んに行われていた。

戦中戦後は周辺の他町村と同様に食糧増産のため二〇年間位は栽培が極端に減じたが、昭和三十六、七年以降は大半の地区が挽回、とくに居倉、大月、古橋、森、十七条、十九条など犀川、根尾川の左岸沿いの地域で増加し、旧町全体の栽培面積は約七〇ヘクタールとなった。

その後、水田転換畑での増反が顕著で、昭和五十四年には栽培農家数五一六戸、栽培面積一二〇ヘクタールとなり、ほぼ北隣の旧真正町と同規模、同程度の伸長をつづける。そして、同六十三年には新品種の〈すなみ〉が育成され、地元で新植が始まった。

平成二年の栽培農家数は七八二戸で栽培面積一三八ヘクタールとなった。その後、旧穂積町分を加えた農家戸数は六〇〇戸と減じたが、栽培面積は一六二ヘクタールの最高となった。それ以後は激減して、同二十年には栽培農家はほぼ最盛期の三分の一になり、栽培面積は二分の一に減じている。この中で品種の変遷もあって、〈西村早生〉は〈早秋〉や〈太秋〉に変わり、〈富有〉は樹が老木化して伐採されている。

なお、旧穂積町のカキは、平成の初めには栽培面積が最大となり約二四ヘクタール作付けられていたが、畑地の住宅化と後継者不足によって激減、最近では数ヘクタールで生産量四トンとなっている。

・北方町

北方町は北西部の本巣市、南部の瑞穂市、東北部の岐阜市と、隣接するそれぞれのカキ産地が古くからカキ栽培に影響を及ぼしてきたと考えられるが、その歴史は定かではない。しかし、西部にある旧薮川の河川敷には大正の初めより市場が立って、周辺のカキの集散地になったこともあって、必然的にカキへの関心は集まった。取り扱われた品種、数量などの具体的資料は残っていないが、共同選別、共同出荷以前は、周辺のカキ生産者が個人で選別して荷車などでここへ運び込んだカキが、せりにかけられたという。

昭和の末頃、町内の栽培面積は約一〇ヘクタールであったが、その後、都市化の影響もあって、平成二十年頃には三・五ヘクタール位にまで減じた。しかし、町内の生産者は振興会を組織して重量選別機を導入するなどして、小規模ながら〈富有〉を中心に中京方面に共同出荷している。

・山県市

山県市のカキの歴史は古く、旧美山町で大木の〈炙柿〉や〈にたり〉〈万賀〉などが確認され、旧大桑村でも各農家の庭先には屋敷柿が多く残されてきた。そして、旧伊自良村平井には〈伊自良大実〉と呼ばれていた推定樹齢約三〇〇～四〇〇年の古木があった。この古木自体は昭和四十年代に切り倒されてしまったが、〈伊自良大実〉は接木苗によって村内外に広く作られ、連柿として昔から暮らしの中に生きてきたことはよく知られるところである。

明治初年の記録によると、旧大桑村で三万個のカキの生産が記載されている。その後、昭和二年には四万余個の干柿生産をあげ、昭和二十五年には二、〇〇〇貫（七・五トン）の生柿を収穫している。

旧伊自良村は市内で最もカキ栽培の歴史が古く、先述の〈伊自良大実〉を始め〈青檀子〉〈藤倉大実〉〈長柿〉などの大木が今なお残り、干柿や柿渋生産が二〇〇戸以上の農家で長く続いてきた。

明治十四年の「伊自良村明細帳」では、干柿は平井、長滝などで八、〇〇〇連の記録があり、渋ガキは洞田、大森の下の方での産出ありとなっている。〈富有〉の導入は明治の末頃で、県内でも非常に早い時期に配布され、大正の中頃には村内ほとんどの農家に行きわたったが、従来の品種よりも管理を要する上に晩霜被害が多いことから、〈富有〉の甘味を十分発揮することができなかったため広がらず、主に渋ガキが中心になった。それでも昭和四十年代初めには品種全体の三分の一程度まで〈富有〉が占めていた。

昭和三年の統計表では旧上伊自良で生柿を一万二、〇〇〇貫（四五トン）生産し、同七～八年頃には「甘干出荷組合」が設立され、販売に力が注がれた。

戦後は、柿渋が軍に徴用されて価格保証を受けたので、柿

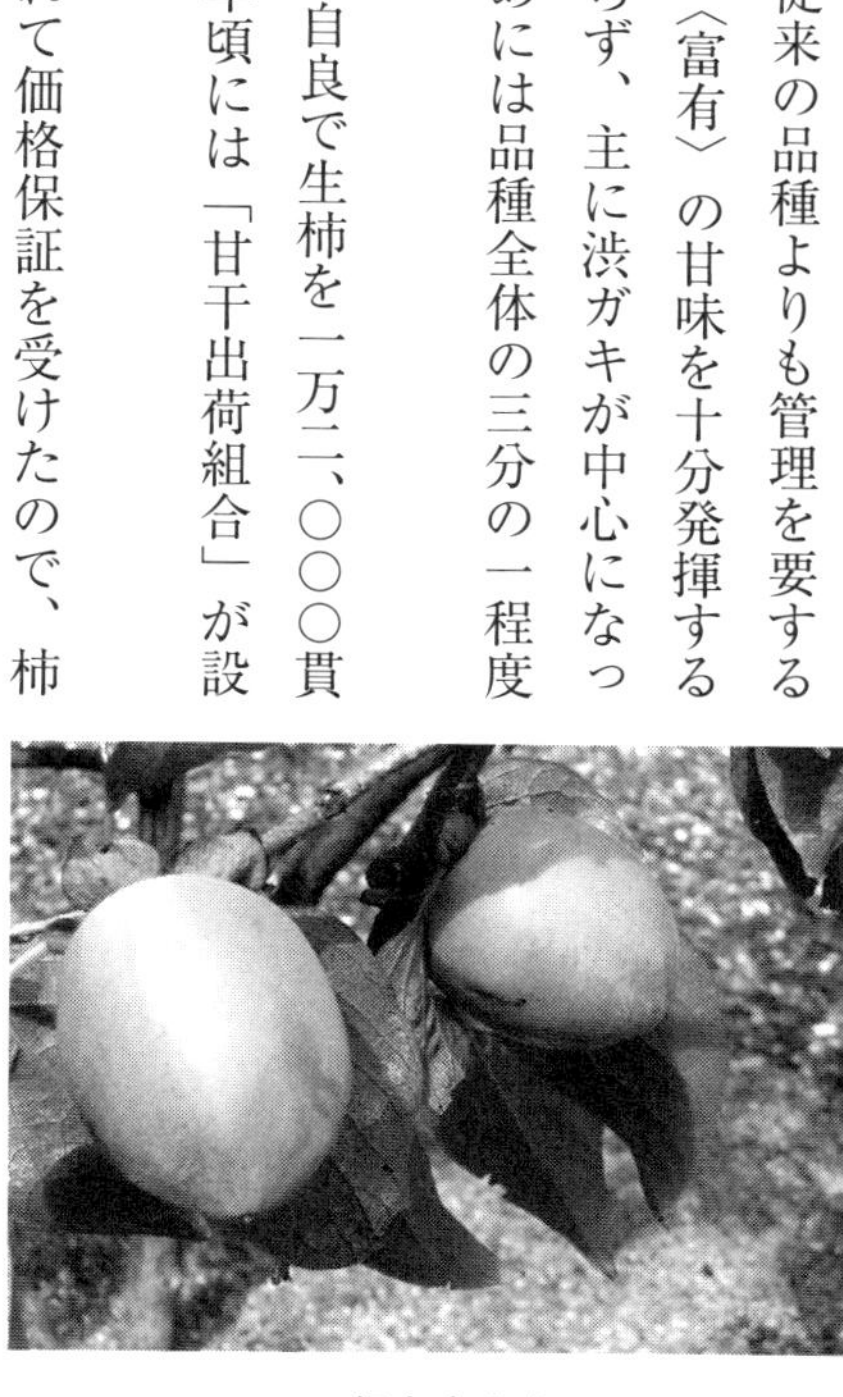

伊自良大実

渋生産に比重が置かれたが、終戦後は甘味料が不足したため干柿生産がより増加し、昭和二十七年には柿渋生産は村内で廃止された。そして、同四十年頃には干柿の生産農家数は三〇〇戸余、生産量二二万連と最高に達した。

その後は土地基盤の整備や生産者の高齢化によって老朽カキ園が整理され、同五十三年には旧山県郡全体で三三ヘクタールとなった。この内〈富有〉は一一ヘクタール程栽培されている。しかし、同五十五年には記録的冷夏となって生産量が激減し、さらに同五十九年にはカキが不作で生産量は半減した。

山県市は山間地であるため気象が冷涼で晩霜や冷夏の影響を受け易く、生産が不安定であることから、平成八年には生産農家は五〇戸で十分の一程にまで減っている。

平成五年のカキ栽培面積は〈富有〉が約九ヘクタール、〈伊自良大実〉が約一〇ヘクタール、その他の品種約一〇ヘクタールの合計二九ヘクタールであった。

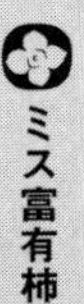

ミス富有柿

「ミス富有柿」はカキをPRし、販売促進を図ってゆくため、旧糸貫町が町制二〇周年の記念行事として、昭和五十五年にスタートした制度。

毎年カキの収穫シーズンに合わせて、旧糸貫町と農協が町内の未婚女性（一八～二五歳）を対象に行い、一次、二次審査を経てミス一名、準ミス三名の合計四名を決めている。

選ばれた「ミス富有柿」は旧町や農協の各種のイベントに一年間参加して、カキのPRを積極的に行う任務を担う。

2　西濃圏域

岐阜県の西南端に位置する圏域で、北部は藪川以西の大野町、揖斐川町から、藪川と合流する揖斐川以西の大垣市養老町と南部の海津市などからなる。カキは全圏域で作られている。気候が温暖な養老山麓沿いから、比較的冷涼な中山間地である不破郡から揖斐郡にかけての池田山と小島山の山麓にカキ産地は多い。また、藪川、揖斐川両河川の流域にも広がっている。県内では岐阜圏域に次いで栽培面積が多く歴史も古い地域であり、〈沢田御所〉や〈絵御所〉および〈田村〉などの発祥地でもある。また、柿渋生産は県内一の産地である。

・大垣市

中世には大垣を大柿とも書いて併用していた。大垣市の市章はカキの蔕がデザインされたものを使用している。

カキの沿革は、寛永十二年（一六七二）、戸田氏信が大垣藩戸田家第三代についた直後に、天神丸にカキの木一〇〇本植え付けたことに始まる。品種は明らかでないが、一〇〇本という数は、当時としては画期的な専用カキ園で、一反歩（〇・一ヘクタール）相当になる。当時の記録によると、大垣藩は西山筋（春日）や根尾筋（根尾）から柿渋を納めさせていることから、天神丸のカキも甘ガキでなくて渋ガキの可能性が高い。

江戸末期には老舗の菓子店がカキ羊羹の製法に成功し、原料の蜂屋柿を広く美濃加茂市、大野町、旧本巣郡や垂井町、関ヶ原町からも集荷した。また、その加工を市内美和町で行ったため、十一月中旬には収穫された原料ガキの出入が盛んであったと思われる。

明治以降の大垣市内の栽培状況は不詳であるが、旧静里村の農産物調べによれば、明治四十五年二、一〇〇、大正十四年一万三、〇〇〇（単位不明）となっていて、大正末頃に最も盛んであったことがうかがえる。

その後、市内のカキ生産は、昭和二十六年に専用カキ園面積が五・九ヘクタール、それに加えて散在本数が五、二〇〇本あり、収穫量一二二トンとなっている。そして、同三十六年には面積三五・七ヘクタールで三九一トンもの生産量を記録しているが、その後当地ではナシの栽培が増え、カキ栽培は次第に減少傾向をたどることになる。

旧上石津町は「柿の木茶碗」の伝説があることからもうかがえるように、古くからカキが作られ、〈キワタ柿〉〈オツサカ〉〈田村〉などの古木も多い。

とくに〈田村〉は牧田地区に多く、古くから柿渋原料として生柿が生産され、平成の初めまで生柿で一〇トン前後のカキを県外へ出荷していた。

・海津市

海津市は旧南濃町、海津町、平田町が平成十七年に合併してできた市で、県内の最南端に位置し、気候は温暖でとくに旧南濃町は県内唯一のミカンの産地として専用果樹園が多かった地区である。このため市内には屋敷柿でも甘ガキが多く、〈シンショウ〉〈シンミョウ〉〈月夜〉〈盆柿〉など樹齢一〇〇～一五〇年の木が今日でも残っている。

明治三十七年の旧西江村諸表には、農産物でカキ一三〇本、約二万個の収穫が記録されていて、栽培地は西を流れる揖斐川流域に多かったようだ。

旧南濃町におけるカキの栽培は山麓傾斜地に多く、大正十年頃に〈富有〉が導入されたのが専用カキ園の始まりで、その後の寒波襲来で、当時の主要果樹だったミカンの枝条が強く傷つき一部枯死したため、急遽カキが増反された。この時代、養蚕が盛んであったため山麓ではミカンのほか桑が多く植えられていた。しかし、その後繭価の暴落によって昭和十年頃から順次カキ栽培に傾斜して、旧町内の北の地域では桑園に替わって新しくカキ園が多数生まれた。

終戦後は昭和二十六年に農業委員会が設置されると、食糧増産と共に農業生産力の向上と農業経営の合理化に重点がおかれるようになった。同二十八年の農林統計によるとカキの栽培面積は、旧下多度村二・五町歩（二・五ヘクタール）、旧城山村六・六町歩（六・六ヘクタール）、旧石津村一〇・一町歩（一〇・一ヘクタール）で合計四万四、〇〇〇貫（約一六五トン）の実収高をあげている。

昭和三十六年以降は、農業改善事業によって新植が進み、これに伴って同四十二年にはミカンと併用の共同選果場を建設して出荷体制を確立し、同四十三年、栽培面積一〇八ヘクタール、生産量約二、〇〇〇トンに達した。同五十三年の旧南濃町の栽培品種は主に〈富有〉で、面積は一〇五ヘクタールで横ばいで推移した。その後、カキ園が少しずつ増加すると、旧町内での生産農家も三二〇戸に増加し、同五十四年、その内二〇〇戸の生産者が研究会を組織した。

こうした動きと前後して、新しい早生品種への取り組みもなされ、〈松本早生富有〉〈西村早生〉の新植も積極的になされた。中でも昭和末期には地区特有の〈刀根早生〉が一〇ヘクタール以上新植されたり、〈平核無〉の増植も試みられたりした。そして、これに伴い同五十八年には脱渋装置を設置し、〈美濃柿〉を出荷、さらに同六十三年から〈平核無〉〈刀根早生〉の出荷が本格的に始められた。

養老山東山麓一帯には、ミカンやその他の間にあって大規模な専用カキ園はないが、市全体で一八〇ヘクタールに達するカキ栽培地の一部が、山麓を走る国道２５８号線周辺を埋めている。平成三年に新登録された〈陽豊〉も県下で初めて導入され、、町内二〇名の生産農家が研究会を発足させ、同七年から東京市場へ出荷を始めた。この品種は収穫期が早いため〈西村早生〉と〈富有〉の間のつなぎの品種として期待が高まっている。

・関ヶ原町

関ヶ原町のカキの歴史は古く、〈霜降〉〈絵御所〉〈コネリ〉などの古木が現在でも残っている。中でも〈田村〉は古来より不破郡原産といわれ、樹齢三〇〇年以上、幹周二メートルを超える大木が屋敷柿や茶園の周辺に数多く残されている。

当地は冷涼な中山間地で畑作が多く、甘ガキより渋ガキが多い。このため昔から干柿生産が盛んで、定かでないものの生産量が多かったことから、自家消費よりも販売目的で生産されてきた歴史がある。

中山道沿いにある旧山中村は昔から農業を主とする村である。天保十四年（一八四三）の山中村商人一覧表の一〇名の中に、カキとナシを商いとしている百姓四名が含まれていて、街道筋では道行く人に干柿を販売していた記録が残っている。

旧松尾村、旧玉村などでも江戸末期には干柿生産が行われていて、多くの柿屋が造られている。当時は散在カキ園が多く、一部には収穫に鋸や鉈が使われてい

明治末頃の柿屋（関ヶ原町・『柿栗栽培法』より）

たといわれている。

明治十六年の関口議官による『美濃国民俗誌稿』には、松尾、山中の項で「この地は干柿を産し、婦女子は道路沿いの店にて此を売って半ば業としている」と報告されており、少なくともこの時代まで続いていることがうかがえる。最近の果樹生産地における路上販売の先駆けである。

大正時代にはそれまでの主力産業だった養蚕、製糸の他にカキ、クリが量的に多くなり始め、販路も路上や県内販売では消化しきれず、関西方面への販路拡大を始めている。しかし、昭和に入り次第にカキの木が老木化したり、高価になってきた茶の畑に日陰をつくって障害になることが指摘されたりし、さらには柿渋利用が少なくなったことも重なり、栽培面積、栽培本数がだんだん少なくなった。

昭和三十年代後半の高度経済成長期以降は、住居周辺のカキの木は少なくなり、また生産者の高齢化による労力不足や周辺整備のため、干柿、柿渋生産ともに少なくなった。

最近では柿渋用の生柿が四〇~五〇トン生産され、県外へ原料柿として出荷されている。また、数年前に「柿屋」も解体され、干柿は自家消費のためのものが各家の軒先にわずかに吊るされているのみとなった。

なお、東隣りの垂井町も小規模ながら関ヶ原町と同じような経緯をたどり、柿渋用生柿は最近では一〇トン前後収穫されている。

・養老町

養老町のカキの栽培は、南隣の旧南濃町とほぼ同じように、養老山麓の桑園が養蚕不況で改植され始めた頃からで、昭和十年頃まで遡る。しかし、本格的に集団化されたのは同三十年頃からの開拓団入植からである。

昭和四十一年には旧南濃町より早く、県費単独事業で共同の選果機が設置されて、早生品種の導入も積極的に行われた。同五十三年には栽培面積が四八ヘクタールまで増反され、そして平成三年、県下で最も早く早生品種の〈陽豊〉を新植した。

牧田川沿いの畑地から養老山麓筋にかけてはカキの産地として古くから知られていた所で、「新撰美濃志」にも「此の地に柿樹多くうゑて利とする沢田がきと称して名産とす」と記されている。西濃地方一円で通称〈沢田御所〉として親しまれてきたこのカキの原産地は山麓北端だといわれている。しかし、現在、原木はなく、数本の〈沢田御所〉が確認されるのみである。

昭和三十年代まで、この沢田集落の周辺では、どこの農家でも屋敷や畑周辺にカキの木が植えられていた。品種は〈沢田御所〉をはじめ〈にたり〉〈円座〉〈盆柿〉などで、当時は主に子供のおやつであった。かつて名産といわれたこの「沢田柿」も現在ではほとんど姿を消している。

・大野町

大野町内の農家の屋敷には、昭和三十年代後半頃まで〈センボ柿〉〈御所柿〉〈鶴の子〉〈ニタリ〉などのカキの木が二本や三本は必ず植えられていた。ところが、大正後期には本巣郡から〈富有〉が導入されて〈センボ柿〉に接木されるようになると、これらの屋敷柿は順次姿を消し、家屋の新築や車庫の増設もあって切り倒され、現在では全く見られなくなった。一方ではその頃から専用カキ園が誕生しつつあった。

『大野町誌』によると大垣藩では明暦四年（一六五八）に「柿改め」を行っている。これによれば更地村で〈御所柿〉〈枝柿〉を三五名が所持し、約二反歩（二〇アール）で、二石三斗の穫れ高であった。その後、同村では元禄八年（一六九六）に個人で〈蜂屋柿〉二〇〇個を販売した証文も見られる（伊深家文書）。

また、『揖斐郡誌』によれば鶯村公郷では昔から干柿が作られ、文政天保年間（一八一八～四四）には生産者が一年間に一万個以上の干柿を作り、優良品を幕府やその他へ献上している。明治の記録はほとんどなく、大正の末に町北部の寺内で〈富有〉を栽培した記録が残っている。大正末期から昭和十年代前半まで藪川右岸沿いの畑地は、桑園が多く植えられ養蚕地帯であった。一時は本巣郡下からカキの苗木を購入したり、県農事試験場の配布苗などを利用し、郡農会技手の奨励指導によってカキ園は増え続けた。

その後、戦中戦後の混乱期には、食糧難に対処するため畑は一時的にイモ畑となり、人々は食糧増産に精励した。一方、この困難期には砂糖などの甘味料が著しく不足したこともあり干柿が生産された。昭和二十五年後半には栽培面積が約三三ヘクタールとなり、少しずつ回復傾向になった。

昭和三十年代中頃から町内の東部にあたる藪川右岸沿いの桑園や普通畑にカキの新植が始まり、その後下方地区などの畑のカキ園増反がなされた。そのため同四十年には栽培面積が一六三ヘクタールまでに達して、県下屈指の産地化が進行した。そして、ちょうどこの頃から〈西村早生〉〈松本早生富有〉〈伊豆〉など〈富有〉より早く収穫できる品種の導入が積極的に進められたため、県内の他地域に比べると〈富有〉の専有割合は低く抑えられ、七〇パーセント以下を保っていた。

そして、昭和四十四年の農協合併を機に、それまで各地域ごとに分かれていた組織が結束、第一次構造改善事業でカキ共選場が設置され、販売体制が強化された。その後も同四十六年から第二次構造改善事業で圃場整備が行われ、郡家などの水田転換畑に早生柿が新植された。その結果、同五十年には栽培面積二〇七ヘクタールに達した。

昭和五十年代に入ると〈西村早生〉はさらに増反されて県内屈指の産地となった。さらに天候不順年には十分に脱渋ができないという問題の解決を図るため、同五十八年には共選場に脱渋装置を設置し、美濃柿生産で対応した。そして、同六十年には栽培面積が三〇〇ヘクタールを超えてカキ生産は最盛期を向えた。

生産農家の高齢化に伴い、平成に入ってからの全体の栽培面積は横ばいから減少傾向で、三〇〇ヘクタールを切り、カキ価格の低迷傾向が続いていることへの対策として、同二年には県下で初めてのカラーセンサー付きカメラを備えた選果機が共選場に設置され、色、大きさ、傷などを厳しく選別して単価アップに努めている。

最近の品種別出荷量は、〈西村早生〉が約四〇パーセントで〈富有〉が約五〇パーセントである。また、仕向先割合は京浜約四〇パーセント、中京約三〇パーセント、北信越約三〇パーセントである。そして、平成二年には販売額約六億五、〇〇〇万円を売り上げ、美濃大野農協での販売品目中一位になった。

・揖斐川町

揖斐川町にはカキの町指定天然記念物が旧清水村と旧久瀬村の〈ミョウタン〉の二件あり、両方とも樹齢約三〇〇~四〇〇年といわれている。この地方には、他にも屋敷柿の古いものがあり、とくに揖斐川沿いには多く残されている。

元和から寛永（一六一五~一六四四）にかけて、この地の代官だった岡田将監が〈妙丹柿〉を奨励したと伝えられており、この岡田の管内であった隣の池田町でもこの時代カキの記録が多い。

旧揖斐川町房島も江戸時代からのカキの名産地で、揖斐川の房島にあった川湊から運上舟で年々将軍にカキを献納していた。このカキの品種は〈御所柿〉といわれ、この地方では古くから作られ、とくに定められた一二軒の家は長く続いていたが、幕末には八軒となって、維新後は廃絶、カキ生産も消滅した。

江戸時代末から明治初年にかけての「村差出帳」によると、カキの産地は旧長良村と旧岡村で、揖斐川左岸の畑地どころと記されている。

江戸末期から明治にかけて、農村では衣食住ともほとんど自給自足が常であったが、カキの一部には商品化されているものもあった。明治末頃には県下でも比較的早く富有柿が栽培され始め、脛永では箱詰めや籠詰めされたカキが出荷されていた。

旧春日村、旧藤橋村、旧久瀬村の山間地もカキ栽培の歴史は古い。いずれも自家用の屋敷柿であるが、品種は多く、例えば春日村では〈妙丹〉をはじめ〈田村〉〈鶴の子〉〈蜂屋〉〈ニタリ〉〈モッショ〉など渋ガキが多い。カキの利用法は、干柿は勿論のこと、塩漬けや柿餅、あるいは干柿づくりで剥いた皮の利用など、山間での厳しい生活の中で創意工夫がなされてきた歴史がうかがえる。

旧揖斐川町では比較的早く〈富有〉が導入されたが、本格的に新植され始めたのは昭和三十年代後半からで、同四十年の栽培面積三三ヘクタールの内、〈富有〉は約半分の一七ヘクタールにすぎず、当時は柿渋が好況であったため渋ガキが一四ヘクタールもあった。こうした渋ガキ生産は白樫、反原、桂などの地区に多く見られた。

旧藤橋村のカキ生産は昭和四年の生柿二、二〇〇貫（約八・三トン）、干柿三二〇貫（一・二トン）が最高である。旧春日村の大正五年のカキ生産量は一、一〇〇貫（約四・一トン）である。また、旧久瀬村は昭和三年に生柿一、五〇〇貫（五・六トン）干柿五〇貫（二〇〇キロ）であるが、この村でもカキが販売された実績はなく自家消費であった。その後これらの旧三カ村のカキ生産は激減している。

旧谷汲村のカキ生産は、大正初め頃から昭和にかけて〈富有〉が新植された記録が残っているが、気象条件が厳しく、現在では長瀬地内にカキ園として若干残っているのみである。ところが、屋敷柿としての歴史は古く、〈盆柿〉〈鶴の子〉〈田村〉それに〈シナノガキ〉など、樹齢二〇〇年以上を超える木もあって、一時は柿渋も生産されていた。また、渋ガキを加工した干柿が、谷汲山（華厳寺）の参道で販売されるなどして好評を博し、昭和四十年頃には四六ヘクタールの栽培面積を記録したが、その後は次第に手入れが行き届かなくなり、放任樹となっている所が散見される。平成三年には栽培面積二八ヘクタールまでに減少した。

なお、旧谷汲村の有鳥で収穫される柿渋原料柿は〈有鳥（赤檀子）〉と呼ばれ、品種の優れた柿渋が生産された。とくに白子の型紙用として特別高価に取引きされていた。

・池田町

池田町のカキの記録は古く、元和～寛永（一六一五～四三）にかけ、旧沓井村の下代官が領主へカキや釣柿を送っているものや、元和六年にカキ生産実態を掌握しようとして農民に提出させた「柿改請書」がある。これは当地が幕府直轄地から大垣藩領となったり、領主が異動したことによるものと考えられる。

その後の町内のカキ栽培の実態は定かでないが、屋敷柿は平地（町の東南部）ではほとんど現存せず、池田山麓に若干残る程度である。

明治四年の「各村差出帳」によれば、池野のカキ二万五、〇〇〇個と記載され、順次山麓の宮地や八幡への広がりがみられたとある。江戸末期の記録の上では平地に多かった。

明治十四年の「町内略誌」には、カキ二万五、〇〇〇個生産とある。当時の品種は定かでないが、現在の山麓地帯の屋敷柿や畑周囲の渋ガキは〈鶴の子〉〈田村〉が主体で、甘ガキは〈次郎〉や〈盆柿〉である。これらのカキに大木、古木は少なく、明治以降に植えられたと推定されるカキが大半である。

大正十五年の県統計では、生柿は主力生産地である八幡地区で約一万三、〇〇〇貫（四九トン）、町全体で約二万三、〇〇〇貫（八六トン）である。一方、乾柿は宮地地区のわずか一五貫（約五六キロ）のみであった。

大正から昭和にかけて渋ガキを使った柿渋生産が始まると、渋ガキが桑園や茶園、あるいは宮地地区では梅園の周囲や空地に散在的に植えられるようになり、面積よりも本数として多くなる。昭和三十年に渋ガキの栽培面積は八ヘクタールであったが、同四十年には最高の三六ヘクタールとなる。この傾向は約一〇年間続いたが、それ以降は茶が高値で取り引きされたことから、茶樹の新植が盛んになり、畑周囲のカキの木で茶畑が日陰になるとの理由から伐採されて、年々少なくなり、同六十年に二一ヘクタール、平成三年には最盛期の約半分の一六ヘクタールにまで減反された。

3 中濃圏域

中濃圏域は岐阜県の中央部に位置し、木曽川、長良川の中流域で、美濃加茂市、関市を中心とする圏域である。ほぼ東は東濃、北は飛騨、西は岐阜の各圏域に接している。一部平地もあるが、多くが中山間地ないし山地で、カキは全市町村にわたって作られている。

気候は一部温暖な地域もあるが、平均気温は一三～一四度の所が多く、北部では一一度前後の場所もあって地域差が大きい。

古木、巨木も多いが、専用カキ園は一部を除いて少ない。しかし、屋敷柿は昔から生活に密着してきた歴史があり、今日でも古くからの慣習が残っているところがある。〈大山太郎〉や〈加茂野柿〉など個性的品種も数多い。

・美濃加茂市

美濃加茂市のカキの沿革を語るうえで特筆すべきは蜂屋町の〈堂上蜂屋〉の歴史である。「堂上蜂屋の保存木」（九一頁参照）や「蜂屋の干柿づくり」（三一八頁参照）で詳しく記述したが、関連を含めてその他の事項について記してみる。

寛政年間（一七八九～一八〇〇）の著作といわれる「濃州徇行記」によると、旧上蜂屋村、中蜂屋村ともに「枝柿は一万六千程製造し、その内二千三百～五百個の優れものを御用にあて、その他は屑柿として他へ売出せり、また、太四郎一万五仟ほどを串柿として売出せる」とあり、〈太四郎〉はともかく〈蜂屋〉は両村ほぼ同じ生産量で、優良品率もほぼ同じ率であった。

一方、旧下蜂屋村は「枝柿九千ほど出せり、その内千五百程が御用に上がる、あとは外に売出せり、〈だいしろう〉は七千二百程売出せり」とあり、下蜂屋は上、中両村のほぼ半分位の生産量であった。

結局のところ旧蜂屋三カ村で約四万個の枝柿を生産し、約六千個を御用に当てていたことになる。そして、〈だいしろう〉も約四万個弱の生産があり、合わせて江戸中期に約八万個弱の生産をあげていたが、栽培面積や栽培本数は明らかでない。

遡って寛永年間(一六二四〜四三)には尾張藩から一二万個の注文を受けているので、近郷の上之郷、土田、川小牧など広域に応援要請を出している。

明治以降は幕府や藩からの特権がなくなり、それまでどおりの散在カキ園での管理や運営は、決して容易ではなかった。大正三年には生柿で二〇〇貫(七九トン)にまで回復したが、その後は養蚕などが盛んになり再び厳しくなると、その後、三〇〜四〇年間低迷を続けることになる。

昭和五十二年に「蜂屋柿振興会」が発足して以降は、会員数、栽培面積ともに順調に増えて、平成二年には会員数一〇七名が一三ヘクタールを栽培し、二、三〇〇箱の出荷実績まで達した。

一方、大正十三年に市内山之上町の上野台地で開拓のカキ園が始まった。これは地元農家がカキを植えたのが始まりといわれる。その後、一説によると本巣郡席田村からの入植者が、昭和の初めに〈富有〉を最初に持ち込んだという。大正末期の人夫の日当五〇銭、〈富有柿〉の苗木代は日当の半分にあたる二五銭と高値であった。

山之上町のカキ生産は昭和三年に一、四〇〇貫(五・二トン)、そして同十一年には約一万五、〇〇〇貫(五六トン)と、一〇年足らずで一〇倍以上の生産高があがっている。終戦後の同二十三年に設立された「山之上果樹協同組合」では、同三十三年に栽培面積二八ヘクタールに達すると、県下でもいち早くカキの共同選果場を建設、同四十二年には農業構造改善事業により上野共同選果場を設置した。そして、〈富有〉に加えて〈西村早生〉の導入をはかり、同五十三年には栽培戸数二三六戸で六九ヘクタールと栽培面積が最高に達した。その後、平成七年には一六〇戸の農家が四五ヘクタールを栽培し、約七〇〇トンの出荷を行っている。

美濃加茂市内にはこの他加茂野町、今泉町、三和町などに古くからの屋敷柿が残り、〈霜降（加茂野柿）〉〈シンミョウ〉〈シンショウ〉などの古木が残っている。

・美濃市

美濃市のカキは古来から屋敷柿として〈猩々〉〈蜂屋〉〈七右衛門〉などが作られ、主に自家消費されてきたが、「堂上蜂屋の保存木」の項（九一頁参照）でも触れたように、旧保木脇村には江戸中期に尾張藩の要請により〈蜂屋〉が植えられ、尾張藩へ干柿を納入していた記録がある。また、『濃州徇行記』によれば、保木脇村では串柿を製造して、関、上有知辺りへ売り出し、年間二〇金ほどの収入を得ていたようで、販売目的で早くから干柿が作られていた様子がうかがえる。

市内の松森、曽代地区では、終戦後の昭和二十三年頃から富有柿の植付けが始められた。その後、一部〈松本早生〉や〈西村早生〉も取り入れられて、同四十年には栽培面積一三ヘクタールとなったが、平成に入ってやや減じ、同三年に一〇ヘクタール前後となっている。

・**郡上市**

郡上市のカキはなんといっても県天然記念物として樹齢五百有余年ともいわれる那比新宮の〈宗祇〉である。〈宗祇〉の木は市内は勿論中濃一円から東濃、岐阜周辺の一部など広域にわたって植えられている。現在でも市内には目通幹周一・五メートルを超える古木が十数本あって、早生の甘ガキとして馴染み深く貴重な存在である。

旧和良村では昭和の初め頃、村内ほとんどの家でカキが栽培され、荷造りされたカキがトラックで関や岐阜方面へ出荷され、貴重な現金収入となっていた。終戦後もしばらく続いていたが、次第に少なくなって現在では少数の屋敷柿が残るのみとなった。

しかし、昭和五十年頃から一部の人たちの間で、昭和初期のカキ生産を再興しようという機運が高まり、〈富士山〉〈蜂屋〉の干柿生産販売が始められた。

同様に旧白鳥町でも平成になって〈蜂屋〉や〈富士〉の新植が行われ、同十九年現在で、一二〇名の農家が約一、二〇〇本の栽培を行っている。

市内には屋敷柿の古木として〈宗祇〉のほか〈ネンコウジ〉〈富士〉などが数多く残されている。

・**白川町**

白川町のカキの栽培には、「水戸野のオオカキ〈キネリ〉」があることからもわかるように、四〇〇年を超える古い歴史がある。この地域は気候的には冷涼地で、甘ガキにはやや温度不足であるにもかかわらず〈キネリ〉をはじめとして、在来の甘ガキである〈宗祇〉や〈ネンコウジ〉〈妙丹〉〈猩々〉など早生甘ガキの品種も多く、県内ほぼ全域からの品種が集まっている。「濃州徇行記」によれば、旧坂の東村小川、大利では茶、コンニャクと共に「甘干うまい……」と歌われたという。飛騨川沿いの肥沃地で白川町内でも標高も低いこの地では、大正末頃には〈富有〉も新植されたが長続きしなかった。また、大正九年の『加茂郡要覧』には、カキの産地として旧蘇原村があげられている。現在まで町内全域にわたり屋敷柿の古木が数多く残されている地域である。

町内では昔から自家用の渋ガキを搾り、鳥網、樽、桶、養蚕道具などに広く柿渋を利用してきた。搾った柿渋は一升瓶に入れて、夏場には谷水に冷やして年間利用する習慣もあって、古来から屋敷柿が大切に管理されてきた。

・富加町

富加町のカキ栽培の歴史は古く、〈太郎助（大山太郎）〉〈霜降（加茂野柿）〉などの古木が随所に残っている。とくに大山、川小牧は古文書にも「村中に大なる柿樹数十株あり　串柿又は枝柿をこしらへて売出せり」との記載があり、当時から販売目的で干柿が生産されていたようすがうかがえる。現在でも大山には〈太郎助〉の古木が数本ある。ここでは〈太郎助〉の柿実を半切りして塩漬けにし、さらに蓆の上で日干しするという古来からの製法で、干柿（塩漬柿？）を作っている。

戦後の長峰地区では、開墾された専用のカキ園に〈富有〉が三〇アール程新植され、ナシやモモなど他の果樹と一緒に出荷されている。同地の〈富有〉は近年多く見られる扁平形のものよりやや甲高の系統で品質が良いため、有利な条件で販売されている。

・七宗町

七宗町のカキの歴史も古く、主に各家々で自家消費用に作られていた。屋敷柿が今でも所々残されている。「濃陽志略」によれば、神渕村の土産には「乾柿此邊り諸邑皆有レ点之」と記され、主に作られていた俗称〈太白郎〉が土産として持ち出されていた。明治五年の「美濃国名産品」の産地にも神渕村が揚げられ、干柿が名産品として名声を博している。

また、古来からの品種には七宗町より川辺町に〈大名柿〉と呼ばれる早生の大形品種があるほか、一部には〈万賀〉〈妙丹〉なども ある。

七宗町には別項「カキ葉茶」（三七〇頁）で紹介した専用カキ園がある。品種は〈信濃柿〉が栽培されており、昭和六十年頃の栽培面積は五ヘクタール以上で、県下のカキの葉茶用の栽培面積としては最大である。

・御嵩町

御嵩町のカキの歴史は古い。尾張藩の〈蜂屋柿〉の注文が急増する寛文年間末頃（一六七二）に、蜂屋（美濃加茂市）周辺に増産のための苗木が植えられており、当時の上之郷では二四〇本の育成苗が植えられた記録がある。そして、この範囲は川小牧や保木脇をはじめ遠く板取（関市、旧板取村）にも及んでいる。

「濃州徇行記」に「美佐野・井尻・宿・桶ヶ洞・小原には生柿を採売せり」と記され、当時、他の地域には見られない生柿を売っていたことがわかる。同書によれば、当地方は山間狭地で零細農家が多く、農閑余業に和紙、炭の他にカキ、クリなどを生産し、換金のため綿織港から各地に出荷していたという。この地方には古来から〈万賀〉〈蜂屋〉の渋ガキもあるが、比較的〈ヤシマ〉〈御所〉〈妙丹〉などの甘ガキが多く、生柿が売り出されていた。今日でも古木の多い地域である。

最近の専用カキ園は、ほとんどが小規模で、〈富有〉は作られているが、自家消費の域を出ない。

4 東濃圏域

東濃圏域は、主に木曽川、土岐川、矢作川やその支流の流域に位置し、多治見市、恵那市、中津川市などの東濃、恵那地域で山間傾斜地や盆地が多く、寒暖の年較差が大きいが、積雪は比較的少ない圏域である。年平均気温も飛騨圏域に準じて寒く、平均一〇度前後であるが、地区によってその差は大きい。このため甘ガキには決して恵まれた気象環境ではない。

しかし、古来より渋ガキの土地土地の在来種は多く、樹齢三〇〇年～四〇〇年を超える老木もほぼ全域に残存する。また品種も豊富で、主に渋ガキが多いが、甘ガキの在来種も数品種ある。利活用法においても地域特有の食べ方などが考案される一方で、伝統的習慣が今なお続いている。圏域内のカキの歴史は古いが、主だった産地はなく小規模のカキ園があって近郷で販売されている。また、柿渋利用の歴史も古く、とくに自家消費形の柿渋は各地で生産され、地元で各々消費されてきた。

・多治見市

多治見市のカキはそのほとんどが屋敷柿で、西南部には〈ヒラクリ〉〈ハツキリ〉〈ヤシマ〉など甘ガキの古木が多く残っている。北部には可児市境に〈万賀〉〈富士〉など渋ガキの古木が多い。

専用のカキ園は見当たらない。

・恵那市

恵那市では大井を中心に、北は中野方の加茂郡境から南は串原まで広範囲にわたり、昔からカキが作られてきた。屋敷柿がほとんどである。

「農産物書上帳」にはクリ、カヤ等と同じように果樹類として江戸中期からの記録が残る。また、野井や佐々良木では推定樹齢三〇〇年以上の〈野井御所〉の古木が、今なお屋敷に残ることからも古い歴史がうかがえる。

また、養蚕が盛んであった大正十二年の「吉田村生産物調査表」では、柿渋の生産が四石二斗（約七五六リットル）あって、当時としては比較的多い量が生産されている。

『恵那郡志』にも、大正十四年にカキの植付け本数二万五、〇〇〇本で、約七万八、〇〇〇貫（約二九三トン）の生産記録がある。その後、昭和に入ってからも、昭和五年、十年、十五年と漸増し、同十五年には植え付け本数約四万本で一三万八、〇〇〇貫（約五一八トン）の収穫をあげている。

戦中から戦後しばらくにかけては、他の地域同様に食糧増産のため一時的に減じたものの、昭和十八年には栽培面積七町二反（約七・二ヘクタール）で生産量六万五、〇〇〇貫（約二四四トン）、同二十二年には面積九町二反（約九・三ヘクタール）で七万二、〇〇〇貫（二七〇トン）を収穫している。これらの生産の中心は正家野井、永田あたりと思われるが、北部笠置村でも同十二年頃にはカキの本数が六四五本と記録されていて、最近でも屋敷柿が残っている。また、久須見、藤には〈富士〉〈筆柿〉〈キネリ〉などの古木が今日でも見受けられる。

恵南地方では甘ガキは早生種が多く、〈ハッキリ〉〈妙丹〉〈ヒラクリ〉などである。渋ガキでは〈センボロ〉〈かいぞぼ〉などヤマガキや在来種が主であるが、串原では〈立石〉が多く作られ、加工された干柿を愛知県から買いつけに来る仲買人もあった。江戸末期には山岡で〈かいぞぼ〉の干柿を明知村の役人へのお歳暮として使用した記録が残っている。

・中津川市

中津川市も広く、旧市内に加え、北は下呂市境の加子母より付知、福岡から東は坂下、川上など広い範囲にわたり、標高差もあって気象差も大きいが、カキは昔から市全域で栽培されてきた。とくに渋ガキの記録が多く見られ、明和四年（一七六七）の茄子川の記録からは、柿渋搾りが年中行事の中に組み込まれていたことが見てとれる。また、苗木村内にも、安政四年（一八五七）に柿渋七升五合（一三五リットル）を納め、その代金を受け取った文書が残っている。

〈万賀〉についてはすでに詳しく述べたが、江戸末期より加子母、付知を中心に漬柿として近郷に知れわたり、中濃や岐阜の一部にも古い〈万賀〉の木が残っている。付知ではその他〈デンジ〉

や〈猩々〉など、幹周二メートルを超える古木が、今なお屋敷柿として残っている。

旧福岡町でも、明治三十八年には植付け本数八五〇本、約五、六〇〇個の収穫が記録されている。それ以降も大正から昭和へと続き、昭和十三年には植付け本数約二、六〇〇本に増え、収穫量一、二〇〇貫（四・五トン）の生産をあげている。同四十年以降は各種事業によって、クリなどと共にカキの新植がなされ、同四十五年には栽培面積四ヘクタールで生柿三六トン、同六十年には面積四ヘクタールで収穫量二六トンの生産をあげている。

旧福岡町内では、平成七～八年と二年間にわたる開墾によって〈富士山〉など渋ガキの新植が約三ヘクタール行われ、干柿が出荷されている。

馬籠宿には、古来から街道を行き交う旅人が旅の疲れを癒すために、勝手に取って食べても良いとされるカキが二～三本植えられていたといい、その内の一本である〈富有〉（推定樹齢七〇～八〇年）が街道沿いに残っている。また、この付近には〈デ

柿霜（しそう）

干柿が仕上がる前後に表面に浮き出てくる白い粉（糖分）を漢方では柿霜という。宝永五年（一七〇八）の『大和本草』には「霜は柿霜という薬品なり」とあって、咳止めや去痰に効果があるとされている。

天明～文久年間（一七八一～一八六二）には川上（中津川市）の御堂前は「家伝秘法煉薬」として、柿霜を同じ意味の「白柹」の商標で諸国を遍歴しながら売り歩いたといわれている。

「日本産物志」（前編美濃下）の中で伊藤圭介は、「蜂屋柹は霜柹の魁にして他産に優る」と述べ「霜柹製法」を書き残している。

ンジ〉といわれる早生の甘ガキも随所に残っている。

現在は、馬籠宿の一角に山口誓子の「街道の　坂に熟れ柿　灯を点す」の句碑が建てられ、藤村記念館の中に〈富有柿〉が一本植えられている。

馬籠宿を峠に向かって五〇〇メートルほど登った「中部北陸自然歩道」沿いには、〈せんぼ〉と思われるヤマガキの三〇〇年を超える大木があり、長きにわたって秋には旅人の目を楽しませてくれたものと思われる。また近くの青原にはリンゴなどと一緒に市田柿の専用カキ園がある他、付近には〈アオダイ〉〈甘百目〉などの古木も見受けられる。

5　飛騨圏域

高山市の年平均気温は、東北の盛岡市とほぼ同じ一〇度前後で、周辺にはさらに厳しい寒さの地域が多く、決してカキに適しているとは思えない。しかし、古来よりカキは生活樹として取り入れられ、冬期の保存によって飢餓対策や甘味源として重要な位置を占めてきた。したがって歴史は古く、利用法も柿渋をはじめ、食品としても長く創意工夫の蓄積がなされてきた。

カキは高山市をはじめ、ほぼ全域で屋敷柿として植えられてきたが、冬期にマイナス一五・六度以下となる一部の地域では在来のヤマガキのみで栽培種はみられない。カキは主に、冬期に極低温になることが少ない高原川、荘川、宮川などの流域で多く作られてきた。〈富有〉は昭和六年に高山市に導入されたが、甘味が乗らず中断され、現在では〈三社〉や〈水島〉など昔ながらの北陸地方の品種が広く普及している。

・高山市

飛騨市や高山市では、昔から富山県の種苗店の影響を受け易く、〈三社〉や〈水島〉の古木をはじめ、北陸地方のカキ品種が多く見られる。また、〈ダイシロウ〉〈ヒラタ〉など飛騨の他市町村で見かけるカキの古木も随所にあるほか、古来より西日本で長く栽培されてきた〈キザラシ〉などの老木も見受けられる。

明治六年の『斐太風土記』には、三福寺でカキ一、三〇〇顆、松木で五斗などが記載されている。旧丹生川村では、坊方と法力で各々一万五、〇〇〇顆、下保で二四石などが記載され、昭和十年頃には法力柿の主産地となった両村で、この時代すでに沢山のカキが生産されていたことがわかる。同書には、旧国府町でも、上広瀬、金桶、村山などの集落でカキの生産がなされている報告があり、旧上宝村でも蔵柱でカキ三石が記録されている。

また、旧朝日村は寒地ながら昔からカキ生産が比較的多く、大正四年に三三五本で千二百有余円の金額をあげている。

「飛州志」によると「炒粉並品名」の中には、カキを砕いて日干にして貯え、焙って食する保存食のことが記され、庶民の間でこの方法が普及していたと思われるという。同書には他の地域にはない利用法が書かれていて、カキを大切に保存していたことがうかがえる。

昭和六年には市内で〈富有柿〉が作られた。これは県農事試験場から有価で配布されたもので、苗六〇本が試作されたが、〈富有柿〉本来の甘味が出せず、長続きしなかった。その後も専用のカキ園を見ることがなかったが、屋敷柿は今も各地に散見される。

昭和十年頃には〈法力柿〉が大量に醂柿(さわしがき)にされ、当時、開通間もない旧国鉄高山線によって県外にまで出荷された。

・下呂市

下呂市のカキ栽培の歴史は古く、旧竹原村、旧中原村で〈ヨロイドオシ〉〈江戸一〉〈ダイシロウ〉〈宗祇〉の古木が随所に残り、江戸中期頃にはすでに自家消費用に干柿が作られていた。

「新撰美濃志」の記載では、旧金山町桐洞、笹洞で干柿を作り、ショウガや茶と共に名産品として販売していた。明治末期の旧益田郡のカキ栽培では、結果樹数二、五〇〇本で収穫高七、五〇〇貫(二八トン)の生産をあげている。その後大正に入り、上原や竹原で開墾による果樹園の造成が始まり、モモやリンゴと共にカキの新植が数カ所で始められた。

大正四年には新植分のカキの生産も始まり、郡全体で本数四、二〇〇本、収穫量一万貫（約三八トン）に達した。この時代には各地で〈富有〉の新植も試みられたが、この地方の年平均気温は一一～一二度で〈富有〉本来の甘味が乗らず、間もなく栽培は断念された。

昭和に入って旧萩原町では尾崎、野上を中心に〈富士〉の新植が幅広く行われ、それまでの屋敷柿に加えて乾柿の生産販売が盛んになった。これは終戦まで続けられたが、その後食糧増産に力が注がれカキは少なくなった。

昭和五十年代後半から「益田あまぼし」再興の話が持ち上がり、同六十二年に「南富士柿生産組合」が結成、同組合では初めに二、〇〇〇本の〈富士〉を新植し、その後、平成に入り一万本を増植して乾柿作りに本格的に取り組んでいる。

・白川村

白川村のカキは、古くから干柿としてさまざまに工夫されて利用されており、長瀬、平瀬、荻町、島などすべての集落で主に在来種が作られてきた。現在も飛騨地方に多い〈ミズシマ〉〈三社〉は勿論、白川村特有の〈キンギリ〉〈サンネモ〉の大木がみられる。

ここでの〈ミズシマ〉以外のカキの加工法は主に乾燥して、さらに囲炉裏の上に吊るしたり、莚の上に広げて煙で燻す「いぶり柿」で、従来から報恩講などで利用されてきたが、最近また一部の農家によって復活され、観光用としても注目されている。

村内唯一の甘ガキ〈ミズシマ〉（不完全甘ガキ）は、低温の環境においても脱渋性に優れているため、江戸時代から一部で作られている。専用カキ園は見当たらない。

第四章　岐阜県のカキ栽培技術の変遷（技術史概観）

1　栽培関係

①品種の移りかわり

カキの品種は長い歴史の中にあって、その地方地方の風土と、そこに住む人々の営みや好みに合った品種、いわゆる在来種が育てられてきた。しかし、明治の新時代を迎えると、欧米文化と共にリンゴ、ブドウなどの新しい品種や栽培法が移入され、同三十年代半ば過ぎ頃からは官庁の試験が始められた。しかし、カキの品種や栽培法についての試験はリンゴ、ブドウよりかなり遅れ、大正半ば過ぎとなった。

ご承知のとおり、〈富有柿〉〈蜂屋〉〈平核無〉など現在でも一、二を競う特別な優良品種は、明治時代に民間人によって枝変り（芽条変異）から選抜された品種である。同様に昭和末頃までの品種は二、三の自然交雑種を除けばそのほとんどは枝変りで、官庁育成品種は皆無に近かった。それは大正末期からようやく府県や国の施設による栽培法などの試験が始められ、その後しばらくしてから長期間を要する交雑育種が開始されたためである。

前記の〈富有〉など、超一流の品種に優るものは容易に生まれるものではない。とはいえ、収穫期がやや遅く、炭疽病に弱いという〈富有〉の短所を補う品種の育成が求められていたが、交雑育種でもなかなか誕生しなかった。国育成の有力品種が柿生産者の手元に届いたのは、平成になってからであった。

県内における明治以降の推奨あるいは準推奨の甘ガキ、渋ガキ、授粉樹の移りかわりと、その品種の主な特性は以下のようである。

〈富有〉は明治末期にかけて、近郷をはじめ旧糸貫町などに徐々に広がっていった。そして、ピークをむかえた大正六年頃には、県農事試験場が一万本以上の〈富有〉の苗木を生産し、県内の生産者に配布して振興につとめた。その後も県内産地の主幹品種として増加し続け、昭和十五年の栽培面積は七五〇ヘクタールで全国一となった。戦中戦後の混乱期には激減したが、同三十年代後半からとくに水田転作にとり入れられ、それに加えて平坦地で集団カキ園の造成が続いたこともあり、昭和六十年には一、三四〇ヘクタールに達した。これは全面積の七〇パーセント以上の占有率で、その後も一品種偏重が長く続いた。

先にも述べたように、石原三一は昭和の初めに、〈富有〉の授粉樹として極早生の〈赤柿〉、晩生の〈正月〉を推奨すると記しており、昭和十五年には旧糸貫町の先進農家で〈赤柿〉の植え付けが始まっている。この〈赤柿〉（紅がき）は中濃地方にある赤柿と同名異種で、当時、品種歴三〇年余の九月下旬～十月上旬に熟する京都府が原産の不完全甘ガキで、果形は〈富有〉に似ているが果肉は粗く甘味も不十分である。雄花の着生、花粉量も多くなく、大果は渋が残りやすい。その後導入された〈西村早生〉には適していたが、どちらかといえば他の甘ガキの授粉樹として、やや疑問が残る品種といわれていた。

昭和十年代には、〈赤柿〉と時を同じくして〈禅寺丸〉（屋敷柿の項四六頁参照）も授粉樹として植えられ始めている。この〈禅寺丸〉は屋敷柿として以前から馴染み深い品種で、果肉に褐斑も多く、独特な甘味を持った不完全甘ガキである。雄花の着生も多く、授粉樹として適している。

昭和二十七年に品種登録された〈松本早生富有〉は京都原産で、同十二年に富有の芽條変異から発見されたもので、生産者は松本とか早生富有とか略して呼んでいる。熟期が〈富有〉より二週間早く、〈富有〉を小形にした様な形で、樹勢は弱いが単為結果性は低いので作りやすいといわれている。旧糸貫町では同三十二年に導入が始まり、四十年代には〈富有〉と共に県の奨励品種に指定されている。

昭和三十四年には官庁育成の交配種が、〈駿河〉と命名され、カキ農林一号として登録された。〈駿河〉は〈花御所〉×〈晩御所〉の純交配品種で、〈富有〉より熟期の遅い完全甘ガキである。雌花のみで単為結果性は高く、豊産で果皮も美麗なことから、期待されて準奨励品種になった。しかし、〈富有〉より遅い熟期がやや災いして、栽培面積は伸びず、ごく一部で栽培されたのみであった。その後、交配種で〈富有〉より早い熟期の〈伊豆〉が同四十五年に登録され、大野町などへ順次導入された。しかし、これも五十年代には準基幹品種となったものの、他の地域では伸びなかった。

昭和三十五年、滋賀県で〈富有〉と〈赤柿〉の自然交雑品種実生から生まれたと思われる〈西村早生〉が登録された。熟期は九月中旬～十月上旬の早生種で、雄花もわずかに着生する不完全甘ガキである。種子数が三～四粒あれば脱渋するが、若木や樹勢が強い木の果実は脱渋し難く、渋が残る不安定さがある。果実は早生種として市場性が高いため、同三十年後半には準奨励品種として指定されると、大野町をはじめ旧糸貫町で同三十九年頃から新植され始め、〈富有〉の補完品種として、同四十六年後半に栽培面積が第二位となった。同六十年頃から平成十年頃まで、県内の栽培面積は二五〇～二六〇ヘクタールで、品種全体の一四～一五パーセントの占有率となっている。しかし、同五十五年、五十六年の天候不順で、種子数の少ない果実に大量渋果が発生して市場から不評を買ったため、これを契機として授粉樹の増殖や脱渋処理などの対策が行われ、〈美濃柿〉の銘柄で関東市場へ出荷されるようになった。

昭和四十年頃には渋ガキの〈富士〉（屋敷柿の項四七頁参照）が岐阜市や周辺で準奨励品種となり、数千本の新植がなされた。その後同四十五年には、授粉樹として〈サエフン〉の導入が旧糸貫町で始まった。〈サエフン〉は同五十年初めには〈富有〉と〈松本早生富有〉と開花期が重なり、雄花着生量も他の品種よりも多く、また樹の若いうちから着花するため県の指定となった。この品種は本巣郡に従来から存在していた不完全甘ガキで、果実もやや小形であるが、品質は他の授粉樹よりも優るといわれている。

昭和四十年代はやや品種の混乱期で、〈次郎〉が見直されたり、国の試験研究機関で育成された〈Ⅱ―i―D―15〉が検討されたり、〈前川次郎〉ら早生の品種が試行錯誤的に各地で導入されたりした。一方、同時期に授粉樹も早生の〈筆柿〉が岐阜市周辺などで新植された。

前述のように昭和五十五年、五十六年から問題となった〈西村早生〉の渋果対策は、大野町、旧糸貫町、旧真正町、旧南濃町などを中心に大型脱渋装置による処理が導入され、新たに〈美濃柿〉の銘柄で緊急措置として関東へ新市場を求め、一定の成果を得ている。

昭和五十五年には奈良県で〈平核無(ひらたねなし)〉の枝変りから、不完全渋ガキの〈刀根早生〉が登録され注目された。九月下旬～十月上旬収穫の早生で渋ガキの〈刀根早生〉に必要な脱渋装置は、すでに〈西村早生〉対策として各産地に導入されていた。さらに同五十九年、岐阜市に脱渋装置が入り、六十年から〈刀根早生〉三、四〇〇本、約三ヘクタールが新植され、同時期に大野町でも一〇ヘクタール余が順次植えられたが、県下全域では二〇ヘクタール余にとどまっている。その後、〈刀根早生〉の導入は定着せず、〈西村早生〉と共に他品種〈すなみ〉〈富有〉〈上西早生〉への高接更新が進められている。

昭和六十三年には旧巣南町で〈すなみ〉(七〇頁参照)が誕生した。この品種は〈富有〉の枝変りで、〈富有〉より大果でその上収穫期が二週間早いという特長があるため大いに期待された。〈松本早生富有〉の代替え品種として一三〇ヘクタール程の新植目標をたて、同六十三年には一万本が植えられた。しかし、土地適応性に若干の難点があって伸び悩んでいる。

平成に入り、官庁育成早生交配品種が続出した。平成三年には〈新秋〉と〈陽豊〉が、そして同六年には〈太秋〉などの新品種が登録されたのである。〈新秋〉は、祖先に県内原産の〈袋御所〉や〈晩御所〉の血統を持った完全甘ガキの早生種で、甘味も強く大果であるため注目を集めた。また、〈陽豊〉は〈富有〉と〈次郎〉の交雑実生からの選抜で早生種である。十一月上旬が収穫期で〈富有〉より七日から一〇日早くて大果で果色もよく、ポスト〈西村早生〉の期待が寄せられた。直ちに旧南濃町や美濃加茂市で導入されたが、苗木の価格が極めて高いこともあり、広がりはいま一歩前進していない。

その後、平成六年には、前記品種同様に国育成の〈太秋〉が登録された。中生の完全甘ガキで果実は三〇〇グラムを超える大果である。この品種も〈富有〉と、〈次郎〉や〈晩御所〉の血を受け継ぐ新しい品種で、欠点は果頂部に条紋が現れたり、やや果頂軟化が発生することである。

一方で、平成に入って訪れた干柿のブームを受けて、県下各地、とりわけ冷涼地で〈富士（富士山）〉の新植が盛んに行われだした。

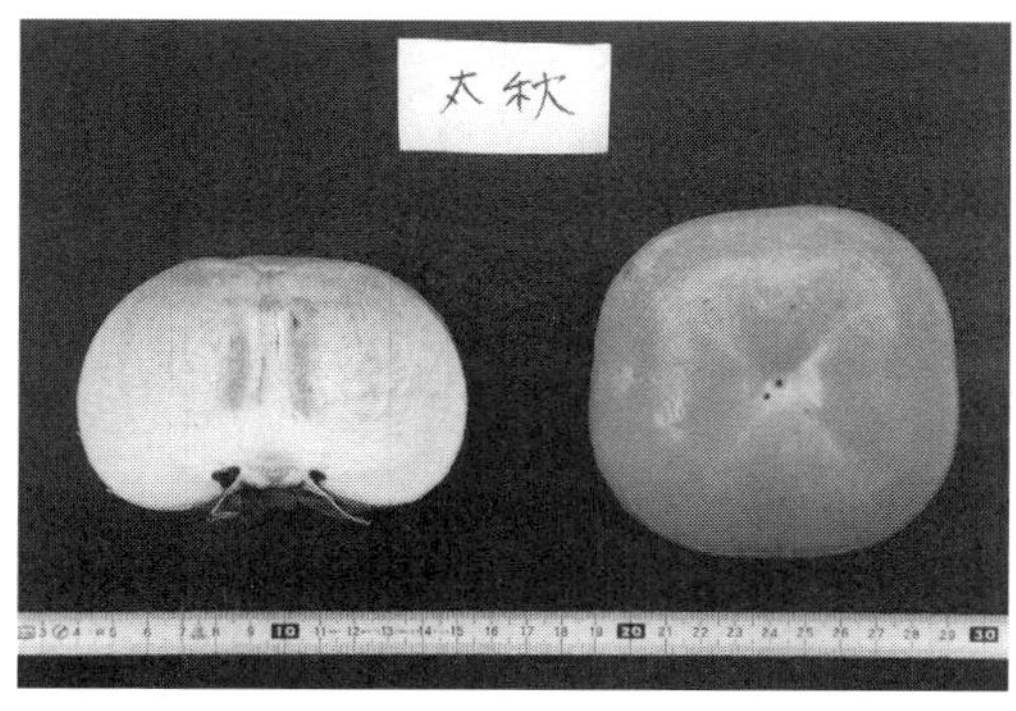

旧萩原町で数ヘクタール、旧福岡町でも数ヘクタール新植されたのを始め、郡上や平坦地でも散在的に富士の新植がなされた。また、平坦地では〈愛宕〉や〈富士〉、それに限定的ではあるが、岐阜市では〈松井柿〉、大野町では〈林柿〉などが干柿用として生出荷されたり、また授粉樹として甘ガキとの組み合わせが有機的に行われたりしている。

なお、〈富有〉は明治末期頃に一般に普及し、大正中頃にほぼ最高面積に達したが、その後も主幹品種として県下全面積の七〇パーセント前後の占有率で、とくに羽島市や各務原市では九〇パーセント以上を保っている。それでも大規模生産者にあっては、収穫期をはじめ他の管理作業が集中して経営的に無理を生ずるため、〈富有〉に組み合わせる有力な品種の出現が望まれている。〈堂上蜂屋〉も昭和四十年代後半から微増し、平成十年頃には美濃加茂市で十数ヘクタールに達した。しかしその後は岐阜周辺で若干の新植はあるものの、ほぼ横ばい状況である。

②接木

先の屋敷柿の歴史と品種の主な特性（四二頁参照）でも述べたように、すでに奈良時代にはカキが植えられた記録があるが、当時の状況から判断すると限定された範囲のことと思われ、一般化はしていない。しかし、江戸時代に入って生活が安定し、庶民の文化が急展開しだしたー六〇〇年代末頃には、本格的指導書が出され、品種の選抜や栽培技術の普及も急に発展したものと推測される。その中で接木技術の普及は、果樹発展に大きく貢献したことがとくに注目される。

接木は接木穂と台木の共生を人為的に作り出す方法であるが、接穂の特性をそのまま生かす最も有力な方法であって、すでに中国では夏の時代（今から約三〇〇〇年前）に行われた記録がある。

わが国における接木は「古今著聞集」の中に、承和四年（八三七）に八重桜の枝を接木として採ったという記述がある。しかしカキが具体的に登場するのは、江戸初期の園芸が盛んになった元禄頃となっている。

前記（三四頁参照）愛知県東部三河地方の「百姓伝記」では、「……柿はいろいろあり。その名記がたし。渋ガキの木の根にわらわせの灰をひたものおけばキザハシとなる。コネリ柿、キザハシみな似たり。穂を接ぐばし、伝えに云く、接木穂をするに台の東南の片に接ぎてよし、穂も東南の成り穂を切って接ぐべし。正二月、木の芽膨むを待って接ぎ、雨の入らぬようにすべし。接ぐことといろいろ伝授有り。柿は付き安きもので有るぞ」と述べ、接木による品種の増殖を説いている。

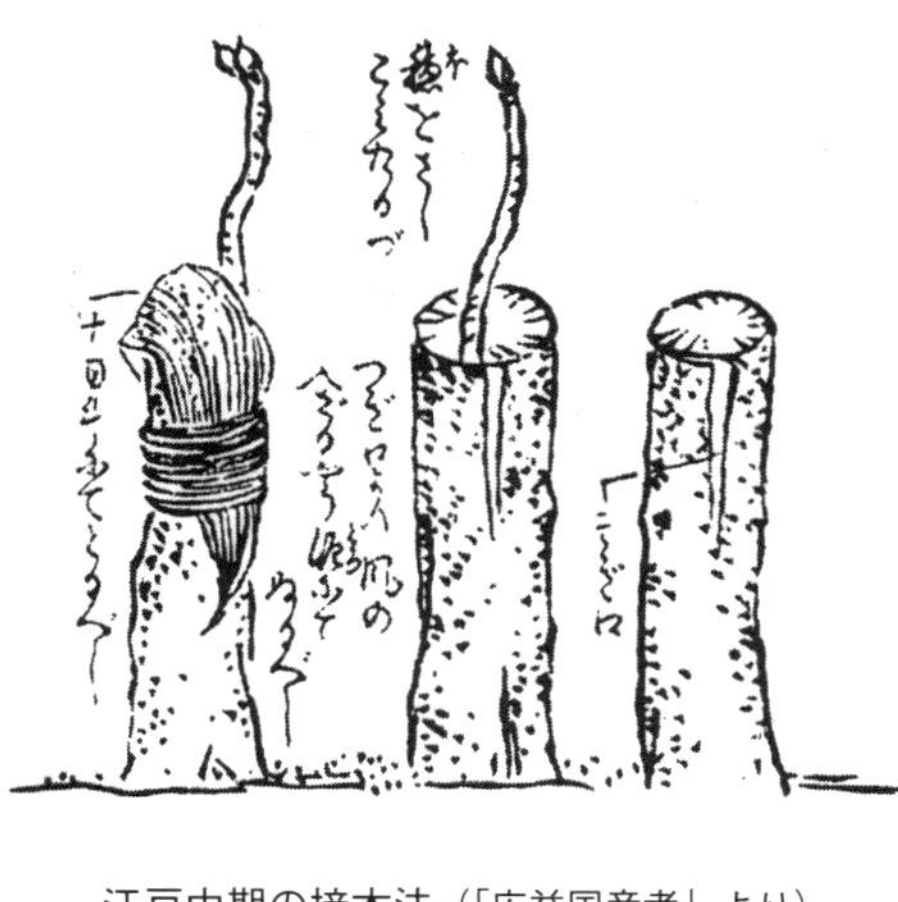

江戸中期の接木法（「広益国産考」より）

その後も、大蔵永常は「広益国産考」での「柿の木を接ぐ事」の中で、図解しながら接木を詳細に説明し、ほぼ現在と同じ接木手法の基礎を記述している。

「各地の名木・古木・話題のカキ」で取り上げたカキの半分以上に確かな接木痕がみられ、推定樹齢から想像しても三〇〇〜四〇〇年位前から県内に広く技術が行きわたっていたことが推測できる。さらにいえば、当時からのカキの産地にはカキにとくに関心を持っている接木の達人が相当数いて、産地形成に多大の貢献をしたことと思われる。

接木技術には江戸中期から切接ぎ、割接ぎ、高接ぎなどさまざまあるが、芽接ぎは明治以降のもので、とくにそぎ芽接ぎはわが国で開発された独特の技術である。また、根部を接ぐ根接ぎも、昭和二十四年に前田利行が、樹勢が衰えた「淡墨桜」の根接二三八本を行って、桜を回生させたことは有名である。

果樹類の接木技術の開発は、明治末期頃から実際家や試験研究機関で、盛んに行われ始めた。カキの接木ではよくマメガキ

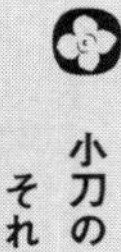

**小刀の
それから見えぬ
接木かな**
支考

芭蕉十哲の一人で美濃派の祖である支考は若い時より旅が多かったが、正徳元年（一七一一）に三輪大智寺（岐阜市北野）に獅子庵を創り落ち着いた。

この句は接木に使われた小刀が見当たらなくなったのを詠んだものので、年をとるとよくあることである。誰でも紛失したものに気づくのは次に使うときが多い。

が台木に用いられるが、以前から〈富有〉や〈次郎〉では、始めは共台といわれる甘ガキやヤマガキの実生台より生育が優れるが、何年か後には次第に衰弱して発育低下をきたし、やがて枯死するといわれている。

このことは本県の元農事試験場技師の石原三一が「柿の栽培技術」の中で指摘し、寒地は別にしても暖かい所でのマメガキ台木の導入は避けるよう戒めている。一方、同時代の野呂葵巳次郎は著書『柿栽培の実際』の中で、台木に蜂屋柿を用いる場合には、結実はやや晩くなるが果実は大きくなるので有利であると、蜂屋柿の共台を認めている。

県内の接木技術は幾多の変遷を経て今日がある。例えば接木後の台木に雨が入らない為の技術としては、三〇〇年位前は竹皮で覆っていたものが、その後一五〇年位前から五〇年位前までは葉蘭の葉を使い、近年になってビニールフィルムを用いて雨露を凌いでいる。

また、最近では充実した穂木を冷蔵庫で貯蔵し、接木ロウや接木テープを使うなど、誰でも簡単に接木できる技術が確立している。

昭和五十五年、五十六年は開花期の天候不順が原因で、主力品種の〈富有柿〉と〈西村早生〉が不作で生理落果、渋果率が高く、成品率が極端に低かった。このため授粉樹の〈サエフシ〉や赤柿の高接ぎが主産地で盛んに行われた。

なお、明治四十一年には県の農業試験場が『接木の話』という接木方法の指導書を刊行すると共に、同四十三年から富有柿の苗木を県下に配布し始めた。その後配布数を増やし、大正六年には県下全域に九、〇〇〇本近い富有柿などの苗木を配り、カキの振興に力を入れている。当時は苗木一本三銭であった。そして、昭和八年には最も多い約五万本の苗が県下に配布された。

〈伊自良大実〉の場合

伊自良の連柿を代表する〈伊自良大実〉は、地元の人の先祖にその昔、日本国中をお遍路された方があり、その人が近江に立ち寄った際に現地で優れたカキを見つけて、その接穂を入手して帰り、接木に成功した原木が始まりと伝えられている。古老の話によれば、この木は四〇〇年以上経っていたが、今から四〇年位前に切り倒された。一説では〈伊自良大実〉の「大実」は滋賀県の近江が大実になったといわれている。

〈富有柿〉の場合

福嶌才治（三七八頁参照）が二〇歳の時（明治十七年）に、原木より接穂を採取して初めて接木に成功した後、順調に増殖させ、明治四十一年に松尾松太郎（三七九頁参照）に二〇本を分譲している記録がある。その後、松尾は同四十三年に御所柿や共台に接木したり、屋敷の老木の台木に三本接木し、孫に当たる富有柿の苗五〇本を育成している。その後も次々と殖やし、専用カキ園の造成に着手、地域カキ産地の基盤を作っている。
松尾松太郎の子の重雄も二〇歳の時、恵那、土岐津や曽木などで接木の現地指導を行っている。

〈蜂屋柿〉の場合

蜂屋柿も現在の産地造成には接木が大きく貢献している。個人宅の屋敷にある「堂上蜂屋保存木」（九一頁参照）から、昭和四十年頃以降三、〇〇〇本以上の穂木を採取して接木増殖がはかられ、現在の堂上蜂屋柿の再興につながっている。また、地元古老の話では昭和の初め頃の蜂屋柿の振興には、蜂屋から東北山形などへ接木指導に二名の技術者が出掛け、現地での蜂屋柿の産地づくりに協力していた実績があるという。

③仕立法・整枝法

江戸末期から明治の初め頃にはカキの栽培という認識がなく、植えたらそのままの姿で放任していたことは一般に認められていて、放任樹として記録されている。明治以前のこの考えの元には、「栗は折るべからず切るべからず」「柿は折るべし切るべからず」といい伝えられてきた庶民感覚の歴史がある。これは「桜切るばか梅切らぬばか」と同じように、サクラやカキが鋸や鉈あるいは鋏の鉄気を良しとしなかったという経験的習慣であろう。

このことは、度々カキの歴史の中に出てくる収穫法が枝ごと切り取るものだったことからも推測でき、また恒常的に枝が折られてきたからとも考えられる。『明治園芸史』によれば、その一例として、明治二十八年に行われた内国勧業博覧会において、京都でのカキ樹の剪定法として枝折器が褒状を得ている。

カキも他の木と同様に、苗を植えてその環境に応じて自然の生長に委せて幹や枝条を伸育させると喬木となる。この間、枝条が建物や周囲の作物などの邪魔になると、その部位を切除しながらほぼ伸び放題で、一般には自然仕立とか放任仕立といわれてきた。

円錐形　半円形　折裏形

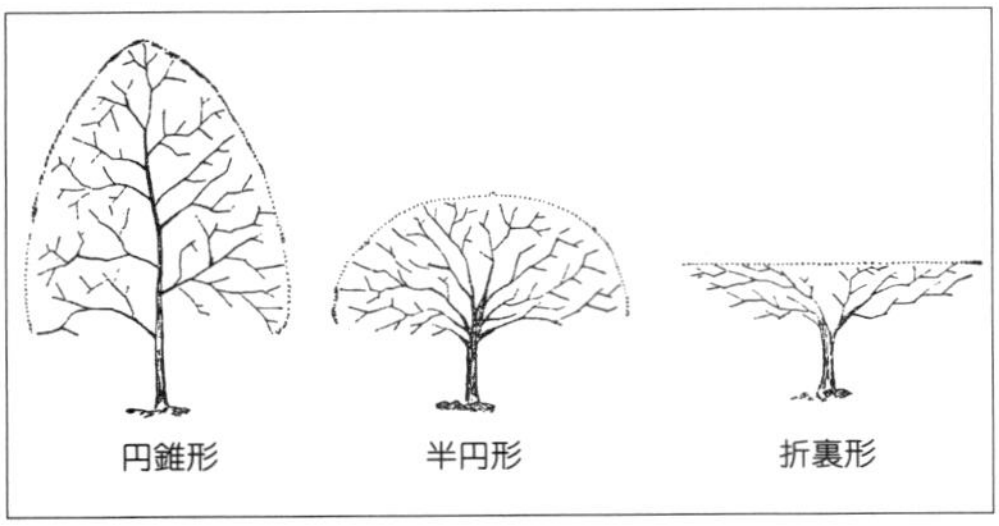

昭和初期の仕立て法（石原三一）

明治中頃以降、専用のカキ園が誕生してカキの木が管理されるようになると、①木は徒らに多くの土地を占有しないか、②果実が品質を損なわずに万遍なく生産力を高められるか、あるいは③収穫や管理に手間が多くかからないか、などが考えられ、従来の枝を折って収穫していた時代から、仕立法や剪定、整枝法が論ぜられる時代になった。

元来仕立法とは、新植カキ園の一年目から始めて、成木になった時の樹姿を想定して理想の形を作りあげてゆくものであり、意図して鋏や鋸を入れてゆくものであるが、明治から昭和初期までの文献には仕立法の記述は少ない。そのかわり、整枝法として不要な枝を刈り込んでその形を整え、また結実作用を調整する事に重きが置かれている。

以下、大正から昭和にかけての整枝法は次のような変遷をたどっている。

・擬盃状形整枝法

長大な苗木を植え付ける際に、地上一尺五寸（約四五センチ）で切断して、その上部の三芽を伸長させて基本の幹とする。落葉後の冬期に各々の幹を長さ一尺五寸（約四五センチ）位で剪断して、さらに二芽ずつを残し計六枝を伸長させる。三年目も同様に各々二芽を残し、合計一二枝として基本とする整枝法である。

・円錘形整枝法

前記整枝法と同じように初年は地上一尺五寸（約四五センチ）で剪断した後は三〜四枝を残し、疑盃壮形の二倍の枝条を養育していく方法で、その後の枝条数を多く確保し、全体として半円形ないし円筒形を作る整枝法である。

・**折衷形整枝法**

この整枝法について恩田は『柿栗栽培法』の中で、前記二つの整枝法の中間に当たる方法で過渡期の方法であると述べている。しかし、一方で石原は『柿の栽培技術』で、折衷式整枝法は盃状形整枝法とナシなどで行われている棚作りとの折衷形であると述べており、両者の意味は異なっている。

当時ナシには盃状形（柵造法）仕立法が一部で試行されていたが、この方法はカキのように樹勢の強い木には向かず、とくに中心部に強い枝条が集中して、樹姿が撹乱するなどの理由から円錐形整枝法やその中間の折衷形整枝法が提唱されてきた。また、一方では盃状整枝の枝条撹乱防止に主幹に環状の切れ目を入れる環状剥皮による樹勢調整も広く行われている。

・**半円形整枝法**

幹を二尺（約六〇センチ）として、三～四本の主枝を伸ばし当時モモで行われていた盃状形にし、樹冠内部には差し支え無い側主枝を配置する方法で、筆者は今後定着するだろうと推測している。

昭和二十年代後半から、盃状形や円錐形の反省点に立って、「変則主幹形仕立法」と「開心自然形仕立法」の二つの方式が提唱されるようになる。そして、品種の特性を生かす意味で、両方を適宜仕分けて仕立てる方法がとられるようになる。

・変則主幹形仕立法

柿渋の〈西条〉や〈愛宕〉のような直立性や授粉樹のような樹高をやや高くする品種に用いられる仕立法である。主幹を六〇～一〇〇センチで剪除し、亜主枝を三本以内とするのは開心自然形と変わりないが、二年目以降は生長した勢いの良い芽を第四主枝として直上に伸ばす。主幹の位置は最終的には三メートル以下で第四主枝とする。

・開心自然形仕立法

一般的に広く栽培されている甘ガキの〈富有〉や〈松本早生富有〉それに〈蜂屋〉など、やや開張性の品種の仕立法で、主枝は三本を限度とするが車枝にならないよう、また主枝の発生角度が開いて鋭角にならないよう一～二年目から気をつける。

主枝から出る亜主枝は五〇～六〇センチ離して適宜配置し、直上枝は樹形を乱すので剪除する。

この開心自然形は昭和五十年代頃よりやや形を変じて最近も行われているが、実際には心抜きといわれる主幹の切断をやや早く行って地上六〇センチ位で第一枝を伸育させ、管理に使用する機械化に対処しながら、生産者の高齢化や婦女子の作業対応に備えて低樹高化の仕立法となっている。

なお、樹勢がやや弱い〈蜂屋〉の仕立法は、変則主幹形と開心自然形の折衷形で、幼木の四年生頃までは変則主幹で徐々に開心自然形にして低樹高を保ってゆく方法がとられている。

また、産地では最近園内の枝が重なり合ったり、込み合っている場所をチェックして、チェンソーや鋸を使った大胆な間伐や縮伐が指導されている。

④結実の安定化（授粉樹・人工授粉・ミツバチの放飼）

カキの花は、岐阜地方では五月中下旬から六月上旬にかけて、新しく伸育した枝の葉の元に開花する。このため、前年に伸びて充実した枝を結果母枝と呼んで大切にする。この枝は前年の七月中頃には花の原基は形成されている。

カキは品種の特性として雌花のみ着生するもの（〈富有〉〈次郎〉）、雄花と雌花の両方着生するもの（〈赤柿〉〈正月〉〈禅寺丸〉）、そして数は少ないが両性花（完全花）の着生する品種がある。昔からあるヤマガキや実生から成長した雑ガキには雄花を着生するものがやや多い傾向にある。

カキの果実が発育するためには、受粉、受精した種子（核）ができることが必要で、種子の数により果実の形や肥大、あるいは内質の甘渋にも影響を及ぼすことが、すでに明治中頃にはわかっていた。

また、カキは六月中下旬頃の梅雨時に幼果が落果する習性が昔から指摘されていた。この原因の一つは、梅雨時の日照不足による葉の同化作用不足。二つ目は開花時期に受粉、受精が十分に行われず、単為結果となったこと。三つ目は前年の果実のなり過ぎによる栄養不足、または栄養のアンバランスなどである。落果が多く、不作の年となることで隔年結果性が現れることが繰り返されてきた。

授粉樹（中央の高いカキの木）

このようにカキの特性、生理現象あるいは気象や栄養条件などが単独で、あるいは重なり合って、結果が不安定になる歴史を長く繰り返してきた。

・**授粉樹**

明治末期の〈富有〉や〈次郎〉が世に出る前のカキ栽培は、屋敷柿や畑周辺の散在カキ園で占められ、品種もいわゆる地方の在来種が多く、園としての形ができていなかった。ほぼすべてが自然放任樹で、収穫は枝付きのまま折り切って、今日で見られる柿渋用のカキの収穫のように鋸で切り落とす方法が取られてきた。また、先程述べたように周囲の在来種や野生種には雄花を着生するカキも多く、授粉には放任樹がそれなりに不都合を感じていなかった。

ところが、明治末から大正にかけては雌花のみの甘ガキの専用カキ園の開設が進み、これに伴って従来の在来ガキ等が整理され、新植カキ園の成木化に伴って、新たに〈富有〉などの幼果の落果や渋果の問題が次第に表面化してきた。

大正初め頃にはすでに環状剥皮の技術が考案され、松尾松太郎も昭和六年頃には落葉、落果防止に環状剥皮を行っている。

授粉樹の導入についても大正の初めに農林省の園芸試験場において大規模な研究が行われ、同様に効果をあげている。その結果、授粉樹の栽植本数は一～二割が望ましいとされた。

本県においても昭和十年頃には、農事試験場で石原三一がこの授粉樹の試験を行い、暫定的と断ったうえで富有柿の相手として〈鶴の子〉〈赤柿〉〈猩々〉〈正月〉〈伽羅〉を推奨すると記している。当時の授粉樹は〈富有〉に用いられる混植品種として以下の条件に合致することを条件としている。

①雄花着生が多いもの

②富有、富士の雌花開花日とほぼ同一または一日早く咲くもの

③親和力が強いもの
④花粉樹の果実も経済価値が高いもの

これらは今日でも通用する条件で、その後も授粉樹選定の基本となっている。そして昭和十五年には旧糸貫町において、不完全甘ガキで早生の〈赤柿〉が、外観が〈富有〉に似ていて雄花の着生も多いことから授粉樹として導入されている。また、同じく不完全甘ガキのやや晩生で、花粉量は〈赤柿〉より少ないが、親和性が高く独特の甘味を有して褐斑も多く、関東市場で人気があることから〈禅寺丸〉が植え始められた。

その後、戦中戦後の混乱期にはカキの面積、生産が極端に減少したこともあり、授粉樹は顧みられなかった。しかし、社会情勢が安定し始める同二十年代後半には、カキ生産にも人工受粉の技術が実用化され始めた。

昭和五十年頃、新しく〈サエフジ〉が授粉樹の準基幹品種として推奨され、県下に広く植え始められた。この品種は、岐阜県が原産地といわれている早生の不完全甘ガキ品種で、若木の時から雄花の着きがよく、果実の品質は前記二品種より勝っているということから追認された。

同五十五年、五十六年と連続した天候不順により、〈富有〉は不受精で無種子果が多かったため、生理落果が著しく、この年は不作であった。〈西村早生〉も含核数（種子）が少なく、渋果が大量発生して市場の不評を買った。このため岐阜市や旧本巣郡の生産地では、授粉樹を再検討する必要に迫られた。

これまで授粉樹は、品種によって異なるが、主品種の植え付けの際に、計画的に配置されて同年代の苗が植えられていたが、それでは絶対数が少ないことがわかった。このため、同五十七〜六十一年には主に岐阜市や旧本巣郡で、授粉樹の既存植え付け品種の太枝に数を増して高接をする作業が大規模に行われ、花粉不足解消の取り組みがなされた。

・人工授粉

雄花を持たない〈富有〉や〈次郎〉には授粉樹の植え付けが必要条件である。導入された〈西村早生〉も雄花を若干有することから当初は授粉樹として肯定的にみられていたが、成木化するに従いこの品種の雄花には期待できないという実態が明らかになった。

一方、植え付けた授粉樹の果実が販売できて収入源となれる場合は問題はないが、増収につながらない授粉樹が増えれば非生産樹が増すことになり、授粉樹の数を増すことは得策といえないというジレンマが生じる。そこで昭和二十年代後半にはナシやリンゴですでに行われていた人工授粉の導入がカキでも始められた。

この技術は、カキの雄花から採取した花粉を石松子（せきしょうし）（ヒカゲカズラの胞子）などで希釈して毛筆の先につけ、雄花に授粉させる作業である。通常一筆で五〇花程を順次付けて回る仕事で、当時は一反歩（一〇アール）当たり三～四日の手間をかければ確実に落果防止ができるというものであった。花粉の採取や貯蔵、希釈材料など若干の技術的問題と労力はかかるが、ほぼ一〇〇パーセントに近い結果が得られる技術である。

その後昭和三十年頃には、毛筆にかわって人工授粉器が考案された。これは細竹にビニール管を付けて伸ばせば三メートル以上離れても手軽に授粉作業ができるため、労力は手作業の三分の一位に軽減された。

この人工授粉は確定性が高いため、その後開発されたニギリポンプ式の花粉交配器を使用してごく一部の生産者の間では最近まで行われていた。

昭和四十年代後半までは大半の生産者の間で行われていた人工授粉だが、労働力不足のため更なる省力化が必要となり、授粉のスプレー法、またはダスト法など、さまざまな方法が検討されてきた。しかし、いずれも大量の花粉が必要で、その確保に要する労力と経費の問題で実用化に至らず、次の模索が始まった。

・ミツバチの放飼

カキは虫媒花であるので、自然授粉で結実を確かなものにしようとすれば、訪花虫を利用する方法も当然考えられる。昭和五十年頃より温室やハウス栽培の果菜類（トマト、イチゴ）で訪花虫の研究が進められ、その結果クロマルハナバチ、ヒメハナバチ、ミツバチなど一〇種のハチ類が対象になった。

カキでは研究開始直後から奈良県でミツバチを利用した授粉法が試行された。県内では昭和五十六年に初めて旧巣南町でミツバチ一〇〇箱を放飼して、授粉の促進が図られ、ほぼ同じ時期に山之上（美濃加茂市）や本巣（本巣市）でもミツバチの放飼が始められている。

ミツバチの習性を利用したこの方法は、飛翔範囲内に雄花花粉があることが第一条件で、高接された受粉樹との併用が原則である。また、ハチの活動はその日の気温や風に影響されることである。気温は一五度以上で二一度が適温とされ、晴天無風の午前一〇時～一二時が最も望ましい。これは開化条件と同じ環境である。

飼育されているミツバチは一箱当たり六、〇〇〇匹程で、〈富

カキの花の開花期

カキの花は五月中下旬から六月上旬にかけて新しく伸育した枝の葉の元に開花する。品種の早晩性によって若干異なるが、前後七日間位の差がある。開花始めから最盛期を経て終期となるが、これも七～八日間を要する。

岐阜地方気象観測所ではサクラを始め四〇数種類の生物季節観測を行っているが、カキの開花期調査も含まれている。昭和三十年から平成八年までの観測によると、〈富有〉で一番早かった年は同三十九年の五月十六日、一番遅かった年は同四十年の六月一日で、平均五月二十三日になってい

有〉ではおよそ一・五～二ヘクタールに一箱、〈西村早生〉では五〇～六〇アールに一箱配置するのが経済密度といわれている。

放飼時期は品種の開花期によって若干異なるが、五月中旬頃から約二週間程で、授粉力が最も高いといわれる開花直後より最盛期が効果的で、年によって五～六日位の差がある。

最近ではミツバチの放飼はほぼ一般化し、一部の人工授粉を行う人を除いて集団で取り入れられている。ただ五月中旬頃は、走り梅雨の気象が続くこともあって、年により放飼の効果に差が出ることもある。また、病害虫防除の薬剤散布は、放飼前五日間位は避けなければならない。とくにネオニコチノイド系農薬の使用の制限などに注意することも必須条件である。

る。

県農業技術センターでも同様の調査を行っているが、同じく五月二十三日が平年値となっている。ちなみに〈早秋〉は五月二十一日、〈太秋〉は五月二十日となっていて、意外にその差は小さい。

岐南町では昔から硯で墨をするとき、カキの花を入れると墨汁がきれいになるといわれている。県内では桧葉を入れる風習は多く聞くが、カキの花はめずらしい。

2　肥料・施肥法

カキの施肥に関してはすでに元禄十年（一六九七）刊の宮崎安貞の「農業全書」の中で、新植の際に下肥（人糞尿）などを事前に施して用意することや、植え付け後の三～四年間は乾燥防止を兼ねて米のとぎ汁をかけると成長が良い、など手近なところにある有機の廃棄物を利用して、成長を早める技術が伝えられている。その後の「百姓伝記」には、渋ガキの木の元に藁灰を何回も施せば、カキの実が木になったまま醂柿になって甘くなると記し、リン酸やカリウムの効用を示唆している。

しかし、当時から明治にかけては別の項でも記したように、カキの専用園はほとんどなく、屋敷柿や畑周辺の単体のカキの木ばかりであったため、明治末～大正初めの指導書にも施肥の考えとして「柿の木周辺の塵埃等を敷いたり、藁灰・木灰等の自家生産物を集めて、株元に施す」ことと記されている。一方で、リン酸、カリウム質肥料及び石灰質肥料の供給による効果は、柑橘その他の果樹でもすでに実証済みで、この種の肥料は甘味を増すと伝えられ推奨されている。ただ、この時代に化学肥料が全くなかった訳ではなく、明治二十年代にはリン鉱石が輸入され、しばらくして過リン酸石灰の生産が始まっているが、一般的に常用化するのは昭和三十年代からとなる。

大正初めの指導書には、肥料三要素に配慮した油脂粕や魚粉、米糠を中心にした有機物肥料の具体的施肥例があげられている。専用カキ園が極めて少なく、自家消費が中心のカキ生産は一般農家で広く実施されていなかったこともあり、化学肥料の購入品よりも自家生産有機物を土地に還元する考えの方が先行していたものと思われる。

硫酸アンモニウム、過リン酸石灰、塩化カリウムなどは国内生産され一般に流通していたものの、高価なため購入して施肥するまでには至っていなかった。しかし、実際施肥する中で全量有機質にするとリン酸、カリウム成分が不足するため、大正時代に先進的指導書の中で、過リン酸石灰や硫酸カリウムが施肥計画の中に組み込まれ始めている。

昭和の初めの頃から始まった不況は、農村不況でもあったため、農家には肥料購入の支出は負担が大きく、時の行政は農村全体の自給肥料を奨励し、堆厩肥（たいきゅうひ）の「醗酵素」の販売が行われ、農村の堆厩肥作りの気運が高まった時代である。

昭和八年の指導書には、硫酸アンモニウムなどの化学肥料を施すと魚粉や油脂粕類肥料よりも果実の品質を悪くするため、高価な化学肥料よりも土壌中の微生物によって分解され、じっくり効果のでる有機物の方が良いと書かれている。同書の別表（二一〇頁）にも硫酸アンモニウム、過リン酸石灰名が施肥例に掲げられているが、「場合によって」と注意書きで断っている。

その後、流通するようになった有機質肥料であるが、はじめは粗悪品も多く、「有機物の醗酵促進に供する物件」として石灰や貝殻粉末などアルカリ資材は間接肥料として取り扱われた。昭和十四年に「肥料配給統制」が始まり、同十七年には「販売制限規制」が農林省で設けられて、カキ栽培の機運が高まり始めた矢先に停滞が続くことになる。

終戦後しばらくは物流も滞り、昭和二十四年の施肥例をみても全有機質肥料で窒素成分量も記録上は最低になっている（二一〇頁の表を参照）。同二十五年五月には「肥料取締法」が設定され、同二十年代を終わることになるが、新しい形として尿素の葉面散布の新技術が開発されている。尿素は、液一斗（一八リットル）に二〇～三〇匁（七五～九五グラム）を入れ、六月以降カキの葉に散布すると樹勢回復に役立つとなっているが、実際にはほとんど実用化されなかった。

昭和三十年代に入り世情がやや安定すると、先進農家では積極的に施肥、管理に取り組み、堆厩肥＋化学肥料が基本形となってくる。この時代カキ園は草生栽培も始められ、刈り取られた緑肥も有効利用され始めている。同三十六年に「農業基本法」が施行されると、果樹（カキ）の消費拡大が叫ばれ、各地で新植が盛んになり、新植時の施肥法や施肥量が指導者や生産者の間で積極的に検討されている。

本来、施肥はカキが必要とする養分量のうち土から供給される分だけでは不足する養分量を補給するために行われるものである。施肥量を決定する条件は、当然、土壌の種類や肥沃度あるいは収穫物の量によって違ってくるし、土に施用された肥料も、その時々の天候や土の条件によって効果が異なってくる。また、施用方法によって与える肥料の種類も一定ではなく、品種や根の状態も影響するため、とても複雑である。とくに植え付け直後や幼木の施肥には、カキの木一本単位として施用するか、面積として施用するかで相当差異が生じてくる。

明治から昭和初めの指導書には、植え付け密度が二間×二間の栽培方法で、一反歩（一、〇〇〇平方メートル＝一〇アール）当たり七五本を基準として施肥例が記されているが、その後昭和四十年頃よりやや粗植が推奨され、二・五間×二・五間の五〇本植えが基準となっている。さらに同三十六年のメートル法施行によって、単位が尺貫法から替わり、新植カキ園は四メートル×四メートル植え付け密度で、植え付けた後、一定の期間を経過して間伐を励行して四メートル×八メートル植えで一〇アール当たり三一本植えの密度を保った。これは当時開発された大型機械の導入に備えての計画的新植であった。

昭和四十年代からの三要素（窒素、リン酸、カリウム）の施用量はほぼ同じ傾向で推移してきた。しかし、同四十八年に始まった「豊かな土づくり運動」の展開によって、有機物の増施や畜産農家から大量に排出される畜糞尿の利活用が推進され、カキ園などでも多用され始めた。同四十〜五十年代は三要素量はほぼ一定しているかに見えたが、生産者間での実際の施用量の差が大きく、県内の調査でも窒素量で一〇アール当たり五〇キロを超える生産者も散見され、全体の窒素レベルが上がってきていた。

この間、暖効性肥料や被覆肥料など新しいタイプ肥料が出現し、木生堆肥といわれる樹皮（バーク）堆肥など多種多様な形の肥料が生産者の手元に届くことになった。このため、昭和五十年代前半に果樹有機配合や果樹化成などのカキ園専門肥料が作られ、同一条件下での標準施肥量を実施する考え方が広く取り入れられるようになって、果実の均一生産体制の一端を担うことになった。

一方、四十年代後半にはカキの主産地で果実の表面に黒点、雲形状、被綿状及び涙状の紋様模様が付く、いわゆる「汚染果」が多発し、外観を著しく損なって市場価値を低下させる問題が発生し、防除薬剤と共に施肥関係の関与が指摘され始めた。また、その後の五十年代後半には「うすずみ果」が多発した。

カキの「うすずみ果」は果頂部にマンガンが集積したもので、果頂から中央部位までの範囲で淡黒く見える。これも外観を損ねるが、味そのものには影響がないといわれている。しかし、商品価値は当然劣ることになり、価格は安くなる。

これは昭和五十八年には旧本巣郡などでわずかに見られる程度だったが、翌五十九年には多い所で三〇～四〇パーセントの高い発生率となった。これは、苦土（くど）石灰などアルカリ資材の投入が少ないカキ園で、マンガンが過剰に吸収される現象に起因すると結論づけられた。

これらの対策として、「汚染果」（のちに汚損果と呼称）と「うすずみ果」含め、同施肥基準に苦土石灰一〇〇～一二〇キロを施用することとなった。また、前後して同五十七年は大豊作で価格は低迷したが、カキ自体に問題はなかった。しかし、翌五十八年は猛暑に見舞われ、ヘタスキ果や着色不良果が続出して市場の不評を買った。この着色問題は古くから本県富有のアキレス腱で、平坦産地が多い県内の特異性といわれてきている。近年は豊産であればある程、販売上不利に立たされ、果色の向上が最大の課題となってきた。

そこで六十年代に入って施肥基準の見直しがなされると共に、〈富有〉の栽培管理全般を再検討する新運動が起こった。六十二年に提唱された「大きくて、赤くてうまいカキづくり運動」である。

これまで堆厩肥は雨に当てないよう大切に保管されてきたが、これ以降はむしろ野積みをして、できるだけ塩基を外し、完熟させて施肥基準量に三要素量が合うよう換算して算出することや、石灰：苦土：加里比を一〇：二：一にする。あるいは基本的に施肥量を従来の六～七割程度にするなど、抜本的見直しがされて、別表（二一〇頁）の施用量に減肥された。

同六十年には新しい柿専用肥料一、二号も誕生し、堆厩肥などの有機物の施用も先述のように処理し、適宜調整して施用することとなった。

平成に入り「ぎふクリーン農業カキ使用基準」が設定され、窒素肥料など一五パーセント削減計画のもとに更に肥料の軽減が指導されている。

［カキの施肥量、施肥時期などの変遷］（例）

年代	樹齢	10g当たり根付け本数	施用量（kg）				施用時期				施用肥料名など	摘要
			三要素			石灰						
			窒素	りん酸	加里		第１回	第２回	第3回	第4回		
大正はじめ	5	75	7.5	7.5	7.5		基肥	夏肥			鰊粕　大豆粕　菜種粕　人糞尿　米糠　過石　堆厩肥	当時の指導書
			(2貫)	(2貫)	(2貫)		2下～3上	8上～中				
	15	75	22.5	28	30		基肥	夏肥				
			(6貫)	(7.5貫)	(8貫)		2下～3上	8上～中				
昭和8	15	50	28.1	30	31.9		基肥	夏肥			鰊粕　大豆粕　薫製骨粉　米糠　硫酸加里（場合により硫安、過石）	当時の指導書
			(7.5貫)	(8貫)	(8.5貫)		2下	8下				
24	10	50	11.3	7.5	9.4		基肥	春肥	夏肥		魚粉　油脂粕　人糞尿　堆肥　270貫（1013kg）　緑肥450貫（1688kg）	農家の記録
			(3貫)	(2貫)	(2.5貫)		12上	2月	8月			
30	33	40～50	31.5	24.4	54		基肥	初夏～秋にかけ			硝安　過石　塩加　鶏糞　90貫（338kg）　堆肥320貫（1200kg）	農家の記録
			(8.4貫)	(6.5貫)	(14.5貫)		10下～11上	5～6回				
44	26	33	28	19	23		基肥	夏肥	夏肥2	秋肥	硫安　硝安　過石　堆肥　1000kg（10a）	当時の指導書
							12～2月	6上	7上	10下		
54～59	22	38	26	24	24	120	基肥	春肥	夏肥	秋肥	果樹有機配合　果樹化成　NK化成　苦土石灰（12～1月）	当時の指導書
							12～3月	3下～4上	7上	10下		
61	15	30～40	19	18	19	120	基肥	夏肥	夏肥		柿専用肥料　1号　2号　NK化成　苦土石灰（12～1月）	当時の指導書
							12～1月	7中	10下			
平成4	15	30～40	16	17	16	100	基肥	夏肥	秋肥		柿専用肥料　1号　2号　ようりん　NK化成　苦土石灰	当時の指導書
							11～1月	7上中	10下			
20	成木	30～40	17.1	13.2	16.5	100～200	基肥	夏肥	秋肥		柿専用肥料　1号　2号　ようりん　NK化成　苦土石灰　堆肥（1～2t）	かき栽培こよみ
							1～2月	?	10下			

3　病害虫防除

　カキ栽培は、その歴史を通して屋敷柿や周辺の空地に作られている放任樹が多く、決して管理を十分行っていたわけではなかった。病害虫の発生もほぼ見逃され、自然状態であった。しかし、明治中頃には山形県で〈平核無〉五ヘクタールの専用カキ園の造成があり、さらに〈富有〉や〈次郎〉などの完全甘ガキの出現ともあいまって、明治の近代化政策と共に市場出荷の気運が高まった。このため、均一生産、保存性確保など市場原理の要求と共に、病害虫防除は必然的な関心事となってきた。

　この中でカキの栽培法、管理法が各地で考案され、明治中期には剪定、仕立法や施肥法、さらには渋ガキの脱渋法などに外国から技術の移入がされるなどして、研究機関での取り組みも次第に高まってきた。

　明治時代末頃の県内における防除の実態は詳らかではないが、県立農事試験場では開園指導や既存カキ園の管理などの栽培技術に加えて、カキ病害虫の調査を行っていた。その当時から病害虫防除はカキ栽培の中でも、仕立法や施肥と共に重要な課題であったことが伺える。

　当時のカキの指導書によるとカキの主要病害虫は、病気では黒星病、黒斑病、落葉病があげられ、害虫ではヘタムシ、ツノロウムシなどがある。今日、最も警戒を要する病気といわれている炭疽病は、明治四十三年に関東と関西で大発生をみた。近県では三重県が大被害を受けて、注目され始めた経緯がある。

また、ヘタムシの被害は当時から多く発生していたため、駆除法が研究された。カキの果実全体に袋を掛けて包み込んで、ヘタムシの侵入を防ぐ方法が唯一最良の防除法であった。その後、袋掛けの技術は袋の紙質や色沢などの研究が主体となっていった。一般農家で薬剤散布が始められたのは明治四十年過ぎで、今日でも使用されているボルドー液や石灰硫黄合剤を中心に、先進農家によって試験的に使われていた。しかし、両薬剤とも散布後に薬害が発生する問題をかかえていたため、一進一退の試行錯誤が繰り返されていた。デリス根、硫酸ニコチンあるいは機械油乳剤が稲作などで先駆的に使われ始めたのもこの時代のことである。

大正時代

大正に入って砒酸鉛がナシなどの果樹の害虫防除に使用され、薬害も少ないことからカキでもイガムシなどに実用化されだした。それ以降も砒酸鉛は砒酸石灰と共にヘタムシなどの主要害虫防除に近年まで使われていた。

一方、袋掛けは自家製の袋を使う農家が多かったため手間はかかるが、かなり効果が高く、旧糸貫町の松尾松太郎はその手記の中で、大正五年に袋掛けを始め、その後同七年のヘタムシの多発年には作業が間に合わず、十分な袋掛けができなかったために不作に甘んじたと記している。その後、松尾は昭和六年に初めて前記ボルドー液に砒酸鉛を混入して、カキに散布することになるが、薬害を出して失敗している。

この明治末頃から大正時代にかけての変化はゆっくりとしたもので、デリス剤がダイコンサルハムシの妙薬として開発されたり、明治初めに輸入された除虫菊が北海道で大量に使用されて、カキへの効用などが検討されたりした時期であった。

柿園にて石灰ボルドー液散布
「カキの栽培技術」（石原三一）

当時、大正四年に旧本巣町で最初に新植された〈富有〉が、同八年の天候不順で大量に落葉したため、名和昆虫研究所に相談したところ、硫酸銅を奨められて、これを使用し、落葉を食い止めることができたと伝えられている。

昭和前期（昭和元年〜二十年まで）

昭和の前期の害虫防除もボルドー液、石灰硫黄合剤が主体で、その他では大正時代に引き続いてデリス剤や除虫菊が使用されている。この時代になって加わったものには、硫酸ニコチンがある。硫酸ニコチンはタバコの葉から抽出された殺虫剤で、その歴史は古い。初めは水稲や野菜などに使用され、やがて果樹の害虫であるナシノヒメシンクイなどにも有効なことが判明した。さらに昭和の初めには、害虫の卵に対する殺卵効果が確認されて、カキにも応用され始めた。県立農事試験場でも昭和五年に旧西郷村（現岐阜市）で砒酸鉛、硫酸ニコチン、デリスなどの防除試験を行い、効果が高いことを認めて実用化を進めている。

しかし、当時の産業統制経済の下では、食糧増産向けの農薬に比重がおかれたため、害虫防除向けには粗悪品や不純度の高いものが多く、必ずしも効果を示していなかった。昭和十三年の同試験場の「柿に対する毒剤試験」では輸入制限がされていたことから、国産代用試験が行われ、ここでは硫酸ニコチン、デリス、砒酸鉄、砒酸鉛それにボルドー液を供試しているが、効果はあがらなかった。

昭和十六年の太平洋戦争開戦後は、カキについても暗黒の時代であった。

昭和中期（二十一年〜四十年）

終戦後、外国から新しい有機化合物の新農薬が次から次へと持ち込まれた。初めは塩素系のＤＤＴやＢＨＣなど、次いでエンドリン、デルドリン、アルドリンなど「三ドリン」といわれた農薬である。すぐに有機リン化合物のパラチオン、テップ、ＥＰＮそして新殺菌剤のダイセンなど、秀でた効果を示す農薬が移入された。これらの恩恵を蒙って、米など食糧増産の面では一助となったが、一方で農薬による不慮の事故なども多発し、法整備を含めた指導体制の強化が求められた。

行政面では昭和二十三年に「農業改良助長法」の施行、「農業取締法」の制定がなされた意味は大きかった。同二十六年刊の郷謹之助の『柿栽培法』でも炭疽病には当時発売が始まったばかりのクロン（ＰＣＰ）やダイセンが使用されている。また、郷は同書でヘタムシにはエンドリンの五〇〇倍液、フジコナカイガラムシにはＤＤＴ乳剤二〇〇倍液を奨めている。同時期、県立農事試験場でもヘタムシやコナカイガラムシの防除試験を行っており、こちらはホリドールの効果が高かったと評価している。

昭和三十二年に糸貫町の篤農家で、当時一ヘクタールのカキを栽培していた太田金一はその手記の中で、ヘタムシに対するエンドリンの効果が抜群で、初めは六〇〇倍液で使用していたが、八〇〇倍から一、〇〇〇倍まで希釈しても十分の効果があったと記している。このように当時の農薬散布による完全防除はほぼ達成されつつあったが、一部では幹に菰（こも）を巻くバンド誘殺法も行われていた。

また、三十年代後半は、新しく被害が続出したオオワタカイガラモドキやクワコナカイガラムシなどの駆除に効果が高いということで、ホリドール剤が常に使用されていた。

この時代には、昭和二十二年に動力噴霧機、同二十五年に動力散粉機が実用化されると、数年後には県内の先進農家に導入されるなどして、同三十年初めまでには、盛んに技術を競って効率化を図っていたカキ園面積の広い農家一般に普及していた。そんな中、同三十年頃にはミスト機が登場して、一〇〇～二〇〇ミクロン程度の微粒子の少量散布ができ、その上薬剤効果も高まるということで注目されたが、大きく広がることはなかった。

昭和三十六年には果樹農業振興特別措置法と農業基本法が制定され、果樹全体の支援体制が本格化したのもこの頃である。

昭和後期（四十年～六十三年）

昭和四十年代初めは三十年代後半とほぼ同じ防除体系がとられていた。例えば同四十一年の柿産地の「カキ病害虫標準防除暦」では、冬から春先にはマシン油一八倍液、クロン二〇〇倍液、ＥＰＮ一、五〇〇倍液、ＰＭＦ一、五〇〇倍液が使われ、春から夏にかけてはＤＤＴ乳剤一、〇〇〇倍液、サニパー一、〇〇〇倍液、ボルドー液が記載され、夏から秋には硫酸銅、硫酸亜鉛、砒酸鉛などを数回繰り返して散布し、カメムシの多発園ではＢＨＣ水和剤二〇〇倍を散布するなどして、標準で一三回の薬散となっている。

その後、薬剤の土壌、作物への残留性が問題となり、同四十七年には農業取締法が大幅に改正されて、ＢＨＣ、ＤＤＴ、クロンなどは次第に姿を消すことになるが、一方では機械の大型化が進み、散布方法も大きく変わる時代となる。

面積の広い一〇〜一五ヘクタール規模の集団カキ園では、定置配管による防除体系がとられた。また、四十年以降には一、〇〇〇リットルクラスのタンクを搭載して牽引するスピードスプレイヤー（ＳＳ）が旧糸貫町や大野町などで導入され、薬剤散布の省力化が図られ始めた。この傾向に伴い、これまでの粉剤使用から、乳剤や水和剤の液剤使用への傾向が加速度的に高まった。ちなみに昭和四十五年の農業センサスによると、旧糸貫町では動力噴霧機と動力散粉機合わせて一、一〇〇台程が保有されていたが、スピードスプレイヤー導入後は同五十年をピークに機械保有台数は漸減し始めている。その後スピードスプレイヤーはすぐに自走式となり、六〇〇リットル、五〇〇リットルなどのミニ容量も出現し、現在の形に至っている。

SS による薬剤散布（600 型）

また、農薬散布による病害虫も抵抗性や耐性菌の問題が次第に明らかになり、同五十年にはコガシラアワフキの被害が発生したり、五十五年にはカキの果実を直接加害するアオマツムシの被害が明らかになっている。

また、同五十年に岡山県のカキ園で初めて確認された外来害虫「カキクダマアザミウマ」による県内初めての被害が、同五十九年に関ヶ原町で確認されている。この害虫はスリップスの類で、従来からのパダン水溶液などで防除できたが、広がりが懸念された。その後六十三年、平成元年には県内で大発生をみることになる。

一方この時代、害虫の発生予察にも新しい取り組みがなされている。五十年初めには茶樹で成果をあげていた「性フェロモン」を利用したチャノコカクモンハマキの発生予察が、カキにも応用され始め、同五十八年には旧糸貫町の生産者組織によって始められている。これは性撹乱を起こさせる方法で、地表一・五メートルの高さに設置された性フェロモン剤の粘着トラップから揮発性のある性フェロモンがあたり一面に漂って雄成虫を誘引捕殺するものである。後の平成の初めには「ハマキコンN」あるいは「スカシバコン」として実用化されることになる。

五十年代後半から六十年代過ぎにかけても、明治からの薬剤石灰硫黄合剤、機械油乳剤は健在で、冬から発芽前の時期に発生するカイガラムシ類や炭疽病の予防に使われている。これらは安価で比較的効果も高いので、経済的な面からも引き続き防除体系の中で重要な位置を占めている。

平成（平成元年〜二十年頃まで）

平成に入ってからの使用農薬は、石灰硫黄合剤をはじめとして、ほぼ昭和末期の薬剤が引き継がれてきたが、その間には昭和五十九年に続いて平成十一年の農薬取締法改正などにより、一部の農薬は使用ができなくなったり、使用できるものでも希釈倍数、使用時期、使用回数などが制限されるようになった。

この時期、平成七年の防除基準を見てみると、殺菌剤で主なものは、トップジンM水和剤、サニパー水和剤、キノンドウ水和剤、ジマンダイセン水和剤などである。殺虫剤はスプラサイド水和剤、オフナック水和剤、パーマチオン水和剤、アグロスリン水和剤、モスピラン水和剤などとなっている。このうちモスピラン水和剤はその後姿を消すことになる。

平成七年には岐阜市や大野町で「カキノヒメヨコバイ」の被害が確認された。この害虫は、新しい若葉の周辺部を吸汁して、カキの葉上で世代を繰り返して、葉の生長を阻害するもので、この年県下で大発生した。また、同八年と十年には「カメムシ」が大量発生していて、とくに八年の七月中頃には果汁を吸われたカキの数が例年の数十倍に達し、収穫した果実の三割以上に被害果が発生している。

その後、無登録農薬の販売、使用が社会問題となり、平成十四年には十一年に引き続いて農薬取締法が改正されて、新しい使用基準の設定、罰則の強化などが行われた。これに伴ってケルセン・

ロテノンなどの登録が失効した。一方、新規の生物農薬や性フェロモン剤も多くなるなか、ネオニコチノイド系殺虫剤の受粉用に導入しているミツバチの激減との関連も指摘されている。こうした中で県は平成十一年から「ぎふクリーン農業」制度を設定、化学合成農薬や除草剤及び化学肥料などの使用量、使用時期、使用濃度についての新たな基準を設けて、遵守するよう指導している。この制度における平成二十五年のカキの対象面積は、県下全面積の約半分にあたる七〇〇ヘクタールが登録されている。

また、新しい試みとして平成十五年から害虫（カメムシなど）の忌避効果があるといわれている黄色灯を夜間点灯する照明装置を設置して、チャバネアオカメムシなどの被害を回避する防除法などが、大野町や岐阜市で取り組まれている。

4　管理作業の省力化・労働の軽減（道具・機械）

カキの放任樹の樹形を整えて、専用のカキ園に造成しようとすると、管理に要する労力の省力化が求められるようになる。さらに規模を徐々に拡大して経営を営む過程では、経済的効率を高めるために省力化が追求されるようになるのは必然である。

カキの管理作業の省力化は、明治の中頃まで模索期が続き、明治二十八年に考案された「枝折器」に始まる。当時は施肥も病害虫防除も行われることは極めて稀で、収穫が主作業であって、剪定、整枝を兼ねて収穫時に大雑把に枝折が行われていた。

以下、カキの管理作業に用いられてきた主な機械、道具を時代ごとに列挙する。

・明治・大正時代

剪定、整枝　＝　剪定鋏、剪定鋸、剪定刀

土壌管理、周辺の草刈　＝　備中、鍬、鎌

収穫　＝　割竹、長竹柄付切落し鎌

・昭和前期（同二十年まで）

剪定、整枝　＝　剪定鋏、剪定鋸

土壌管理、周辺の草刈　＝　備中、鍬、鎌

薬剤散布　＝　サクセス喞筒、手桶喞筒、背嚢型散粉器

高所作業　＝　脚立（木製）

運搬　＝　リヤカー、荷車

・昭和中期（同二十一～四十年）

剪定、整枝　＝　剪定鋏、剪定鋸

耕起、中耕　＝　動力耕耘機（同二十八年頃実用化）

テイラー型耕耘機（同二十八年頃実用化）

園管理　＝　背負式動力草刈機（同三十六年頃より実用化）

薬剤散布　＝　動力噴霧器（同二十二年頃開発）

動力散粉器（同二十五年頃より実用化）

ミスト噴霧機（同三十年頃より実用化）

牽引式スピードスプレイヤー（同三十八年頃開発）

灌水、防除　＝　定置配管、スプリンクラー薬散

（同二十八年頃より実用化）

運搬　＝　テイラー型運搬車（同二十八年頃より実用化）

索道機（同二十六年頃より実用化）

トレーラ、軽トラック、運搬車

高所作業＝脚立（アルミ製）

50年以上関ケ原町で使われている渋ガキの収穫道具

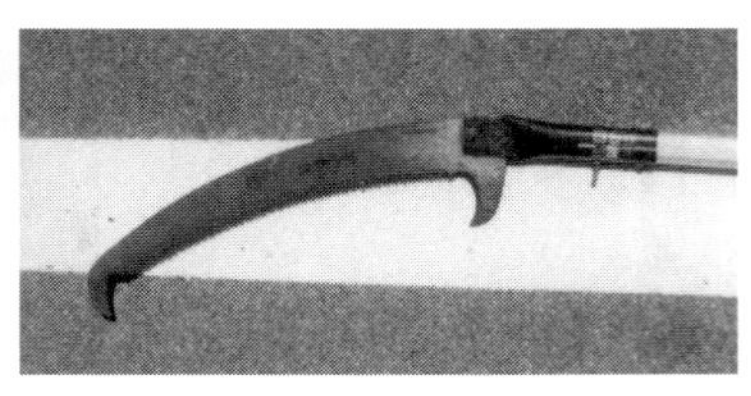

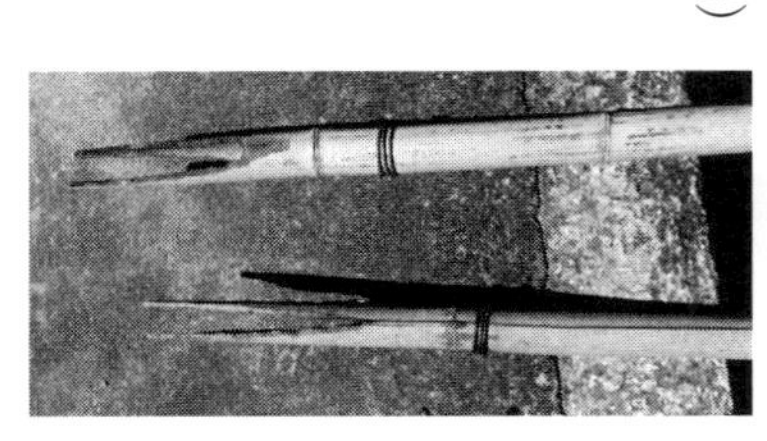

岐阜・中濃で使われているカキ収穫道具

・昭和後期（同四十～末まで）

剪定、整枝＝チェンソー、剪定鋏、剪定鋸
土壌改良＝トレンチャー、アースオーガー
　　　　　バックホー
施肥＝ブロードキャスター、ライムソワー
草生管理＝ロータリーカッター、ハンマーモア
薬剤散布＝定置配管
　　　　　自走式スピードスプレイヤー
　　　　　（同四十一年頃実用化）
運搬＝モノレール（モノラック・同四十五年頃実用化）
　　　トレーラー、フォークリフト、軽トラック、運搬車

・平成（同二十年頃まで）

剪定、整枝＝チェンソー
　　　　　　圧縮空気式剪定鋏（同八年頃実用化）
　　　　　剪定枝条の処理＝チッパー

昭和初期から谷汲（揖斐川町）で
使われている渋ガキの収穫道具

粗皮削り＝水圧式粗皮削り機（同四年頃実用化）
草刈＝ハンマーモア
除草＝ランドマスター
施肥＝ブロードキャスター、ライムソワー、マニアスプレッター
高所作業＝脚立、移動脚立、自走式果樹作業台車
運搬＝運搬車などほぼ昭和後期と同じ

県内のカキ産地を概観すると、水田＋カキの小規模な経営形態がほとんどで、全国の主産地の中でも栽培農家一軒あたりの経営規模は一番小さい。その上、平坦地カキ園が多いのも特徴で、傾斜地は岐阜市、本巣市、海津市、揖斐郡の一部と美濃加茂市で、県内カキ園の四〇パーセント以下と推定される。平坦地のカキ園は、栽培管理の上で機械導入による省力化が容易なため、経営上有利な一方、カキは排水の良い畑地に適する果樹であることから土壌の物理性や有機物などの土壌構造上、恵まれているとはいえない。

カキが幼木から成長期に至る若木の伸育期には、この土壌の構造上の短所はそれほど問題にならないが、最盛期を境にカキの経済寿命や生産力に大きく影響し、管理上のマイナス面も次第に表面化して、対策を講じなければならないことがたびたび生じてくる。現状では水田転換畑をは

じめとする平坦地カキ園が多い本県カキ栽培の特異性として、土壌管理、とりわけ土層改良、排水対策などにかかわる作業機械の投入が余儀なくされている。

一方、昭和五十三年の一〇アール当たりの生産費の中に占める労働費は一二七万円で、全体の六五パーセントにあたり約三分の二を占める。このため作業の能率化、効率化が問題解決の鍵を握り、直接収益性につながるのは間違いない。

カキ生産費調査によると一〇アール当たりの全国平均は、昭和三十五年に約一、六〇〇円だった農具費が、同四十四年には約六倍の一万円になり、労働費は同三十五年の一万六、〇〇〇円が同四十四年の三万二、〇〇〇円へと倍になっている。

傾斜地カキ園に導入されたモノレール

昭和三十年代後半から同四十年代後半の一〇年間は、各種事業が導入したことにより最も機械化が進んだ時期である。そのため一〇アール当たり労働時間は、全国平均で同三十五年の約二八〇時間が同四十四年には約二〇〇時間にまで短縮された。一方、本県の場合には同四十年の約二五〇時間が同五十三年に約二二〇時間となり一三年間に約三〇時間短縮されたものの、全国平均を下回っている。こうして短縮された労働時間の内訳は主に施肥、中耕、除草、薬剤散布作業である。当面の一〇アール当たり労働時間の目標は一五〇時間で、この目標達成のためにも機械化が困難な摘蕾、摘果、収穫、調整や第一次選別など、品質に影響する作業についての省力化が望まれている。

5　気象災害と防止法

農業は自然相手の営みで、古来より気象災害には大なり小なり毎年悩まされてきた。カキも同様に屋外で栽培され、ましてや昔の放任栽培では為すすべもなく、強風には枝打ち、干害には水やりなどの対症療法的な対応が精一杯であった。つまりは、昔から「お天道様まかせの……」の有様で、手付かずが多かったのである。

天保二年（一八三二）に当地を襲った台風により白川町の「水戸野のオオカキ」の第一枝が地上三メートルの高さで折れ、天空に大きく扇形をなしていた樹形を失っているし、慶応二年（一八六六）の台風では、大和町（郡上市）の〈宗祇〉〈みょうたん〉の大木が根こそぎ倒れている。

このように台風災害は勿論のこと、カキへの気象災害は水害（湿害）、風害、凍霜害（冷害）、干害、雪害、雹害など、不時の異常気象によるカキに対する生理的、物理的な障害現象を指し、直接、間接に樹体の生育および結実に影響を与えるものをいう。

明治から昭和の初めまでの指導書や官公庁の出版物にも「災害防止法」の項目はほとんど見当たらず、積極的取組は皆無に等しく、わずかに手近な耕種的防除の例が記されているのに留まっている。例えば「柿樹は往々に霜害を甚だしく被ること有り、桑園など霜害の単発地には避けた方が良い」とか「夏季は過乾の気象を忌む」、あるいは「八月上旬には台風に備えて、枝の折損・擦り傷防止に支柱を立て補強をする」程度の記述になっている。

一方、災害はほとんど毎年容赦なく発生して、カキの生産安定の阻害要因となり、カキ経営の上で病害虫防除と共に災害の軽減は重要な位置を占めている。ところが、実際の対策には経費を要するため、経済効果を見極めなければ多額の投資に対応できないのが実状である。以下、災害の概要を述べると次のとおりである。

・水害

豪雨や洪水によってカキ園が冠水して排水不良となり、二〜三日間滞水することによってカキが根腐れを起こして落葉、落果を生じる。この生育障害により次年度以降も生長を阻害されて最悪、枯死に至る場合もある。また、冠水までに至らなくとも、長雨や排水不良で土中に水が滞ると根の伸育が悪くなり、生育や生産に障害が発生する。水田転換カキ園ではその被害が多い。

・風害

台風や竜巻などの強風によって、直接に幹や枝条が折損したり、葉や果実が傷ついたり落ちたりして生産力が著しく衰える被害。幹や枝条の損害によっては、次年度以降にも大きく影響を及ぼす。

・凍霜害（冷害）

一般的には春先の萌芽から幼果期の間に低温に遭遇することによって、幼芽や幼果が障害を受ける現象をいうが、枝条が休眠している厳寒期でも氷点下一六度以下になれば障害が発生するといわれている（石原三二）。また、生育最盛期の七、八月頃に長雨が続く冷夏となると、果実の生育が阻害されて十分に果実が肥大しなかったり、品質の良好なものが生産されないという被害が発生する場合がある。中山間地の冷涼地域や平坦地の水田転換畑に多く発生する。

・干害

干害は夏季に降雨がなく、日照りが続いて土壌が過乾燥状態になり、葉や果実の生育障害が発生するものである。スプリンクラーなどで散水したり、畦間に灌水できれば問題が解決できるが、施設に多額の経費を要するので、広い面積での対応は難しい。

・雪害

冬期間の降雪荷重の物理的圧力による主幹や枝条が折損する被害で、近年比較的多く見られる。積雪の多い地区では幼木時より仕立法や整枝法などで対処する必要がある。

・雹害

主に春から夏や、夏から秋への季節の変わり目に、特定の地域に発生する気象災害で、六〜七月、九月頃に発生する。雹がカキの葉や枝条を始め、幼果やすでに大きく成長した果実を直撃して傷をつける恐ろしい災害で、近年は発生頻度が高い傾向にある。幸いに、この災害は地域が限定されるため、広範囲にわたることは比較的少ないが、凍霜害と同様に特定の地形や地勢に影響されるため、何回も罹災を繰り返すことがある。

気象災害ほぼすべて共通することは、被害が発生した後に、なんらかの病害虫が大量発生することである。農家は長年にわたってこうした災害に絶え間なく苦しめられ、困窮させられてきた。

明治以降のカキに対する主な気象災害は次のとおりである。

カキに対する主な気象災害の歴史

明治三十八年　四月二十四日　凍霜害　主に稲葉、揖斐、本巣、加茂他
明治三十八年　五月五日　凍霜害　美濃地方全域
明治四十一年　五月一日　凍霜害　美濃地方（主に稲葉、本巣、揖斐、山県）
明治四十三年　四月三十日　凍霜害　美濃地方（主に稲葉、本巣、揖斐、山県、加茂）
大正八年　四月二十八日　凍霜害　稲葉、本巣、揖斐、養老、山県、加茂他…燻煙効果なし
大正八年　八月～九月　落葉病大発生　本巣他
大正十二年　四月七日　凍霜害　美濃地方…燻煙効果なし
大正十三年　一月・二月　寒波　稲葉、揖斐、本巣、養老…みかん枯死
大正十五年　五月六日　凍霜害　稲葉、揖斐、本巣、養老、山県、加茂他
昭和二年　二～三月　凍害（マイナス一六度以下に）県下全域
昭和三年　四月二十五日　凍霜害（マイナス三・一度）本巣、山県、武儀、揖斐他
（面積一七五ヘクタール、被害九万二、〇〇〇円）
昭和四年　五月六日　凍霜害　稲葉、揖斐、本巣、山県他
昭和五年　四月二十二日　凍霜害　揖斐、本巣、山県他

昭和五年　　九月二十八日　雹害　本巣（松尾記録より）他
昭和九年　　九月二十一日　台風害　主に本巣、揖斐、養老他
昭和十一年　二月　雪害（積雪数尺）本巣、揖斐他
昭和十五年　五月六日　凍霜害　稲葉、揖斐、本巣、山県他
昭和十六年　五月十五日　凍霜害　海津、養老、揖斐、本巣他
昭和十七年　十二月～十八年一月　雪害　県下全域（とくに美濃地方本巣、樽見一七一センチ）
昭和二十五年九月四日　台風害（ジェーン）
昭和二十六年四月二十五日　凍霜害　主に岐阜、稲葉、山県、加茂
昭和二十八年四月二十五日　凍霜害　主に岐阜、稲葉、山県、揖斐、本巣（岐阜マイナス二度）
昭和二十八年九月二十五日　台風害（一三号）美濃地方
昭和二十九年四月二十八日　凍霜害　美濃地方
昭和三十一年四月三十日　凍霜害　美濃地方
昭和三十一年六月二十一日　大雹害　本巣、岐阜、揖斐…主枝側枝にも被害、
　　残葉率三〇パーセント（本巣）
昭和三十四年九月二十六日　台風害（伊勢湾台風）県下全域（岐阜最大風速三七メートル）
　…美濃加茂〈富有〉〈蜂屋〉は全滅に近い状態

昭和三十六年 九月十六日　台風害（一八号第二室戸台風）とくに美濃地方
（岐阜最大風速二八・二メートル）

昭和三十八年 一月～二月　雪害（極東寒波、三八豪雪）県下全域

昭和四十一年 五月一日　凍雪害　美濃地方

昭和四十三年 四月三十日　凍雪害　美濃地方

昭和四十八年 六月～八月　干害　美濃地方

昭和五十一年 一月～二月　雪害　本巣、揖斐、岐阜、養老、不破（岐阜五八センチ）他

昭和五十三年 二月　雪害　揖斐、不破、本巣、岐阜（揖斐川七〇センチ）他

昭和五十三年 七月～九月　干害　美濃地方全域

昭和五十五年 七月～八月　冷夏害　本巣、揖斐、岐阜（一部の地区で収量五〇パーセント減）他

昭和五十六年 一月～二月　雪害　揖斐、不破、本巣、養老（池田九九センチ）他

昭和五十七年 三月二十七日　霜害　岐阜〈西村早生〉が大幅減収

昭和五十八年 七月～八月　猛暑　揖斐、本巣、岐阜…へたすき果続出

昭和六十一年 七月～八月　干害　各務原、加茂他

昭和六十二年 五月四日～六日　凍霜害　美濃加茂、加茂他

昭和六十二年 十月十七日　台風害（一九号）美濃加茂全域

昭和六十三年　四月十四日　凍霜害　本巣、揖斐、岐阜…主に西村早生、平核無、蜂屋に被害大
昭和六十三年　十一月二十七日　凍霜害　岐阜
平成六年　六月～九月　干害、猛暑　県下全域（岐阜七月平均気温プラス三度高）
平成六年　九月二十九日　台風害（二六号）豪雨　美濃地方
平成七年　六月～九月　干害、猛暑　県下全域（岐阜八月平均気温プラス三度高）
平成十年　九月二十二日　台風害（一七号）　県下全域
平成十一年　七月二十五日　雹害　加茂
平成十三年　一月～二月　雪害　県下全域
平成十五年　六月～九月　冷夏害　県下全域
平成十五年　八月九日　台風害（一〇号）集中豪雨　県下全域
平成十六年　十月二十日　台風害（二三号）　美濃地方

災害防止法

昭和の初め頃より実際に行われている災害防止対策や指導書による罹災後の対応策などは次のようである。

８月下旬の降雹による被害果

①昭和三年四月二十五日の凍霜害の場合

県知事官房調べの当時の実態調査によると、県下の被害反別は一七五町歩（一七五ヘクタール）で、被害見積価格は九万二、〇〇〇円となっている。この内被害が最も多いのは山県の四五町歩（四五ヘクタール）で、被害額約二万円。次いで本巣の四三町歩（四三ヘクタール）で二万一、〇〇〇円の被害額である。

凍霜害の防止対策として当日夜間一二時から燃料を燃やした燻煙法がとられ、ある程度効果があったと報告されている。また、枝条や葉の上から草木灰を散布したが、被害の軽微な所では効果があったものの、気温が下がった所では効果がなかったという。

岐阜市と大野町の実態調査では、開心自然型の樹高の高い所はほぼ被害がなく、一〇尺（約三・三メートル）以下の盃状型など樹高の低い所は被害が大きかった。一方地形では傾斜地や風通しの良い所では被害が少なく、凹地や東、南方に建物や樹林のある所は被害が多かったと報告されている。

②昭和二十八年四月二十五日の凍霜害の場合

岐阜市での調査の結果、品種では〈大和百匁〉〈市田柿〉は被害率一〇〇パーセントで、〈禅寺丸〉〈甲州百匁〉〈富有〉は比較的軽微であった。

この日の被害の影響を翌年に調査すると、地上三・〇メートルまでの新梢はほとんど枯死に至った。また、この年の秋に施肥を多用した所では翌年の花芽分化が多くなったと報告されている。

③昭和三十四年～三十五年

県農業試験場で水をスプリンクラーによって散水する「散水氷結法」による晩霜対策が行われた。毎時四・六ミリの散水して防止効果はあったが、散水後一〇分間は葉温が急激に低下した。また、氷結すると融氷時の低温障害の発生がみられ、問題を残している。この散水氷結法は多額の経費がかかり大面積での水量確保などの課題もあって、一部を除いて実用化には至っていない。

④昭和四十三年、四十四年の凍霜害防止の実際から

カキの萌芽期前後ではマイナス二度が耐寒限界温度とされるため、重油または固形燃料を使った凍霜害防止が試みられた結果、外気温を二度程度上昇させることができ、軽微な霜害防止策となった。

⑤昭和五十三年の指導書による防霜対策

一〇アール当たり三〇個の石油缶を置き、A重油を毎時二・五リットル燃焼させて降霜を防ぐ。

この場合、危険限界温度は氷点下二度と想定する。外気温が零度になったら点火する。上昇温度は約二度程度で、零度まで上昇したら火を止める。

⑥昭和五十三年頃の防霜ファンの導入

昭和四十六年頃から茶園などで実用化されている防霜ファンを用いた凍霜害防止が検討されたが、樹量が多くて樹高の高いカキ園では昇温効果があまり期待できず、実用化には至っていない。

⑦平成の初め頃

燃焼法でも市販の燃焼物（ミツミネ火炎弾、シモダン、エフパローヒート）を用いた燃焼法が行われ始めた。一回の使用におよそ三万円程度を要するため、降霜の程度、点火する時の外気温度など、実際に園地で燃焼させる場合いくつかの問題点が生じてくる。従来からの燃焼法である重油や灯油にオガクズを混入して燃やす「おがくず法」や「古タイヤ焼却法」など安価な経費で効果を上げる方法が実用化されている。

なお、昭和五十五年頃から台風害に対する防止法として、幹の裂けやすい鋭角の木に対して、ドリルで幹に穴をあけて長尺のボルトを用いて交互に締め、裂けを防止する方法が一部で実用化されている。

6　カキの選果・出荷

カキは生産量が少なかった明治以前には、甘ガキ、渋ガキ、干柿ともに選果といっても傷物や変形物以外は、ほぼ大きさを揃える程度のことで、各々の生産者の庭先で選別されてきた。そして、輸送手段の限られていた時代には近隣に消費地を求めて、人が背負ったり馬の背に乗せたりして出荷していた。

しかし、少量でも荷がまとまってくると、より消費が多く、より高値で取引きされる市場へ向けて、四斗樽や竹籠に入れて近くの港まで運搬し、舟便で送っていた。揖斐川町の運上柿は房島港から、御嵩町の甘ガキは錦織港から、また大野町の柿も三水川の水運を経由して目的地まで運ばれている。

明治中期以降、〈富有〉や〈次郎〉の出現によって少しずつ専用カキ園が誕生すると、カキの品質が高く評価されたこともあり、地元で消費しきれないカキの出荷先は次第に先の市場へと伸び、さらに大きい消費地を開拓してゆくことになる。

平成初期のカキの出荷

大正十年（一九二一）頃には県内各地にカキ生産組合が誕生し、岐阜市場を中心に名古屋、関西、東京市場へも相当量出荷されるようになる。当時カキは一個約一銭で買い取られ、一シーズンに二十回ほど出荷したという。そしてこの出荷には、商人送師（おくりし）と呼ばれる人々が仲介して、大消費地をはじめとする販売市場を開拓したと伝えられている。

旧本巣郡下のカキの出荷先も、大正から昭和にかけては岐阜市場が大半を占めていたが、次第に愛知県の枇杷島市場へと拡大されている。当時の枇杷島市場では岐阜市場の二倍の価格で取引きされた。

飛騨の〈法力柿〉は醂柿にして昭和九年に開通した国鉄高山線で、岐阜市場や愛知県の枇杷島市場へ、四斗樽の荷物輸送で出荷されている。枇杷島市場はバラ売り取引きの慣習がしばらく続いていた。また、関

甘・渋カキ判定機

〈西村早生〉などの不完全甘ガキは、年により、また木により渋ガキになりやすい特性がある。出荷したカキが渋いと不評を買う場合があるため、昭和五十九年に岐阜大学で甘渋判定機が開発され「岐大式果実品質判定機」と名付けられた。

それまでは不完全甘ガキは農家の庭先で経験者によって色や形から甘渋を選別して出荷され、判定を間違うと消費者から苦情がよせられ、昭和五十六、七年には大問題になった。

そこで開発されたのはスライド映写機のような形、大きさで、六五〇ワットのランプを集光してレンズに集め、その上にカキを乗せて果肉のゴマ斑点の有無を判定するものである。値段は五万円程で、農家の庭先での選別に活用する体制がとられていた。

しかし、最近では大型選果機の中に取り込まれ選別されるので、各々の庭先での判定機は少なくなった。

ヶ原や垂井の干柿の出荷は東海道線によって関西市場へ長年出荷されている。当時、樽柿を除けば〈富有〉などの生柿と干柿はリンゴ箱が使用されていたが、昭和十年を過ぎた頃から所定の木箱に相当数を入れて出荷されることになる。

岐阜県農会は昭和八年に出した、富有柿選別標準を同十三年、さらに細分化した規格を示した。

昭和十三年の「岐阜県富有柿選別規格」は次のとおりである。

名称	一箱の正味量	一箱の個数	果実の選別標準
上飛	四貫（15キロ）	五二玉以内	七七匁以上（289グラム以上） 八八匁以上のものは天飛を設ける
飛		五三～五九	六八～七六（255～288グラム）
鶴		六〇～六九	五九～六七（221～254グラム）
亀		七〇～七九	五一～五八（191～220グラム）
松		八〇～八九	四六～五〇（173～190グラム）
竹		九〇～九九	四一～四五（154～172グラム）

梅	五貫三百（20キロ）	一三四～一五二	三五～四〇（131～153グラム） 海外向けは四貫目入りとする
花		一五三以上	三四匁以下（128グラム）

昭和十三年の関ヶ原町の干柿出荷要領（大阪中央市場向）は次のとおりである。

一般出荷箱

	横列	縦列	一箱数
飛	四	五	二〇
鶴	四	七	二八
亀	四	八	三二
松	五	八	四〇
竹	五	一〇	五〇

化粧箱

	横列	縦列	一箱数
飛	三	三	九
鶴	四	四	一六
亀	四	五	二〇

梅	六	一〇	六〇
花	六	一二	七二

戦後の混乱期からようやく脱した昭和二十九年頃に、旧糸貫町でそれまでの木箱から段ボール箱出荷への転換が試みられ、同三十五年の合併以降は八カ所の集落選果場毎に段ボール出荷に統一された。木箱の頃から各階層の間仕切りには平段ボールが衝撃防止に使われていたが、容器自体を段ボール出荷に切り替えたのは全国一早かったといわれている。

段ボール箱も最初は五貫入りで始まったが、しばらくしてメートル法の施行により一五キロ入りに統一され、選別出荷基準も一個当たりグラムで統一された。その後、平成七年より段ボール箱も一〇キロ入りになった。

カキの規格

一個の大きさ
（これに秀・優良の品質基準を付ける）

3L　350グラム以上
LL　310～350グラム未満
L　270～310グラム未満
M　235～270グラム未満
S　215～235グラム未満

平箱出荷については別途個数基準を設けている。

果宝柿

富有柿の産地間競争が激化する中で、〈富有〉の発祥地である岐阜県では、他の産地との差別化を図るため、袋掛けをすることで糖度を増し、「大きくて赤くて、うまい」カキ生産をめざしている。平成二十年にこの中でとくに優れたカキを、新ブランドとして「果宝柿」と命名した。

八～九月にかけて、まだ青い富有柿の中からとくに秀でたものを選び出し、ロウを塗り込んだ紙袋をかぶせて丁寧に育成、十二月中に収穫するものである。

袋掛け生産を行っている農家で組織した「岐阜柿ブランド研究会」が共同で研究に取組み、年に二〇万個位を生産し、その中で4L以上5L級のもの数百個程を厳選して、大都市圏での百貨店などのお歳暮用に出荷している。

価格は年により若干異なるが、木箱に二個入りで四〇〇〇～五〇〇〇円と、高価で販売されている。

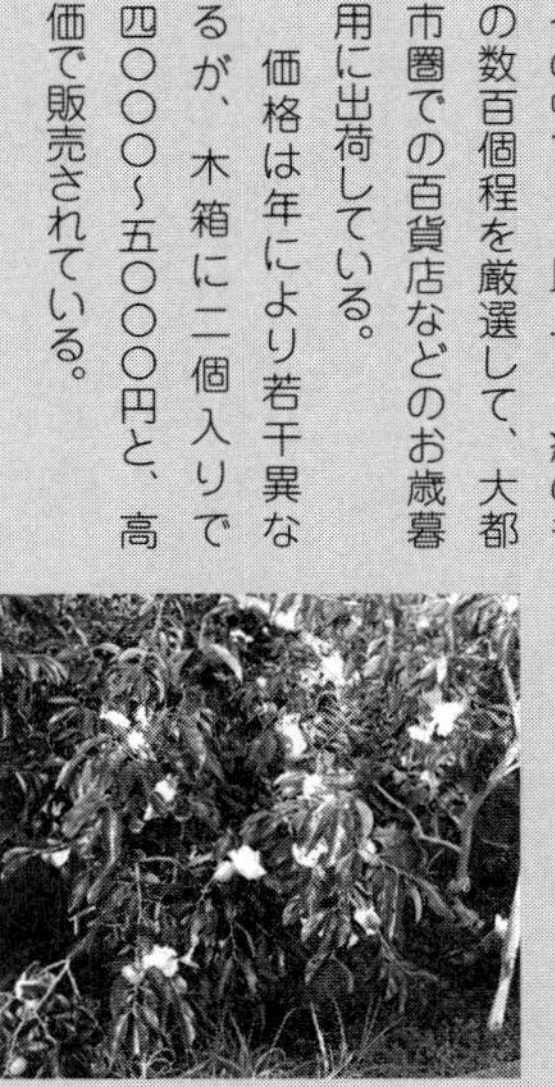

7　その他

①カキのポット栽培

ポット栽培とは、地下部（根）を枠内（ポット、ボックス、コンテナ等）に閉じ込め、木の大きさ（地上部）を制限して、集約的に管理する鉢植え栽培で、リンゴやミカンではすでに始められていた。

平成四年頃、岐阜県農業総合研究センターでは「コンテナを利用したカキの移動式栽培による施設の有効利用と高付加価値化」という課題でポット栽培が進められた。この結果、四〇リットルのコンテナに培養土を入れ、品種は早生の〈前川次郎〉が好適であったと結論づけ、実用化への一歩を踏み出した。カキの安定多収のための作業の軽労化と品質向上をねらいとした初めてのポット栽培への取り組みであった。

また、ほぼ同じ時期に岐阜大学でも黒色の不織布に培養土を入れ、バイオ育成した〈富有柿〉を植えたポット試験を行い、同八年には旧糸貫町の若手生産者ら八名が研究会を組織した。その後、会員各々のビニールハウス内で実際に栽培を行い、出荷体制を整えている。

これら両者の共通点は、すべて培養土を用い、光、空気それに微量の水分コントロールができ、仕上がった樹高も二メートル以内に確保して、少ない労力で管理できることである。また、限られた根域で生長するため、水分管理にはやや労力を多く要するものの、一本の樹量が少ないことから労力は一般畑栽培の二分の一以下に低減し、一〇アール当たり約八〇〇本植付けられる。収量は一本当たり二〇個前後が期待でき、一〇アール当たり三トンと、慣行露地栽培の五割増が見込まれる。

最近ではポットカキ振興会も組織されて本巣市や岐阜市など幅広く栽培されるようになり、平成九年には2Lクラスのカキが二トンも出荷された。同十年には岐阜市で新規事業として取り入れられて「柿栽培新技術研究会」も発足、ボックス栽培も本格的に始動した。

品種も九月中旬には早生の〈早秋〉が出荷され、次いで十月に入ると〈太秋〉〈次郎〉などが〈富有〉に先駆けて東京市場や地元果物店に出荷されるようになると、収穫調整が可能となり、それまでの富有主体経営に比べ、経営に厚みを増している。

なお、このポット栽培を契機に、平成七年頃から防根シートを使用した根域制限による密植栽培が行われ、ビニール被覆なども併用したカキの早期出荷が試みられて成功している。

反射フィルム

カキに限らず果樹類は太陽光線がよく当たる樹上部と、あまり当たらない下位部や北側枝では、果実の色づきや糖度などの内質にも差が生じてくる。これを少しでも改善しようと、すでにリンゴやサクランボで行われていた方法が、カキの木の下の地面に反射フィルムを敷く栽培技術である。

「光マルチ」ともいうが、従来の水稲苗に使用されている「シルバーポリ」とは異なり、スズを主原料にしたフィルムで、昭和五十年代後半から使用されている。利用は極一部に限られているが、八月後半から四〇日間位敷き詰めると効果があるという。

②草生栽培のうつりかわり

カキ園の土壌管理は、耕耘機やトラクターで年数回耕す「清耕法」、稲藁、麦藁などを敷く「敷草法」、牧草など草種を播種して管理する「草生法」、それらの併用などいろいろあるが、成木園では普通草生法が多く用いられている。

この草生法の歴史は、江戸末期にヨーロッパから移入されていたクローバー（ホワイト、レッド、ラジノなど）の種をを、大正の中頃に青森のリンゴ園で播いた草生栽培が始まりだといわれている。この技術がカキ園へ導入されたのは昭和の初め頃で、ホワイトクローバーが使われていた。窒素は与えないが、リン酸やカリ肥料を施用してクローバーを繁茂させ、年二～三回刈取って、それを土に還元し土壌の肥料成分の流亡を防ぐ方法である。

草生栽培（夏枯れした状態）

クローバーは水分や養分の吸収力が強く、カキの根との争奪が起こるため、一時は「うまごやし」といわれる夏枯れするものが使用されるなどしたが、カキの木が干（乾）害を受けやすいという欠点が指摘された。このため、昭和四十年頃から草生法の草種として根が浅く、日陰でも育つオチャードグラスと乾燥に強いヘアリーベッチが追加された。しかし、ヘアリーベッチは生育旺盛で、伸びた蔓が脚立に引っかかったり、他の作業にも支障をきたして能率が悪いため、平成十年以降は、自然倒伏して刈取り不要で他の雑草抑制効果の高いナギナタガヤの草生栽培が奨められている。

第五章　カキの利活用・加工法

1　柿渋の生産と利活用

①柿渋の生産

柿渋の生産と利用の歴史は定かでないが、平安中期に始まり、中世以降、限られた一部の階級から次第に一般へと普及したとされている。江戸中期以降は庶民生活において塗器、から傘、雨合羽、畳紙、油団などの下塗り、竹籠、木箱、樽、桶などの上塗り、酒、味噌、醤油などの製造には欠かせない絞り袋など、必需物資として生活の中に定着した。その後、木製船舶、漁網、捕鳥網、蚕網などの農林水産や西陣織、伊勢型紙など衣料生産にも組み込まれ、広範囲にわたって利活用されてきた。

しかし、昭和三十年代からの高度経済成長期に出現した化繊や生活様式の変化によって需要は激減した。その後、昭和四十年代後半からの自然志向の高まりとともに、生活様式の見直し、志向の変化が徐々に進行して、酒の防腐剤や沈澄剤、建築木材の防腐剤、新建材によるアレルギー対応、あるいは化粧品、医療関係保健剤などの多方面にわたり再評価、再認識されて注目を集め、しぶとく再生しつつある。

前にも述べたように、柿渋作りの始まりははっきりしないが、今井敬潤によれば、平安中期の承平年間（九三一～三四）の文献にある、木地物の下塗りに柿渋が使用されているという記載が最も古いものという。

その後、鎌倉時代末期の作と伝えられている「平家物語」の中で、柿渋で染めた直垂が用いられ、南北朝時代の「太平記」にも、山伏などの修験者の法衣の染め付けに柿渋が用いられていたことが書かれており、すでに「カキ色」の項でもふれたように、柿渋の利用には古い歴史があることが知れる。

また、その後の「百姓伝記」（一六八〇年前後）の樹木集の中で、最初に「柿の木は渋ガキを重宝とする」と記され、渋搾り法は木醂（きざわし）柿利用に加えて、原料のカキは土用に入って直ぐに採ったほうが量が多く高品質で性が強く、土用を過ぎると弱い渋しか採れないので心得ておくように、と記されている。さらに、渋を搾る時は塩気や油分、酒気が混じると渋気がなくなるので注意すること、鉄分が入ると渋の質が変わって黒くなり、品質を落とすなど、具体的製法が書かれている。その上、貯蔵法にも触れ、泉の湧く所や湿り気の多い土地に埋めておけば搾りたての状態で保存できると詳細にわたって書かれている。

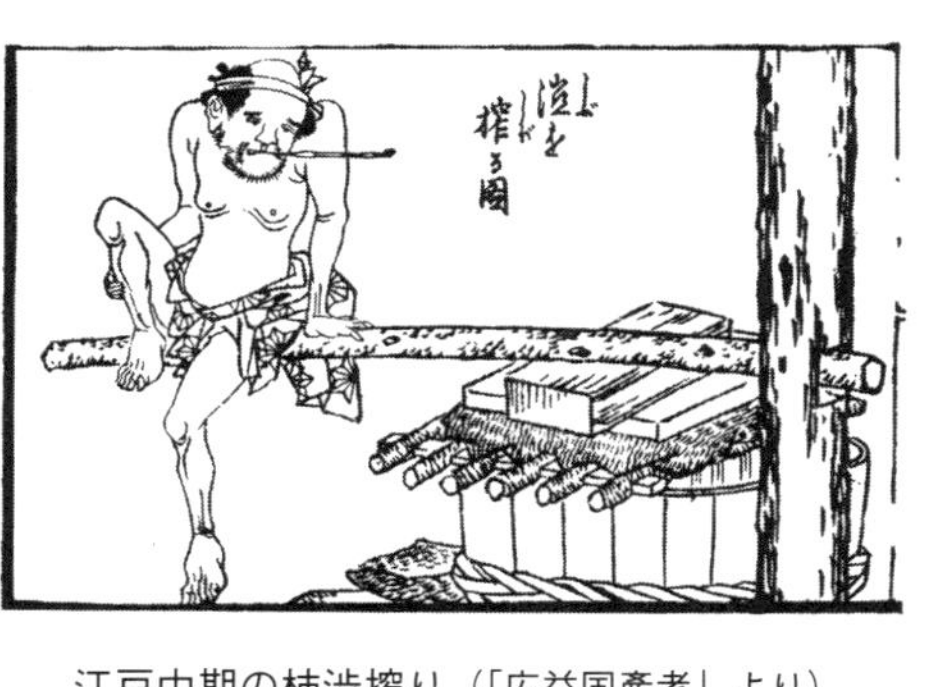

江戸中期の柿渋搾り（「広益国産考」より）

これらの手法は昨今の柿渋作りの基本的技術として昔から

継承されているものである。

本県における江戸初期の柿渋搾りの実情は、「古来帳」や「明細書」に見えており、それによると大垣戸田藩への上納品として旧春日村西山筋より、もぐさ、岩たけなどと共に柿渋九斗九升（約一八〇リットル）代有が寛永十三年（一六三六）上納されている。その後、元禄十五年（一七〇二）以降も北山筋より年々二石六斗（四六〇リットル）余を大垣藩に納めている。

また、『根尾村史』によると寛文十二年（一六七二）には、「志ぶ代（渋代）」として八升（約一二リットル）の志ぶ（渋）が年貢として納入されている。下って明和三年（一七六六）、隣の旧糸貫町では「屋井村明鑑」に渋五升九合（約一一リットル）の生産実績が記録されている。

恵那においても安政四年（一八五七）に河合村で油荏二斗（三六リットル）とともに、柿渋七升五合（一三・五リットル）を御用品として納め、代金を受け取っている（「山本八郎文書」）。

柿渋の製法から利用法までが詳しく記されている資料に江戸初期の「和漢三才図会」がある。ここでは、椑柿と呼ばれるマメガキかヤマガキの小形のカキを用い、蔕を取ってカキ一斗（一八リットル）に水二升五合（四・五リットル）を加えて搾り、二日後に再度搾るとその量が多いこと、また渋の変色防止にナスの切片を入れることなどが記述されている。このナスの投入は旧伊自良村において柿渋搾りの貴重な技術として長年受け継がれている（後述）。

江戸中期の新井白石の「折たく柴の記」には、現在も利用されているような柿渋を塗って乾かした渋紙や畳紙が記されていて、すでにこの時代から庶民の生活のなかで柿渋が利用されていたようすがわかる。

県下各地では明治中期から自家消費のための柿渋生産が個人単位で行われた。中でも従来から柿渋の原料が豊富にあった旧伊自良村や揖斐郡下、不破郡下で盛んに行われ、換金作物としての甘ガキの新植も始められた。

なお、柿渋作りには加水醗酵法と無加水醗酵法の二通りの製法がある。加水醗酵法は原料の青柿を水を使用して搗き砕き、全部を醗酵させたのち、後から搾って渋汁を分離させるもので、明治中頃までの主に小規模自家用搾汁で用いられた方法である。この方法は搾るとき袋を使用し、一回量が限定される。無加水醗酵法は、原料の粉砕や搾るときにほとんど水を使用しないで、貯蔵前に濃度調整用に水を加える方法である。機械化された昨今の製造法では後者の無加水発酵法が行われている。

また、参考までに手作業と機械化製造法を比較すると次のようである。

・手作業製造法

原料柿一貫目（三・七五キロ）で渋汁一升（一・八リットル）二番搾り若干加水

・**機械化による一貫製造法**

原料柿三・七五キロで渋汁二・二〜二・三リットルが生産できる。

明治以降の県下三大産地の柿渋作りを次に紹介する。

ア　旧伊自良村の柿渋（山県市伊自良町）

伊自良の柿渋は明治の半ば過ぎ頃から始まり、主に竹張りの入れ物や桶、樽の塗用、そして敷物塗りの自家消費に用いられてきた。当時のカキは品種物が少なく、雑柿といわれる実生のカキや屋敷端に植えられている渋ガキが渋取り用に使われていた。

大正初期には接木技術が一般に普及して〈伊自良大実〉〈田村〉〈青檀子〉〈藤倉大実〉〈赤檀子〉などの品種物が多く植えられ、それらの収穫が始まる大正中期から昭和二十年の終戦前までが最盛期であった。この頃には各集落とも最低一軒以上の製造者があって、旧伊自良村で主として一二軒程の農家が柿渋を販売用に生産していた。そして、昭和十七年当時には村内四業者が合同生産に踏み切った。また機械化も進み生産力も向上した。

戦時中にはウサギ皮の鞣(なめし)用に使われたため柿渋が統制品となり、生産割当が続いた。代金の支払いは安定していたが、生産は隔年結果による年次変動が大きく、生産者当人達は苦労が多かったという。

昭和三十年を過ぎた頃から、漁網の防水、防腐剤として柿渋にかわって化学薬品が使用され始め、塩化ビニールなどの化学繊維の開発、普及によって、次第に需要が少なくなり、また同四十年代後半には生産農家の高齢化もあって、柿渋生産は極端に少なくなった。

当時の渋汁は、大野町の仲買人の手を経て、主として鈴鹿市白子の型紙、三重県鳥羽や愛知県知多の漁網の塗料として、また一部は岐阜市加納の傘用問屋に送られていた。

・**柿渋の搾り方**

大正から終戦前までは米を搗く臼で押し潰して、締桶に載せ、強い天秤を用いて搾っていた。この天秤の加圧の仕方が渋作りで一番難しい操作であった。締め方のよし悪しが渋汁の品質や量にも影響する重要な作業なため、熟練した責任者がその任に当たった。渋汁はボーメ度で評価され、当地でセンボーと

柿渋搾りや貯蔵に使われる各種桶
（山県市歴史民俗資料館所蔵）

呼ばれているヤマガキは濃度も高く高値で取引きされた。

渋汁は不良果が少しでも混入すると渋汁全体の鮮度が落ち、不良品となって販売できない場合があるため、戦前は八月中旬の生理落果やヘタムシによる青果などの不良柿を家族総出で取り除いて柿渋を搾っていた。さらに搾り工程で恐ろしいのは前記不良柿や鉄分、塩分などが誤って混入すると、「やける」といって渋汁全体が蒟蒻(こんにゃく)状(ゲル状)になって販売できないことであった。このため作業に携わる者は食塩を使用するスイカなどを食べることは厳禁となっていた。

古老の話によると、この搾った後の渋汁の変質防止対策として、ナスの切片を渋汁の中に入れることをいつも行っていたとのことで、一桶三〇石(五・四キロリットル)にナス四~五本を小さく切って入れることが秘訣であったと述べている。これは江戸時代の農書にも度々登場してくる技術で、昭和の時代でも受け継がれていたことがわかる。

柿渋を米搗用唐臼で砕く(山県市歴史民俗資料館所蔵)

昭和十七年には渋作りの機械化が進み、粉砕機や自動搾り機の導入を共同で行って効率化が図られ、一時間七〇〇〜八〇〇キロの原料柿を処理した。

最盛期には生産量も上がり、生柿五、〇〇〇〜六、〇〇〇貫（一七〜二三トン）、渋汁六〇石（約一〇・一立方メートル）に達した。ところが終戦後需要が激減して、昭和三十年前には地元での柿渋製造はすべて廃業して生柿販売のみとなり、原料柿はすべて大野町の業者に売り渡された。

昭和三十年頃、カキの木から採取したカキの価格は一貫目（約三・七五キロ）三〇円、落ちていて拾ったカキは一〇円であったが、同四十八年には前者は二〇〇円となっていた。

・手作業による柿渋の製造工程（伊自良の場合）

原料が搬入されると次第に醗酵が始まるので、鮮度の高いうちに製造に取りかからなければならない。その目安は収穫後、長くても二日以内とされていた。

① 米搗用唐臼に原料柿二貫内外（約七・五キロ）を入れ破砕し、四斗桶に入れる。
② 搾り桶（搾籠）に入れて圧縮台に乗せる。
締め蓋を落とし、さらに重石木を乗せる。

この場合、受け台とその下に溜まり桶を置く。
③ 天秤にかけて搾り綱を巻き締める。

槓杆を使い時間をかけて徐々に加圧する。

④ 搾り桶の三分目（約九ミリ）より渋汁が出て受台に流れ、わずかに傾斜があって溜まり桶に集まる。

⑤ 柄杓で汲み取り、貯蔵桶に移す。

貯蔵桶は一番搾りと二番搾りは別桶とする。

この方法で明治四十一年は四、五〇〇貫（一六・九トン）、大正三年には三、二〇〇貫（一二トン）程の柿渋が処理されていた。そして、昭和四十年代後半には渋搾りする工場は一カ所となり、五十年代後半には伊自良での渋搾りは個人を除けば、すべてなくなった。しかし、最近では繊維関係への再利用が検討され、新しい型の柿渋搾りが試行されつつある。

イ 揖斐川町の柿渋

揖斐郡下での柿渋生産は比較的古く、明治の中頃から始まったと思われる。旧揖斐川町での原料柿は、桂をはじめ谷汲、反原、白樫地区の原野や茶園の中に混植されたカキの木から収穫されて柿渋搾りが行われていた。また、周辺の集落からも相当量の屋敷柿が搬入された。

明治から昭和初期まではすべて手作業で、八月下旬から九月上旬までの短期間にまだ青いカキをちぎり、その日のうちに米搗臼で潰し、容器に移して重石（ふんどう）で搾り、四斗樽（約七二リットル）に入れていた。その後、渋汁の濃度を調整するため水を加えてボーメ度を四～四・五度にし、古酒樽（約三五〇リットル入り）に移して貯蔵した。貯蔵期間は一カ年から数年間ねかすのが普通だが、用途や注文に応じて出荷していた。

終戦後の昭和二十二、三年以降は、桂地区で生産者五～七名によって柿渋生産組合が組織されて小規模の工場が作られるなどし、作業工程が機械化されていった。当時、旧揖斐川町では五工場が運営され、近郷の原料柿を集荷して三、〇〇〇貫（約一一・三トン）位を搾った。主な販売先は、岐阜、伊勢、知多、浜松などで、主に塗料、型紙、漁網などに使用された。

地元古老の話によると、昭和四十年代前半には、当時導入されたばかりのオート三輪車に六石（約一キロリットル）入桶二本の渋汁を積んで、伊勢まで徹夜で走ったという。遅くまで渋搾りをし、その夜のうちに醗酵させないように気をつかい、途中何回も車を止めて竹箒で撹拌しながら朝一番に注文先に到着してほっとしたとのことである。

その後、昭和六十年代には需要の減少とともに工場が減り、旧

昭和初期に使用された柿渋砕き（揖斐川歴史民俗資料館所蔵）

揖斐川町に二カ所残った工場で、柿汁約七〇〇石（約一二・六立方メートル）が生産されている。主な出荷先は型紙の渋紙の材料として伊勢方面、酒の清澄剤として京都伏見方面である。

現在、揖斐川町では機械による柿渋生産量は行われていない。

・型紙や漁網関係柿渋の製造法

最近ではその需要は限られてきたが、型紙、漁網、団扇、畳紙などの昔からの防水、防腐、殺虫、染色などに使用する柿渋は、次項（酒造用柿渋製造工程）のうち、④の振動篩別機を使用する工程は削除する場合がある。これはカキの果肉（ネバ）を果汁に残すことによって各素材との接着力を高め、より柿渋の効果をあげるためである。

また、次項の柿渋の作り方と異なるのは、酒造用は食品添加物としての認可が必要なため、火入れが三回は行われているが、接着力を使命とする柿渋作りでは火入れ作業は一回、または行われない点である。

ウ　池田町の柿渋生産

池田町の柿渋生産は、西山筋（旧春日村）の影響もあって古くから個人の自家用として行われてきたが、販売目的での本格的な取り組みが始まったのは、揖斐川や伊自良とほぼ同じ明治の中頃からといわれている。

すべて手作業で行われていた昭和初期から昭和中頃までは、旧宮地地区を中心に比較的安定した生産が七〜八軒の生産者で行われてきたが、平坦地の上田にも屋敷柿を中心に柿渋搾りを行う生産者が一軒あった。品種は〈田村〉〈鶴の子〉が多く、〈近江檀子〉や〈センボロ〉と呼ばれる実生の渋ガキも含まれている。数量は定かでないが、一時は一、〇〇〇トンに及んだといわれている。

柿渋の需要は昭和四十年代前半に入る頃から暫時減る一方、池田山麓一帯では茶価の高騰による茶園の新植ブームが進むと、混植茶園の中のカキの木が日光を遮って茶葉の生産量が減り管理作業の障害にもなるため、カキの木一本当たり三、〇〇〇円の倒伐奨励金が支給されたことから渋ガキの木が大幅に減った。

昭和四十八年頃、柿渋搾りの機械が導入され生産性が飛躍的に向上すると、渋取り業者は激減し、二工場で行われるのみとなった。

最近では一工場の柿渋は、タマシブ（玉渋）と呼ばれる酒造用として主に関西方面に出荷される。もう一方の工場では、主に建築用や保健用として中京地方に、また渋団扇用や美濃傘用として岐阜市内に出荷されている。

業者間で通称タマシブとよばれている酒造用柿渋の製造工程は次頁のようである。

・池田町の柿渋

酒造用柿渋（タマシブ）の製造工程

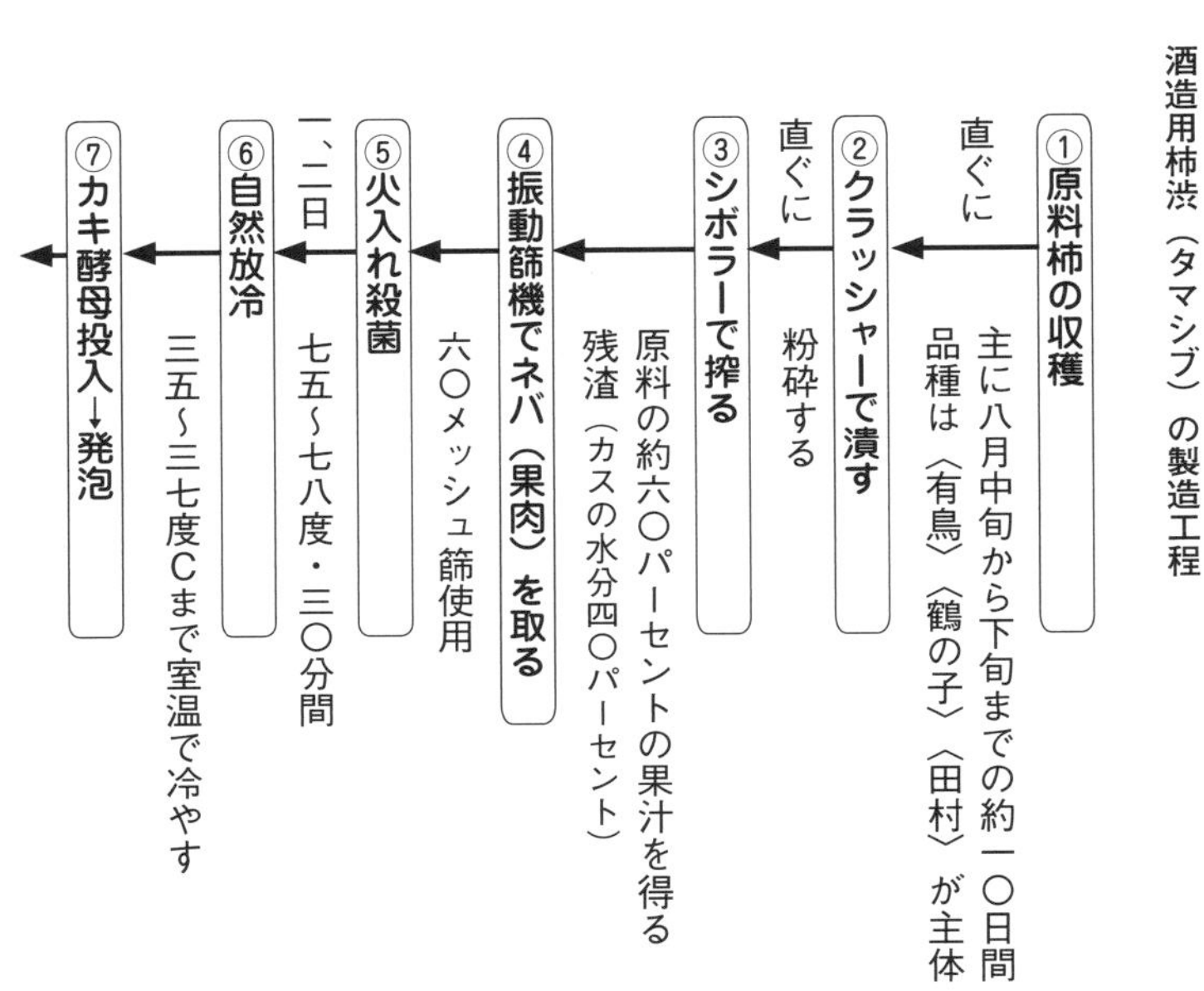

タマシブ製造
クラッシャーとシボラー

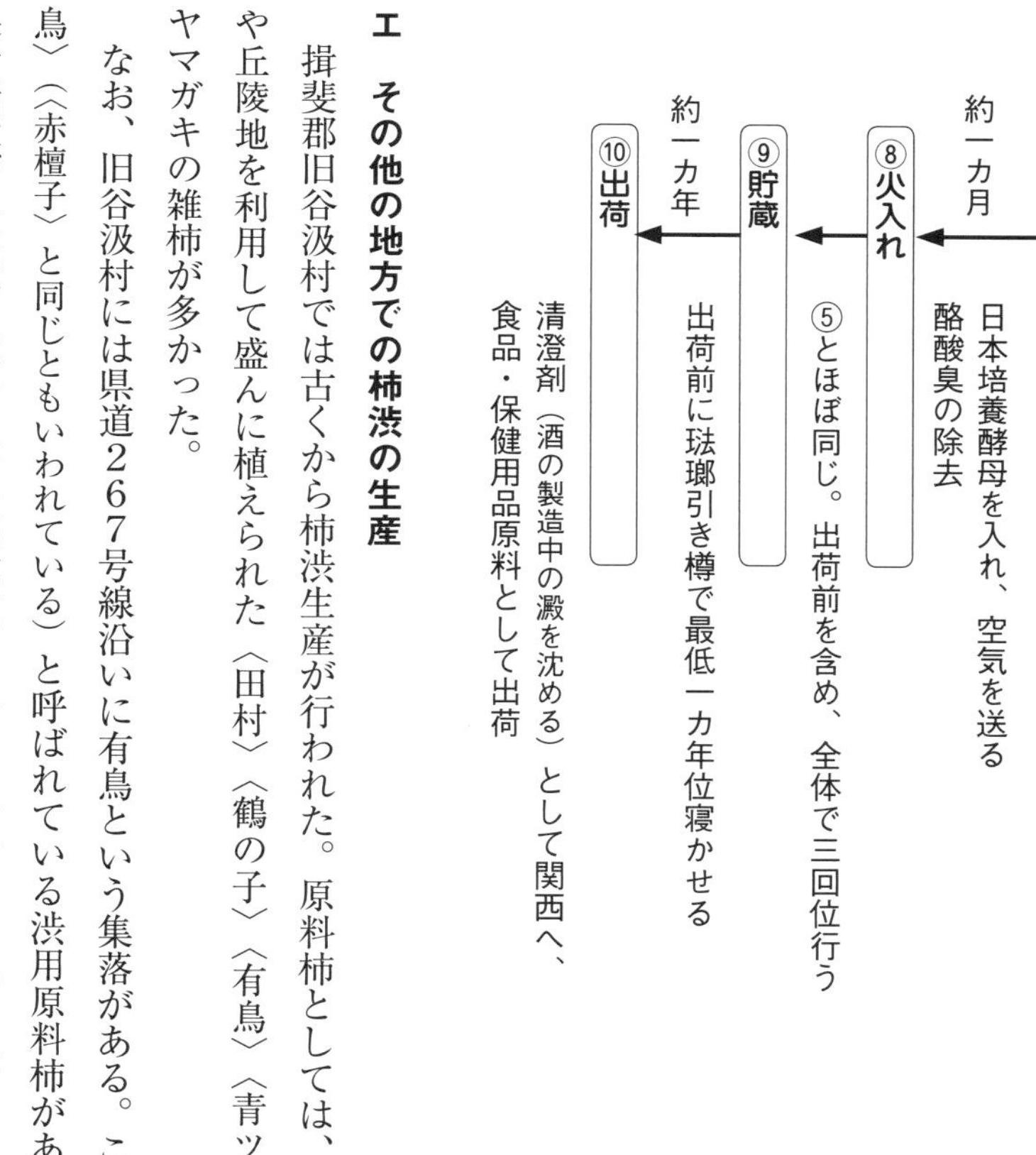

エ　その他の地方での柿渋の生産

揖斐郡旧谷汲村では古くから柿渋生産が行われた。原料柿としては、屋敷柿を始め田畑の境植や丘陵地を利用して盛んに植えられた〈田村〉〈鶴の子〉〈有鳥〉〈青ツル〉に加え〈実生柿〉やヤマガキの雑柿が多かった。

なお、旧谷汲村には県道２６７号線沿いに有鳥という集落がある。ここ周辺でとくに多い〈有鳥〉（〈赤檀子〉と同じともいわれている）と呼ばれている渋用原料柿があるが、このカキは小形で果汁糖度が二六度と極めて高い完全渋ガキである。有鳥の他、北方や池田の一部、春日でも限られた地区で生産されている。ボーメ度がとくに高く、足（粘り）が強いことが特長で、型紙用には最も適しているといわれ、伊勢白子では貴重な存在として他の品種に比べ高値で取引されていた。しかし、この有鳥、北方などは他の地域に比べて気温がやや低く、一方、〈有鳥〉の成育期間も短く遅いため、晩霜の被害がしばしば発生して生産が不安定であった。このため、最近では極めて限定的で少ない生産となりつつある。

昭和四十年代後半には、旧谷汲村内の業者も廃業して、次第に生産量は減った。その後、業者によって原料柿が集荷され、年間一〇トン位が関西方面へ生柿で出荷されていたが、最近ではこれもほとんど途絶え、現在、渋ガキは干柿用となっている。

関ヶ原、垂井でも昔から個人の自家消費目的に柿渋が搾られていた。しかし、専門の工場はなく、記録によると昭和末期には、関ヶ原で集荷された原料柿八〇トンが一キロ単価八〇円前後で取引され、関西方面へ送られていた。最近では柿渋用原料生柿は当時の三分の一に激減し、二十数トンがＪＡによって集荷され、一キロ当たりほぼ八〇円で関西方面へ出荷されている。

旧上石津、牧田でも伊自良同様一〇年位前までは柿渋原料の生柿集荷が行われ、約一〇トン前後が毎年関西方面に販売されていた。

前記関ヶ原や谷汲では、もともと干柿の生産が盛んに行われており、柿渋用カキの価格変動によっては両者が相互に出荷調整されたこともしばしばあった。

②柿渋の利活用

美濃傘
提灯団扇縮緬に
油団焼物生糸など
なお鮎うるか筏鮠
守口漬の名も高し

これは明治三十四年に成立した「岐阜県地理唱歌」第八番の歌詞で、当時の岐阜市の特産品が歌われている。提灯を除けば、団扇、油団は勿論、生糸生産のため蚕飼の道具、漬物を漬け込む桶などいずれも柿渋に縁深く、さらに美濃傘はその製造工程において多方面にわたって渋汁が多く使用されている。とくに明治中期から大正時代にかけては、美濃傘、岐阜団扇の全盛期で、また養蚕も各地で盛んに行われて輸出もされたため、こうした特産品の生産は農家収入の一翼を担っていた。

これらの産業は、美濃傘、岐阜団扇、提灯などの原料である「美濃紙と竹」の良質な原料が近くで生産され、さらに柿渋の供給が加わって、安定的に確保されて発展してきたものと思われる。

また、生糸の生産は、県内に多くの中山間地を控える岐阜県において、当時の農家の現金収入源でもあったことから、全国的にもトップクラスの生産高を誇り、養蚕技術の向上にともなって多くの繭が生産され出荷されてきた。以下各項目にわたって、それぞれの工程中に如何に柿渋が利用されてきたかを述べる。

ア　美濃傘

美濃傘、加納傘と呼ばれる和傘には、番傘、蛇の目傘、日傘などがあり、今では見かけることが少なくなったが、筆者が子供の頃は、雨降りには皆が番傘をさして学校へ通ったものである。今日の雨具は合成繊維の雨合羽や蝙蝠傘に様変わりしているが、番傘同様に庶民の生活には欠かすことのできない生活必需品である。

明治、大正にかけて京和傘、山形和傘と共に和傘を代表した岐阜の美濃傘について、その歴史を紐解きながら、製造工程での柿渋のかかわりを見てみよう。

伝えられるところによれば、美濃傘は寛永年間（一六二四〜四三）加納城主・松平丹波守のとき、藩士の内職で作っていたのが広まり、維新後には加納町民の職業として続けられたという。

美濃傘の生産は、文政九年（一八二六）には年間五〇万本に達すると、藩はその後、傘の統制強化を図って全製品を一手に購入するようになった。明治以降はさらに増産が図られ、大正四年

（一九一五）の傘製造戸数は一、四〇〇戸余で三六七万本の生産実績を上げ、アジア南洋地域への輸出も盛んに行われた。この時の美濃傘生産額は一二三万円で全国断トツの一位であった。

和傘作りを概略すれば、地元長良川北岸地区や本巣、揖斐あたりの良質の竹材を集め、細割して削った骨に美濃紙や絹を張って油引きをし、一〇名近い職人が分業して仕上げ製造をしている、ということになるが、このうち柿渋が使用されているのは、「張り」と「油引き」の工程である。

まず「張り」を始めるには細割した骨の竹を一本一本火で炙って骨のくせを直す。それに和紙を骨にしっかり貼り付けるために用いられるのが、糊（タピオカとワラビ粉の混合）に柿渋を混合して使うという技術である。この技術がいつ頃から開発されたものか定かではないが、江戸時代中頃から代々受け継がれて柿渋が使用されているという。

また、「油引き」の工程では、渋引きが二度行われている。一回目は傘を拡げて全体に渋引きを行い、二回目には和傘をたたんだ状態で塗ってゆくが、この時渋汁を親骨の上に重ねて盛り上げるように塗り込み、骨と骨との間に染み込ませないのが職人の腕の見せ所であるといわれている。その後は防水のために美濃山間部で多く栽培されてきたエゴマの油（荏油）を引いて仕上げていた。

百本の和傘を作るのに使用される柿渋は、「張り」の工程で一升（一・八リットル）、「油引き」の工程で六合（一・一リットル）で、合わせて一升六合（二・九リットル）が使われることになる。

最盛期の大正四年には、三六七万本の傘が生産されている。ここで単純に計算すると、子供傘といわれる小型傘や他の傘を除いて、仮に三〇〇万本生産するには四、八〇〇石（約八六・四立方メートル）の柿渋が使用されていたことになる。

この時代は、伊自良、大桑、揖斐川、池田などの主力生産地で、最も盛んに柿渋が搾られていた頃で、加納町渋問屋「宇野商店」（下段参照）が全盛であったが、四、八〇〇石を賄うには相当な渋ガキが供給されていたことになる。

これも仮の話であるが、当時は機械化されておらず手搾りの時代で、加水しながら、一番汁、二番汁が混合され、効率よく搾ると、およそ原材料柿の二〇パーセント位が渋汁として利用された。この方法で前記四、八〇〇石を搾るには、実に四四〇トン前後の生柿が使われたことになる。

現在集荷されている渋取り用青柿は、平均的にみれば鶏卵のMサイズ一個分位の重さで、五五グラムか六〇グラムである。当時の状況からみれば、やや収穫時期も遅く、推定する

渋問屋「宇野商店」

江戸末期（慶応年間）に山県市大桑の農家で生まれた宇野政治郎は、和傘作りには柿渋が不可欠であることを知り、畑地に渋ガキを植えて、その製法を揖斐郡谷汲村（当時）で学んで良質の柿渋作りに邁進し、少しずつ傘屋の得意先を確保していた。そして、大正八年渋問屋の規模を確固たるものにした政治郎が亡くなると、加納の傘屋に奉公をしていた孫の信治が渋問屋の跡を継いで二代目となった。政治郎は加納から遠く離れた地で商売をしていたが、信治は昭和十年に加納鉄砲町に問屋を構えることになった。

大正中頃から昭和二十年終戦前ま

に一個八〇グラムか九〇グラムと思われる。従って、これも単純に計算すると、五一億から五二億個位のカキが収穫され、利用されたことになる。

農家の庭先にある屋敷柿が中心となって想像を絶する量が生産され、組織だった内職工業に役立っていたことになる。

イ　渋団扇

筆者が子供の頃には、竈(かまど)まわりの備えものとして、火吹き竹と渋団扇、それに火箸があった。渋団扇は日常生活の中でも火をあおぐ時の必需品として使用されてきたが、昨今では鰻屋の火おこしなどで見られる程度となって、一般で見かけることは少なくなった。

渋団扇の起源は定かではないが、室町時代にはすでに使用されていたといわれている。有名な丸亀団扇は寛永十年（一六三三）頃から香川県琴平で製造が始まり、戦後も参拝者用の土産品を中心に全国の九割弱を生産、販売している。こ

でが柿渋搾りの最盛期で、当時宇野商店には伊自良（山県市）や谷汲（揖斐川町）から柿渋が集まり、一〇〇軒余の加納の傘屋（張屋・仕上屋）に渋汁を納入していたといわれている。やがて人通りの多くなった加納新本町に店を移転した。

原材料の竹と和紙と柿渋が身近な所で調達できることから繁栄した加納の和傘産業を支えてきた宇野商店であったが、終戦直後には物資不足もあって、しばらくは渋屋も盛況を呈したものの、その後洋傘の普及と社会情勢の変化によって柿渋の需要は極めて少なくなっていた。

こでも和傘の例のように、近隣から良質な原料を程よく調達できることで好結果を保っている。

伊予（愛媛）竹に　土佐（高知）紙張って
阿波ぶれば（徳島）
讃岐（香川）の夏も　いと涼し

と歌われているように、丸亀渋団扇は伊予竹を骨組みとし、土佐和紙を貼っているのである。また、和紙の間に漁網が貼られていて強度が保たれているのが特長で、地元では、水田に導入する水路を団扇で塞き止めても、堅牢で水漏れしないといわれている。

岐阜県郷土工芸品に指定されている岐阜団扇は、現在岐阜市内で一軒が作るのみとなり、大半は夏の部屋を飾るアクセサリーや鵜飼見学の観光土産として手作りされている。原材料は、一時竹骨に伊予竹が使用されていたが、最近では東濃地方の真竹が使用され、それに貼る和紙は美濃和紙で、柿渋

渋団扇

は池田町産のものが使われている。

・渋団扇製造工程概略

①団扇の型、大きさに合わせて真竹を三四～四〇本程に割り、広げて糸で留める。
②刷毛で骨に糊を載せ、表裏両面に美濃紙を貼る。
③自然乾燥させる。
④弓の下の余分な紙をやすりで落とし、鉄製の型枠で打ち抜き、形を整える。
⑤縁紙貼りと渋引き（渋塗り）を行う。
⑥乾燥させる。

この⑤の渋引きの量はわずかであるが、美濃紙との親和性や団扇の強度を保つ上で重要な役割を果たす。現在作られている渋団扇には、深草型と小判型の二種類あって、深草型では明治時代の謡曲本一ページ分が表面に貼られている。また、小判型では岐阜にかかわりのある松尾芭蕉の俳句が墨汁で書かれている。

なお、美濃加茂市太田町出身の文豪・坪内逍遥は、ことのほかカキを好み、熱海の別宅を双柿舎と名付け、夏になると柿渋の越生団扇（埼玉県入間郡）を常時愛用していたといわれている。

渋団扇は使用されて年数を経ると、年を追うごとに柿渋色を増して琥珀色になり、重厚感を増す。

ウ　油団（ゆとん）

江戸時代初期の医者で、歴史家でもあった黒川道祐著の「雍州府志」には柿渋のことが柿油と記されているが、これは中国では古来より柿渋のことを柿油と呼んだことによっている（中国では渋用として栽培されているカキを「油柿」と呼ぶことからもわかるように渋と油が同一視されてきた歴史がある）。すでに「カキの姿・形」の項でも述べたが、古くから柿渋の強い防水効果を利用して荏油や桐油などと一緒に使用されてきた歴史があり、庶民の間では、柿渋を塗り込んだ和紙は油紙と呼ばれてきた。

一方、「和漢三才図会」には柿渋が柿漆と記されているが、これも歴史的にみれば柿渋が「漆」の下塗りに利用されたり、一緒に利用されたりしたため、本来の「漆」と柿渋の別が判然としなかった歴史があると思われる。明治以降も農業書では「柿渋」は「柿漆」の字が当てられていた。

６畳ものを４重にたたんだ油団
（揖斐川歴史民俗資料館所蔵）

先の「岐阜県地理唱歌」八番でも紹介したように、油団は和紙で作った夏用の敷物で、現在ではほとんど使用されなくなったが、かつては岐阜市内で作られていた。縦横に和紙を十数枚重ね合わせ、裏面に柿渋を、表面に荏油を使用して交互に二重塗りし、屋外で自然乾燥させて仕上げるものである。数年もすると飴色に変化し、艶を増して強度も増す。高温多湿となる日本の夏の敷物として、上流家庭で欠かせないものであった。

エ　畳紙・油紙

畳紙は田舎では油紙ともいい、畳を長持ちさせて大切に取り扱うために柿渋を塗った敷物で、畳と上敷の間に敷き込み、長い間使用されてきた。

終戦前後の混乱期には、ノミ、ダニの発生が極めて多く、畳紙がこれらの害虫の発生を抑制するといわれて、ほとんどの農家で使用されてきた。戦後しばらくしてからは和紙の代用品としてクラフト紙に柿渋を塗ったものが使用され、二十数年前までは岐阜市内の畳屋で取り扱われていた。近年までは新潟産の畳油紙が使用されてきたが、現在では畳の上に敷く人はいなくなった。

先にも述べたが、和紙に柿渋と荏油を塗った「油紙」は昔から多方面に利用されてきた。延徳八年（一四九二）、漢詩人で禅僧の万里集九は、各務原市鵜沼の梅花無尽庵から他の僧と共に二十数名で下呂温泉に行っているが、その際に雨が降ると旅行はもとより露天風呂に入るのに困るという理由で、柿渋を塗った油紙（防水紙）を持参したと記録されている。このように柿渋は五〇〇年以上前から油紙として使用されていた。

また、江戸後期の測量家・伊能忠敬は、寛政十二年（一八〇〇）幕府の命を受けて蝦夷地に入り、それ以降一七年間で日本全国の沿岸を測量した。伊能は年間を通じて防水（雨水対策）と冬期の防寒用に油紙をいつも携帯し、測量に当たったと伝えられている。その途路、伊能は享和三年（一八〇三）に初めて美濃に入り、測量を開始した。その後、文化十一年（一八一四）までの間に現在の岐阜県域に四回訪れている。

その他、明治、大正期には生け花の稽古に使用する切花の移動に油紙で花を包み込み、葉からの蒸散を防いで生花を長持ちさせていたといわれる。

さらに、中山間地の農家で一般的に使用されていた藁蓑は、長雨に耐えるよう蓑の中に一枚の油紙を敷き込んで使用されたともいわれている。

このように、柿渋が使用されている油紙は、古くから一般庶民の間で欠かすことのできない重要な生活必需品であったことがうかがい知れる。

オ　漁網

岐阜県は海なし県で、大がかりな海洋漁法とは規模において比較にならないが、古来より川漁漁法で使われる漁網に柿渋が広く使用されてきた。伊自良産や揖斐郡産の柿渋が、伊勢や知多、浜松沿岸地方に多量に出荷されている実績については柿渋生産の項でも述べたが、川魚用漁網は宮川水系の高山や長良川水系の郡上地域で多く使われていた。

高山市の釣具屋では随分前から柿渋が取り扱われている。元来飛騨では、漬物、味噌それに醤油も自家製、自家消費のところが多く、これらに使用する樽を新調する際には必ずといっていいくらい柿渋が使われている。防腐作用によって樽の長期使用ができる上に、漬物や味噌の味も良くなるからといわれ、長い間慣習として使われてきた。

古くから漁網は漁師自身によって編まれる事が常で、ほとんどの漁師が地元で網を調達する。新調した投網や置網は、どぶ漬といって柿渋に浸して乾燥させ、保存性を高めて使用していた。

柿渋漁法

昨今では考えられないような原始的漁法に「毒流し漁法」がある。「高野山文書」をはじめ、昔から禁止令が出されてる掟破りの漁法である。それは山村の小川で行われたシキミの茎葉やエゴの木の実を砕いて小川に流し、ハエ、フナ、モロコなどが痙攣を起こして浮いてきたところを素早くすくう漁法である。戦前までは子供の悪戯として大目にみられていた。

同様のことが柿渋でもあった。各柿渋工場の渋生産が終了すると、三〇〜四〇日の間使用していた道具や器具を小川で洗浄して、翌年まで片付けておく。この時、川下では必ずといっていい程魚が浮くとされている。近隣の子供たちはそれが待ち遠しくて、何時生産終了するかが関心の的となっていた。

柿渋産地では全国的に伝えられているエピソードである。

郡上市（旧八幡町）でも以前から一軒の釣具屋が柿渋を取り扱っていた。同地方でも多方面にわたり柿渋が利用されるため、柿渋を自家製産する家もあったが、いわば柿渋の専門店として釣具屋が多くの人々に利用されていた。柿渋は養蚕関係の道具（二八二頁参照）にも利用されていた。

カ　鳥網

わが国は四方を海に囲まれ、古くから漁業が盛んで、魚は庶民の蛋白源として欠かせないものであった。しかし、本県の農山村は海魚にはやや縁遠く、地バチ（へぼ）や水稲害虫のイナゴ、あるいは山野を飛び回る野鳥にその蛋白源を求めてきた。とくに越冬前のツムギやアトリなど渡り鳥の捕獲は、長い間の慣習食文化の一つであったといえよう。これらの渡り鳥が通過する道筋に長い区間にわたって霞網（かすみあみ）を張り、囮（おとり）を使って捕獲し、食用に供していた。

この方法は戦後、昭和三十八年に改正された「鳥獣保護及狩猟の適正化に関する法律」によって禁止されたが、かつては鳥道とされた東白川、白川、可児、八百津などの地域で、鳥網を使った鳥の捕獲が晩秋の寒空のもと、早朝から盛んに行われていた。蛋白源を確保する手段の一つで

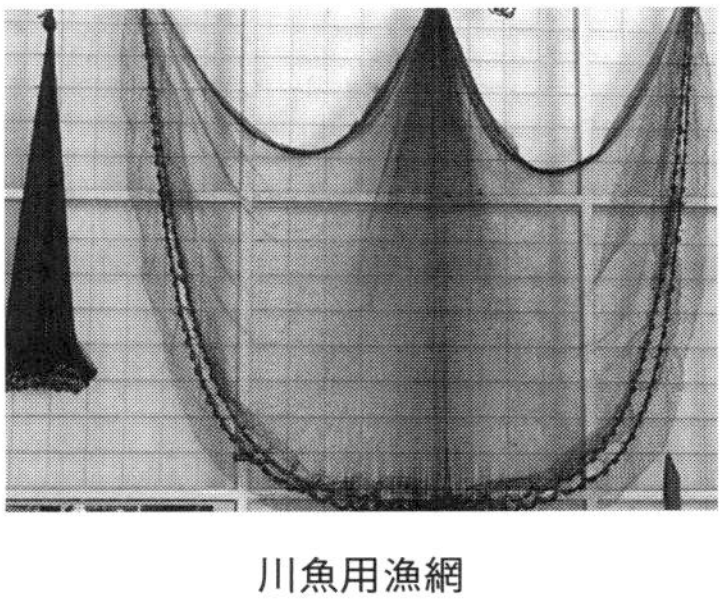

川魚用漁網
（揖斐川歴史民俗資料館所蔵）

あった。

余談ではあるが、大正末期から昭和の初期にかけて野鳥を自家で飼育することが一大ブームとなった時期があった。中山間地の農山村では、イカル、メジロ、シジュウカラ、ホオジロなどが多くの家庭で飼育され、これらの捕獲にも霞網が使用されていた。

当時は鳥黐（とりもち）も使用されていたが、大半は柿渋を塗った鳥網（霞網）であった。

八百津や白川（町）では、八月から九月にかけて自家製の柿渋を搾り、毎年それに霞網を浸し、残りの柿渋は一升瓶に入れて谷川の流れに浸して年間保存して、他の油紙や養蚕具に使用していた。

霞網は昼夜を問わず一カ月以上風雨に曝されるため、長持ちさせるために柿渋に浸して強度を高めたといわれている。

野鳥の捕獲に使われた霞網

キ　ボテなどの容器

地方回りの行商の捧手振り（ぼてふり）が語源とされるボテは、先の茶具の項でも述べたが、籠に和紙を貼り、その上から柿渋を塗った道具（または容器）の総称である。

大きなものは冬用の座布団を六枚入れる容器で、蓋を閉じるとシミによる食害を防ぎ、また座布団に湿気を呼び込まないということで広く使用されてきた。また、衣装箱用のボテとして大小様々な形の容器が作られていた。現今でも角界や茶道具、歌舞伎関係の人々の間でボテは愛用されている。これらの容器は強度を強めるため油団と同様に和紙を極めて多く使い、柿渋を塗る回数もそれに応じて増え、多量に使用されている。

ボテ（座布団入れ）

ク　柿渋と伊勢型紙

千年余の歴史を誇る伝統的工芸用具である伊勢型紙は、小紋、さらさ、友禅などの文様を染め付ける際に欠かせない道具である。江戸時代に入って、紀州領であった三重県鈴鹿市白子、寺家の両町を中心に藩の厚い保護を受けて発展を遂げてきた。そして昭和二十七年に文化庁より無形文化財の指定を受け、昭和三十年には六名の技術者が人間国宝に認定された。その後、型紙生産は全国の九九パーセントを占めるまでに至った。

そして、当時使用されていた型紙原材料の和紙と柿渋は、ほとんど岐阜県産のものが広く利用され、重要な裏方の役を果たしてきた。和紙は良質な美濃和紙が使用され、柿渋は揖斐川町産の〈有鳥柿〉を原料とした柿渋が、足（粘り）が強く最も型紙作りに適していると評価され、盛んに使用された。また、伊自良産の渋ガキも一時鈴鹿方面に出荷され、伊勢型紙発展に貢献した。

・型地紙の工程

①法造り　和紙二〇〇～五〇〇枚を重ね、規格大に裁断する。

②紙つけ　三枚の和紙を紙の目に従って、タテ、ヨコ、タテと三重に柿渋で貼り合わせる。

③乾燥　②の紙つけの終わった和紙を桧の板に貼り、天日で自然乾燥させる。

④室干し　③の乾燥が終わった紙を燻煙室に入れ、約七日間程燻し続けると、紙が伸縮しない焦茶色の型地紙となる。

⑤再度柿渋に漬ける　④で室干しの終了した紙を、もう一度柿渋に浸し、天日自然乾燥させる。

⑥室干し　自然乾燥した紙に④の室干しの工程を繰り返し乾燥させる。

⑦点検↓型地紙完成　和紙表面の点検工程を経て完成品となる。

現在、岐阜県内で伊勢型紙の伝統工芸を受け継いで普及や指導に当たっている人は、名古屋市在住の二名である。いずれも地元の美濃和紙や柿渋が利用されているが、柿渋の利用量は限られている。

ケ　製茶と柿渋

わが国の茶業は生糸と同様輸出によって著しい発展をとげたが、その生産のあり方は、明治十八年（一八八五）に埼玉県で初めての製茶機械が発明されるまでは、すべて手摘みと手揉みによって行われていた。

本県にあっても製茶機械が本格的に導入されるまでには数十年を要し、製茶の基本型である手揉み法は今日でも機械の研究や改良に欠かせないため、白川や春日などでも続けられている。

・**煎茶の手揉み製造工程**

① 収穫　新葉が三～四枚展開した時に収穫する。一回量は三・五～四・五キロを使用する。

② 蒸し　蒸すことにより茶葉中の酵素の活性を消滅させて、蒸葉を均一に柔らかくし、香味や茶汁の色を出易くする。

③ 露切　焙炉（ほいろ）で加熱し、助炭の上（約四〇センチ）より落下拾い上げを繰り返し、表面水分を取り除き、水分減三〇パーセント位にする。三〇～五〇分間。

④ 回転もみ　茶葉を助炭枠内で集散し、適度の手圧を加えて水

手揉み製茶に使われる焙炉と助炭

分の発散を促しながら、細胞組織を破砕し柔らかくする。四〇〜五〇分間。

⑤ 玉解きと中あげ　手圧を漸次減じながら、茶葉の固まりを解いていく。一〇分間。

⑥ 中もみ　もみ切りにより茶葉により形を与える操作で、両手掌の内で交互に移動して形を作っていく。乾燥するに従い強くする。三〇〜四〇分間。

⑦ 仕上げもみ　中もみの形を高め、手で揉み切って成形させる。形・葉色が固定する。手の掌のみに限らず板を使用することもある。二〇〜四〇分間。

⑧ 乾燥　低温の焙炉助炭上七〇度前後で茶葉を薄く拡げ、時々手で葉を撹拌して水分を三〜四パーセントまで乾燥させる。三〇〜四〇分間。

この手揉み製茶法の中で、蒸し工程を除けばすべて焙炉で加熱された助炭と呼ばれる木枠の中で、製茶が行われている。通常、助炭面の温度は中央部で一一〇度前後に保持されており、絶えず茶葉を動かし続けること要求されるため、製造者にとって四時間近い過酷な労働となる。そのため助炭の大きさは最大一・二〜一・四平方メートルに制限されている。

助炭は、間口一六〇センチ、奥行き八八センチ、深さ九センチ程の木枠の底部につりを付け、焙炉紙と呼ばれる和紙を重ねて貼ったもので、和紙には毛羽立てを防ぐため麦糊を塗り、柿渋を二回引いて用いられる。手揉み茶以外でも、再製加工の火入れ作業にも使用している。

柿渋は毎年使用前に塗るが、これは助炭面の火気を散らさず、火持ちを均等にして、製造中の茶葉を保護して、変質を防ぐためといわれている。

手揉み製茶は繊細でその製品は、形状、滋味とも最高技術の結晶といわれている。針状に揉まれた剣先を最も大事にし、柿渋はそれが折損するのを防ぐ効果があるともいわれている。このため、乾燥を終了した大切な手揉み茶を移動したり選別する時に使用する「ヒダシ箕」といわれる容器や、乾燥直後の温度の高い茶を自然放冷させる時に使用する「ボテ」という籠にも、助炭同様こんにゃく糊を使って和紙を貼り付け、柿渋を塗っている。

これらの柿渋の使用量は、ヒダシ箕、ボテの大きさや使用する個人によって差がある。自家製の柿渋が多く使用されているため、全体の使用量は定かでない。

コ　清酒づくりと柿渋

清酒づくりと柿渋の関係については、柿渋の利活用の項でも述べたが、オリを沈める清澄剤、脱搾用酒袋の染色、さらには製造工程での木桶、木樽の塗料用として古くから利用されてきた。

酒袋はもろみを入れて清酒を搾るのに用いる袋で、縦八〇センチ、横三〇センチ程の長方形の袋である。袋の材料は木綿の太線で荒目に織られたもので、一個に六～八リットルのもろみを入れ、十数個を並列させて酒槽に並び重ね、圧縮して清酒を搾り出す。気温の高い夏場の晴天時に、四倍に薄めたタマシブ（別項タマシブの製法参照）にどぶ漬けして天日乾燥する工程を数回繰り返して準備したものを、通常の寒の醸造の折に使用している。

酒袋の染色に使用される柿渋の必要量について、統計上の数字は明らかでないが、醸造に使用する米一石（一五〇キロ）当たり二〇〇枚前後の酒袋が必要といわれていることから、厖大な量が使用されていたと推測される。

昭和三十年代中頃から化学繊維の酒袋が実用化されたことにより、木綿の柿渋染めをした酒袋は次第に姿を消し、酒袋は一部の愛好家によって暖簾や手提げ袋などの日用品にリサイクルされて使用されている昨今である。

江戸中期から使用されている澱下げ剤としての利用は、柿渋生産が本格的に盛んになった明治中頃が最盛期といわれており、それ以降も全国各地で相当な量が使用されているが定かではない。しかし、酒袋に化学繊維が使用されるようになったのと時を同じくして、昭和三十年代中頃に清澄剤として二酸化ケイ素の使用が始まり、

清酒づくりに用いられる圧縮器と酒袋
（揖斐川歴史民俗資料館所蔵）

その後数十年間続いた。しかし昭和四十年後半にはサルチル酸などの添加が禁止され、さらに世情の自然志向の高まりにつれて、再度柿渋の利用が注目された。しかし、時代の移り変わりの中で、生活の洋風化に伴う食生活の変貌による洋酒嗜好や発泡酒の台頭などもあって、全体としては清酒の消費量は激減し、柿渋の増加にはつながらなかった。

県内における酒清澄剤としての使用量は定かでないが、清酒一キロリットル当たり五〇〇CC前後の柿渋が使用されていることから、県内の清酒生産量の二分の一に使われると仮定しても、かなりの量が使われていると思われる。

サ　養蚕と柿渋

カイコ（蚕）を飼育して繭を生産するまでが養蚕業で、慶長九年（一六〇四）から始まったといわれている。一般への普及は、幕府及び県内諸藩の奨励もあって享保年間（一七一六〜三五）から急激に発展した。とくに江戸末期から明治の初めにかけては、開港に伴う輸出振興の国策により生糸は花形となり、農家経営の中で重要な作目となった。これに伴い農具の改良、工夫が盛んに行われて、柿渋の利用も本格的に進展した。

柿渋が養蚕経営の中に取り入れられた時期は判然としないが、一般の柿渋の生産や利用から推定すると、カイコが多頭化し、経営規模の拡大がなされ、病気が顕著化した江戸末期から明治初め頃と思われる。これは次の理由によるものである。

昔から中濃地方のカイコの飼育農家では「カイコはウンムシ（運虫）」と呼ばれるように、飼育が不安定で難しかったことから、美江寺のカイコ祭で売られている土鈴を鳴らせば成育が順調にゆくとか、弁天様の石を三つ借りてきて目柵（めだな）に置くと良いとか、神仏を頼むことも盛んであった。これはカイコが病気にとくに弱く、軟腐病や、お舎利様といって蚕体が硬化して死ぬ白殭（はっきょう）病などに罹（かか）って全滅することを恐れてのことで、神仏への信心とともに蚕室、蚕具の消毒も欠かせなかった。このような状況のもとで、蚕具として代表的な蚕網（藺網とも呼んでいる）や糸網を柿渋で消毒して、病気の伝染を防ぎ、網の耐久性を高めたことは画期的技術であった。

この蚕網はカイコの食べ残した桑の葉や糞などの始末をし易くするための道具である。網の上へ給桑すると、カイコは網目を通り抜けて上に登り桑を食べ、排泄物は下に落ちる。カイコが上った頃合で網を持ち上げることにより糞と食べ残しの桑の掃除が容易にできることになる。重要な点は、そのままにしておくと前述の病気になってしまい、衛生的にも好ましくないことで、この病気を未然に防ぎ、また網自体が腐敗して危うくなる前に蚕網を年一回は柿渋に漬けて補強することが行われていた。

東濃では山岡や岩村、千旦林で行われていたし、加茂でも八百津、白川で、さらに益田では萩原、下呂などで蚕網に柿渋が使用されていた。平坦地でも羽島の西小薮などで養蚕が行われ、各自の屋敷柿を利用して柿渋が自家用に搾られ、蚕網を漬けて利用されていた。

また、カイコが桑を食い終わり、白色の幼虫が透き通って上蔟直前となることを中濃ではスガク（透く）といっているが、この時期は一斉にやってくるものでなく、一匹一匹手で拾う作業が行われている。この上蔟の時にカイコを乗せてまぶしへ運ぶ道具はカルトンと呼ばれていて、多少の差はあるが直径三十センチ程のお盆である。竹で組まれた笊に和紙を貼り、その上から柿渋を三回程塗り込んだものが使用されている。これもカイコの身を守るための渋汁利用で、古くから慣習的に活用されている。

養蚕に使用されている柿渋は以上の二つの道具に関してであるが、これに使われる柿渋の量は自家生産の物が多く、また各々の生産者によって蚕具の大きさ、塗込回数など一定ではない。全体量を確定することはできないが、カイコの飼育にとって重要な役割を果たしている。

養蚕に使用される蚕網（山県市歴史民俗資料館所蔵）

シ　仏壇・仏具

古来より仏壇、仏具には漆の下塗りに柿渋が使用されてきた。木目を表に出す仏具には主に柿渋が塗られており、とくに見台や仏画、経文（きょう）入れなど、容器にはシミの被害予防のため柿渋が古くから使用されていた。

また特異な例としては、岐阜市内の「カゴ大仏」が有名である。正法寺の三層建て大仏殿には鋳造物でなくて、この寺特有の「竹カゴの大仏」が納まっている。この種の大仏では日本最大で岐阜県の重文である。手は木造で他の本体は竹カゴの上から粘土を付け、そして和紙を貼る際に柿渋が使用され、その上から金箔が貼られているといわれている。

天保三年（一八三二）に三八年の歳月をかけて完成した。仏像の高さは一三・七メートルである。

ス　その他

高度経済成長の時代以降、住宅の建築ラッシュが到来すると、新建材や新内装材が多く使われはじめ、また家具や日用品にも新素材が導入されるにつれて、目眩（めまい）や喉の痛みを訴える人が多くなった。やがてこれらの症状の原因物質としてフォルムアルデヒドなどが指摘され、平成十四年に建築法が大幅に改正された。昔から柿渋は建築用に多く使用されてきたが、前記のいわゆるシックハウス症候群といわれている健康障害の対策としても効果的だといわれている。

柿渋は防腐、防水、防虫効果もあって、飛驒では蔵の中の柱や床板に塗られていたし、その他の古民家でも柱や板張りには塗り込まれてきたが、最近その効果が再認識され始めた。

近年、県内にも池田町と揖斐川町の建築会社によってシブ建築が施工され、一〇軒程が建てられた。柱や板材に塗る場合、柿渋をやや薄めて二〜三回塗る方法と、松煙や油に柿渋を混ぜて塗る方法がとられている。いずれも一般木造住宅（六〇平方メートル位）一戸当たり六〇〜八〇リットルの柿渋が使用される。

この他、最近の住宅には和風、洋風を問わず間仕切りやタペストリーとしての暖簾がインテリアの一つとして欠かせないが、この暖簾染めに柿渋が使われている。暖簾の柿渋染は生地を丈夫にし、柿渋の色合いが部屋に落ち着きをもたらし、心が安らぐとして人気が出てきている。

また、美濃和紙を素材にした座布団や枕カバー、あるいは風呂敷などの生活用品に柿渋を塗って、色合いを楽しんだりや強度を高めたりする作品が多数作られている。そして、昔から存在する各種の竹籠に和紙を貼って、柿渋を塗り重ねて作る「一閑張（いっかんばり）」など工芸品も県内で作られ、好評を得ている。

2　カキの脱渋の歴史と脱渋法

甘ガキはそのまま生で食べられるが、渋ガキは成熟しても渋いのでそのままでは食べられない。カキの果肉にあるタンニン細胞を、人が噛むと潰れて渋を出し、舌がそれを感じる。反対にタンニン細胞が固まって渋が流れ出ないようになれば、渋味を感じないのである。甘ガキは色づく頃、すなわち果実の硬いうちにタンニン細胞が凝固するが、渋ガキでは軟らかくなるまで凝固しない。熟柿にすれば渋ガキも甘くなるが、甘ガキとは全く食感が異なる。

皮を剥いて時間をかけて干柿にすれば、より甘くなるが、やはり生柿とは似ても似つかぬ全く別ものである。そこで、渋ガキの硬さを保ちながら、甘いカキとして生食に供せないかと古来からいろいろな脱渋法が試されてきた。

別の項でも述べたが、江戸中期の元禄十年（一六九七）刊行の宮崎安貞「農業全書」には、その方法がすでに詳しく記されている。先ずは醂柿（さわしがき）で「……よく色づいた柿を……桶に湯を入れて……筵などで桶の回りを包み一夜おくべし。あくる日渋抜けて甘くなるものなり。この湯加減きわめて肝要」と書いてある。そして、「塩漬け柿」や火にて燻（ふす）べて乾かす「烏柿」など数例をあげている。その後、江戸末期には大蔵永常の「広益国産考」でも、四斗酒樽に入れて脱渋する「樽抜柿」や、蕎麦殻の灰汁を利用する脱渋法などが紹介されており、自家用柿の脱渋法が一般化していたものと思われる。

下って明治末期の書物には、従来からの熱による脱渋法に加えて、営利を得る目的の本格的脱渋法として、アルコールを使った樽抜き法が「風味に富み需要甚だ多きもの」と推奨されている。その後、米国で最初に開発されたといわれている「炭酸ガス脱渋法」や「真空脱渋法」など、空気を遮断して大規模に脱渋できる新しい手法が次々と開発されだした。

当時の甘ガキと渋ガキの全国収穫量の比率は、甘ガキが全体のおよそ五分の二で、渋ガキ生産量が多かったが、明治中期以降の〈富有〉や〈次郎〉の完全甘ガキの広がりの中で、その割合は甘ガキが三分の二まで逆転している。しかし、東北など涼しい地方では渋ガキ生産がまだ多く、渋ガキをいかに甘ガキに近づけるかは、生産者の長年の課題であった。江戸中期以降、その土地土地で身近にあるものを利用して創意工夫がなされた脱渋法が開発され引き継がれてきた。近年においても全国収穫量における甘ガキと渋ガキの割合はほぼ半々である。

県内にあっても昭和末までは自家消費を目的に、いろいろな脱渋法が細々と受け継がれてきた。しかし、最近ではほとんど姿を消している。誠に淋しい限りである。

①炭酸ガス脱渋法

「炭酸ガス脱渋法」は明治中頃に米国から移入された技術で、恵那市岩村町出身の浅見與七（後の国立園芸試験場長）が米国留学中、その開発にかかわった技術といわれている。その方法とは、炭酸ガスによってカキの呼吸を止めて分子間呼吸させることでタンニンを不溶化するものである。当時は石灰石やソーダなどに塩酸を注ぎ、ガスを発生させて利用するものであった。実際には長らく実用化はしていなかったらしい。

昭和四十九年頃、炭酸ガスを利用した「ＣＴＳＤ脱渋法」が発表されて、従来の〈平核無〉や不完全甘ガキの〈西村早生〉などに早速活用され始めた。はじめはビニール天幕などを利用した簡易炭酸ガス法であった。しかし、〈西村早生〉や〈刀根早生〉などの生産拡大と天候不順を契機に、同五十八年大野町に、翌年には岐阜市などに、その後も数基導入され本格的な脱渋が取り組まれた。

なお、炭酸ガス脱渋としては小規模な「ドライアイス脱渋法」も実用化されている。この方法は、段ボール箱に詰めたカキ果実をビニール袋で密封し、ドライアイスを封入するもので、操作が簡便なうえ、輸送中に処理できることから経費も安いという利点がある。また、この方法では、脱渋の完全を期すためにアルコールを併用して処理することもできる。

②従来からの脱渋法

・法力の湯さわし柿（通称法力柿）

大正末から昭和の初めにかけて、銘柄柿として内外で高い評価を受けている法力の湯さわし柿は、高山市法力、瓜田、坊方などを中心にした産地から岐阜や名古屋方面に多数出荷された。最盛期の昭和九年頃は、高山線全線開通を機に国鉄（当時）上枝（ほずえ）駅へ向かう大八車が列をなしたといわれている。

当時法力での大量取り扱い者は五名あったが、個人での対応には限界があったため、高山市内の仲買人が荷車を伴って応援に来て、深夜二時半に法力を出発して七時頃に駅に到着、貨物車でカキを送って昼過ぎに家に帰り、また湯さわし柿づくりの準備をしたという。一部の生産者の間では原料のカキの買い入れも競って行われ、一軒で二万円を超える支払いをした人もあったといわれている。

昭和初期の法力柿漬け桶

・法力柿のつくり方（概略）

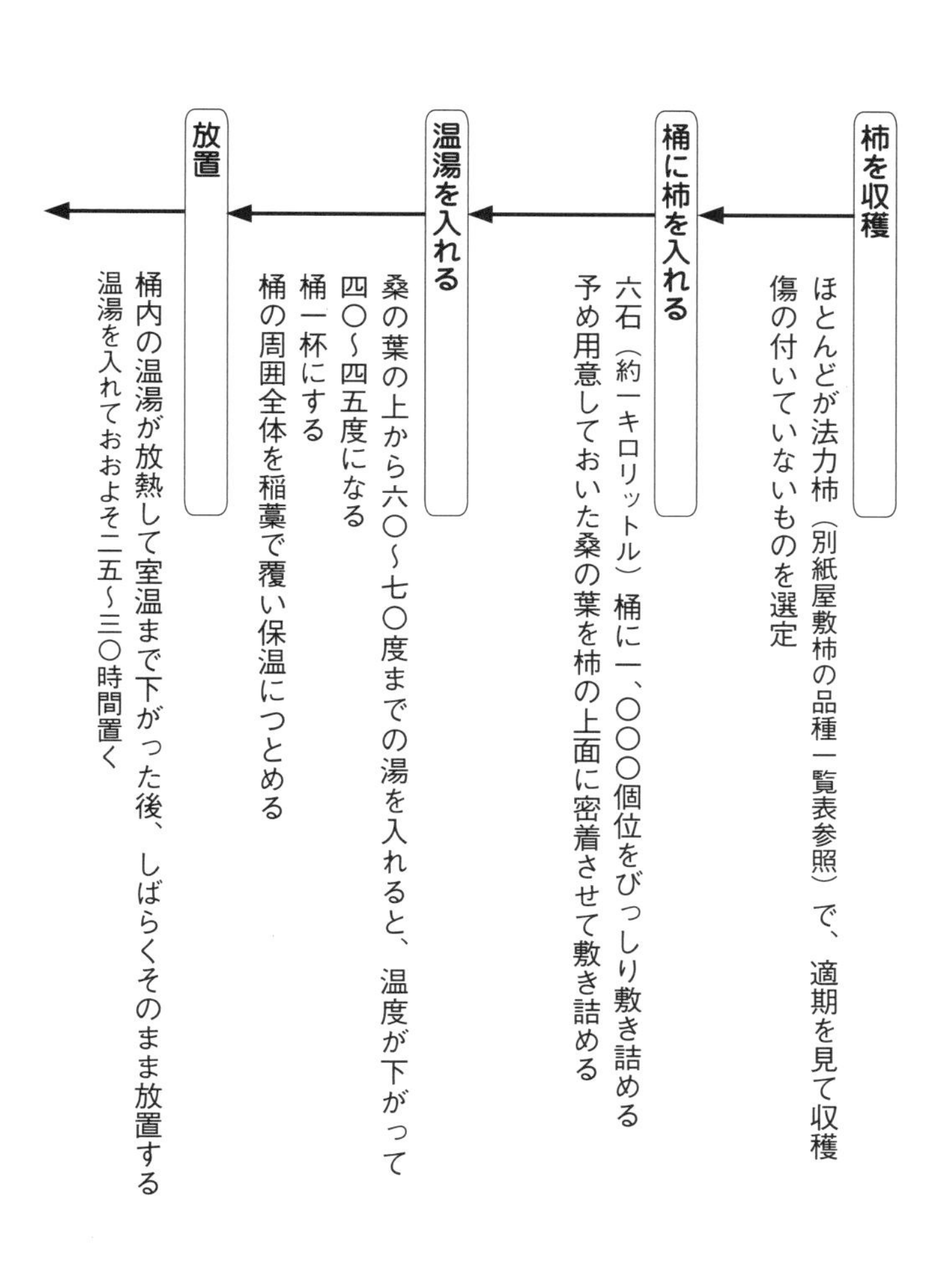
柿を収穫
ほとんどが法力柿（別紙屋敷柿の品種一覧表参照）で、適期を見て収穫
傷の付いていないものを選定
桶に柿を入れる
六石（約一キロリットル）桶に一、〇〇〇個位をびっしり敷き詰める
予め用意しておいた桑の葉を柿の上面に密着させて敷き詰める
温湯を入れる
桑の葉の上から六〇～七〇度までの湯を入れると、温度が下がって
四〇～四五度になる
桶一杯にする
桶の周囲全体を稲藁で覆い保温につとめる
放置
桶内の温湯が放熱して室温まで下がった後、しばらくそのまま放置する
温湯を入れておおよそ二五～三〇時間置く

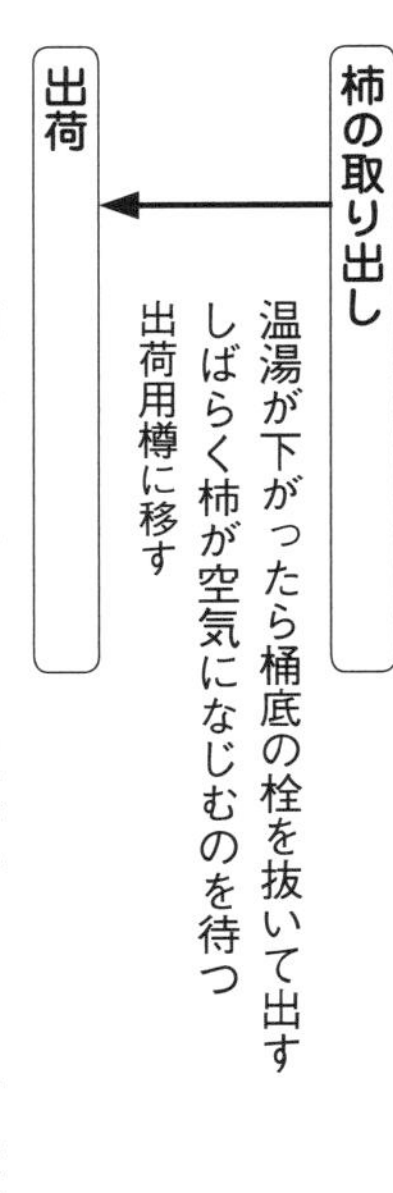

この湯さわし柿は、飛騨ほぼ全域と益田の一部、中津川市北部、あるいは山県、美山で、自家用として小さい桶を利用して最近まで行われてきた。温湯の温度は各々の家により異なっており、例えば加子母では四五～五〇度で四～五日置き、美山では四五度の湯を湯ざめしたら替え、これを一日に三回位繰り返して四～五日置いて食した。また、作り方も高山の一部では、蕎麦の茎葉で蓋をしたり、下呂、馬瀬ではクマザサの葉を使い、白川村萩町ではミョウガの葉を用いて蓋をしていた。品種は〈赤柿〉が多く、次いで〈青柿〉〈ヤマガキ〉であった。飛騨や益田では、蕎麦茎葉を燃やした灰を温湯と共に入れる方法で渋抜きをしたところも数カ所あった。

・万賀の塩づけ柿

昔から塩抜法と呼ばれる脱渋法で渋抜きをする塩づけ柿（略称つけ柿）は、古くから自家消費を目的として農山村で作られていた。最も古い脱渋法といわれ、他の脱渋法にない特有な舌への刺激があり、また正月前後の一～二カ月間カキを変質なく保存できて、長期間味を楽しめる長所がある。このため子供のおやつや農作業の間食に広く用いられてきた歴史がある。

使用するカキは渋ガキであれば問題はないが、明治以降の一時期、東濃地方を中心に塩づけ柿の〈万賀〉が世間に知れわたり、東濃一円にこの品種が植えられ、つけ柿として親しまれてきた。

塩づけ柿の作り方は極めて簡単であるが、それ故に作る人各々の我流もあって、その手法が代々伝えられ、最近まで守られてきた。付知、加子母で従来から作られてきた方法は次のようである。

・塩づけ柿の作り方（概略）

塩湯づくり →
予め収穫した柿の量と同量以上の水「柿一斗（一八リットル）に対し一斗の水」を容器（釜・鍋）に入れ、この中に塩（例えば一斗に対し一合［一八〇ＣＣ］）を入れて沸騰させる
自然に放置して冷却させる

桶に柿を入れる

冷却した塩水を容器から桶に移す
柿の蔕から離脱した部分を取り除いたきれいな柿を桶の中に沈める
塩水に余裕をもたせ完全に液が上端まである状態にしてから、できるだけ落とし蓋を中に入れて密閉する

↓

取り出し

四～五日後、必要に応じ随時出して食用に供す
液中にそのまま置けば、二～三カ月食べられる

県内では塩づけ柿を単に「つけ柿」と呼ぶ。飛騨、益田、恵那、中濃、山県や西濃の揖斐、春日など、平坦地を除いたほぼ全域で作られていた。容器は保温が効く桶か瓶で、昔から長く使い込まれた物である。東濃では〈万賀〉の他〈せんぼろ〉や〈かいずぼ〉など小形のカキが使われていた。しかし、恵那南部ではやや大形の〈デンジ〉〈大四郎〉が使われ、春日では〈鶴の子〉や〈檀子〉がつけ柿にされていた。金山、下原では〈万賀〉を漬けるとき、縦に二つ割りにして漬けていた。

塩水の濃度も一斗（一八リットル）の水の中に、東濃では約一合（一八〇CC）を使う人が多いが、二合（三六〇CC）位使う人や、手の感触により直接カキにふりかけて漬ける人も多々あった。加子母の古老の話によると「塩の濃度が濃過ぎるとカキが割れて果肉が出るので塩の使い過ぎは

良くない。（これは春日でも塩水が濃いと果皮を破って果肉が出るといわれている）とはいえ、薄いと保存が効かず味も良くない」と話している。また、馬瀬では二石桶に入れ、塩水をかけて荒漬けをしたのち四斗樽に入れて本漬けをしている。

このように県内のつけ柿は土地や人によって千差万別で、独特なその家の味が醸し出されている。なお、県天然記念物の「宮村のカキ」も最近までつけ柿にして保存され長期間にわたり食べられていた。

③その他県内で行われていた渋抜き法

ア　炙（あぶ）り柿

この方法は江戸前期の「本朝食鑑」（元禄十年・一六九七）にも「……柿をあぶって渋を去り、甘くして……」とあり、渋の焼き抜き法として、すでに三〇〇年以上前にはあったようである。

炙り柿は、囲炉裏（いろり）、炬燵（こたつ）あるいは火鉢を使い、まだ火力の残っている温灰の中に、成熟した蔕付きの渋ガキを蔕を下に置いて立て、熱のある灰を半分か、それ以上に被せてじっくり時間をかけて炙り、渋抜きをする方法である。別名焼柿ともいわれている。

東濃、飛騨、中濃あるいは揖斐、春日などで昔から行われた脱渋法で、カキ一個一個時間をかけて行う最も小規模な脱渋法である。これは各々の条件によって手間もかかるが、厳寒の候に珍味で栄養もある温かいカキが味わえる原始的な手法である。

東濃では夕食後にカキを囲炉裏の灰に埋め、朝起きて食べていた。馬瀬では灰の中に入れて強火で四〇～五〇分程炙ったのちの熱々な状態のカキを食べていた。しかし、食べ頃は灰の熱条件によって食味に影響するため、灰の温度管理には長い経験を要する年配者が当たった。早過ぎては旨味を減じ、遅過ぎると水分を減じて食感が損なわれるなど、その都度異なった味のカキを味わうことになる。

揖斐、春日でも同様に囲炉裏や炬燵の灰に埋めたが、食べ頃はカキの頂端近くの皮が熱によって破れて果肉がわずかに外へ出る頃といわれ、小形の渋ガキが供されていた。旧徳山村でもほぼ同様であるが、食べ頃は灰に入れる前に頂部に穴をあけ、ここから泡がでる頃といわれている。

中濃では主に火鉢や炬燵による炙り柿が作られていたが、今は作る人はいない。

なお、カキの品種に〈あぶり柿〉がある。北陸地方で昔から使われている早生の九月下旬～十月上旬に成熟する中形のカキである。関や美山に炙柿は屋敷柿として存在するが、同一品種か定かでない。

イ　熏(いぶ)り柿づくり

燻り柿は囲炉裏や竈（中東濃では「くど」と呼ばれている）の直上にカキを吊るし、柴や薪などの火煙によってやや乾燥させ脱渋する方法である。煙により独特な燻り香を有し、ほぼ黒色に近い黒柿に仕上げる。過去には山形県の一部にもあったが、県内では飛騨と益田の一部で行われていた。

品種は小形の〈せんぼ〉と呼ばれるヤマガキが主に用いられ、皮を剥かずに二つ割りや四つ割りにして乾燥し易くし、竹籠に入れたり叺に入れて吊るして脱渋していた。でき上がったカキは子供のおやつや報恩講のお菓子として出されていた。独特な風味を有し、とくに香りは燻製に近い珍味である。

ウ　烘柿づくり

烘柿は古来より熟柿とも呼ばれていた。通称で、現在の熟柿と呼ばれているカキの総称である。やや早めに収穫した渋ガキを叺などの藁製品に入れて天井下に吊し、温熱を加えて脱渋させたカキで、飛騨の一部では半乾燥状態にする。燻り柿とともに戦後しばらくまで作られていた。通常のカキの木は熟柿になると自然に落下しやすいので、落ちる前のやや成熟したものを、損傷しないよう丁寧に収穫し、追熟させながら保存したものをいう。熟柿になると鳥の害も心配されるので、中濃、東濃では完全に渋味が抜け切らないカキなどを早めに収穫した場合、米糠か籾殻を入れた桶の中に埋めて保管する方法で完全熟柿にする。室内に置いて保管するより味も良く長持ちするといわれている。

品種は主に〈富士〈富士（富士山）〉など大形のカキが使われている。〈富士〉は繊維も細かく食感も良い。また、最近熟柿を冷凍して夏まで貯蔵し、ゼリーとして食する方法も新しい試みとして広がりつつある。

エ　樽抜き柿づくり（アルコール脱渋法）

樽抜き柿は、明治から昭和中頃までの炭酸ガス法（ガス抜き法）が一般化するまで、販売を目的にする場合に最も適した脱渋法として奨励普及されてきた。この方法は前記湯抜き法などに比べ、カキ内に適度にアルコールが残存するので、カキの風味が増すといわれ、古くから賞味されていた。

当初より四斗樽が使用されてきたため、樽抜きと呼ばれているが、保温の必要がなく、カキを入れて密閉できればどの様な容器でも構わない利点がある。そして、使用するアルコール類

樹上脱渋

樹上脱渋はアルコール脱渋法の一方法であるが、カキが樹に成っている状態で収穫の七～一〇日前に処理する方法である。

果実一個一個を固形アルコール（約三グラム程度）を入れたビニール袋に蔕の基部に密着させて封入するもので、ハウス栽培の〈平核無〉や〈刀根早生〉で実用化されている。

脱渋を確認したら袋の底を三分の一位切り取ってガス抜きが必要で、その後に一～二日経過して収穫するので労働が余分にかかるため、カキの単価が高くないと計算上成果があがらないといわれている。

も幅広く、清酒やウイスキー、焼酎などアルコール濃度が十数度以上あれば脱渋できる。山形で大正四年に焼酎脱渋法が考案され、この樽抜法で作られた東北や新潟の〈平核無〉が関東市場へ出荷されたため、関東の人には馴染み深いが、県内の例はほとんどない。しかし、現在でも家庭で気楽にできる唯一の方法として一般化しているので、参考にその作り方を述べると次のようである。

・アルコール類による渋抜き柿の作り方

例1　四斗樽の場合（従来行われていた方法）

・原料柿＝〈平核無〉二八～三二キロ（約二一〇～二三〇個）

　きれいに洗い表面が乾燥しているものを用いる

・アルコールの種類（ア、イ、ウのいずれか）と使用量（残量のないよう万遍なく噴霧する）

ア　エチルアルコール（九八パーセント）一五〇ＣＣと水三〇〇ＣＣを混合した溶液

イ　清酒一リットル

ウ　焼酎五〇〇ＣＣ

①樽の底面や周囲にアルコールを霧吹きで一回散布する

②木綿を薄く敷き、その上からアルコールを噴霧する
③カキの蔕を上にして一列並べ、その上からもアルコールを噴霧する
④この作業を交互に行い積み重ね、上端は木綿を厚めに敷き噴霧する
⑤蓋の裏（内側）にもアルコールを噴霧して完全密閉する
⑥約一週間経過すると脱渋する

例2　家庭で小規模（数個）に脱渋する場合

A　焼酎（二五度〜三五度）に浸す場合

①食器の平皿にカキの蔕が一度に浸るだけの焼酎を入れ、数秒間カキを浸す
②一個一個ビニール袋に入れ、数個入れ終わったらビニール袋を密閉する
③数日間置くと脱渋する

B　焼酎（三五度）を噴霧する場合

①厚手で密閉できるビニール袋を準備する

②きれいに洗って水をきったカキを袋の中に入れる
③中形のカキで一〇個当たり二〇～二五ＣＣの焼酎（三五度）を用意する
④袋に入ったカキの上から霧吹きで万遍なく掛ける
⑤密閉する
⑥数日間安置する

Ｃ　清酒を使用する場合

①清酒を霧吹きに入れる
②ビニール袋に数個のカキを入れ、直ちに清酒がカキに万遍なく当たり、全部のカキに付くよう噴霧する
※使用する清酒の目安はカキ一個（一五〇～二〇〇グラム）当たり五～六ＣＣ
③袋は必ず密閉する
④数日間で脱渋する

3　干柿づくり

干柿は渋ガキの皮を剥き、乾燥させて適当な水分を減じることにより渋味をなくし、甘味のある食品に仕上げた干果である。中国から渡ってきたといわれるこの技術は、千年以上の歴史があって、渡来した当初は枝柿といわれ（干す時に果梗を丁字形に残すことからか？）その後、釣柿などさまざまな語句が記録されている。

「毛吹草」（一六四五年）や「雍州府志」（一六八二〜八六）の菓子部記文でも釣柿の項で「渋ガキの外皮を削り糸をもってその蔕をつなぎ、屋檐の下に掲げてこれをさらす。既ち日を経てその色変じて漆黒となる。その味至って甘し。これを釣柿といい、また甘乾あるいは生干という」と記している。また、転柿の項ではカキの皮を剥き乾燥させる途中で「円成運転する」とあって、現在も飛騨で作られている広義の意味での干柿であると思われる。干柿の中でも中庸な干し程度で仕上げられたものを「あんぽ柿」という。この名がいつ頃から使われていたかは定かでないが、長い歴史の中にあって、土地土地の生産者の中で、また記録を残す人達の中で差ができるのも事実であろう。

歴史の記録に残る「枝柿」がすべて干柿であるという確証はないが、少なくとも「県史史料」（枝柿の図）からは、吊るして干すための枝を付ける、現代の干柿と同じものと思われる。しかし、枝を付けたまま収穫、出荷する時代もあったし、干柿の原料とする枝柿があるのも当然で、このあたりの区別は判然としない。

また、皮を剥いたカキに串をさして乾燥させたものを「串柿」という。「カキの両端に串が出て枝に見える枝柿」という説もあるが、これには若干無理があると思われる。ただ、串柿を干柿の一手法とすることには異論がない。蜂屋柿の歴史を示す資料の一つに、「……さすが蜂屋の串の柿……」と詠んだ円空の歌がある。当時、蜂屋柿の小形のものは串柿として生産されていたという実態があることから、この場合には枝柿との関連は別問題である。

「濃州徇行記」では、地域の生産物の中にカキの記述がしばしば出てくるが、乾柿と串柿は分け、さらに生柿を分けてわかりやすいが、串柿も乾柿の一種として判断したい。

明治に入ってから昭和三十年代まで「干柿」は「乾柿」の字が当てられ、「釣柿」は「吊柿」と表示してきた。両方とも結論は全く同じで、「乾柿」「干柿」ともに、カキの皮を剥いて水分を減じ、甘味をより強く誘導させる食品にすることであり、「釣柿」「吊柿」はその手法からの呼称である。「転柿」「枯露柿」は手法の一部を変えたもので、同四十年代からは「枯露柿」の字が当てられている。

富加町など中濃の一部では、塩漬けにしたカキを蓆干にして乾燥させる方法や、飛騨で行われている囲炉裏の上に吊るして「燻り（いぶり）」、蓆の上で転がして乾燥させる「いぶり柿」など、長い歴史の中で乾燥させて保存性を高める試みが、土地土地で伝えられてきた。

かつて、朝廷や時の将軍、あるいは諸侯などに献上されてきた蜂屋柿をはじめとして、江戸時代の諸大名は地元の特産物を将軍家に献上することが定められていた。「文化武鑑」には、加納藩が十一月の漬松茸に次いで十二月には枝柿を献上していた記録がある。また、「江戸道中記」には大垣藩の献上品の中に、十月は美濃柿、十一月は枝柿と季節に応じて藩内の特産物を献上していたことが記されている。

「揖斐郡志」によれば、大野町公郷の内八木では昔から干柿を製造しており、文政天保年間（一八一八～四三）には大垣藩沓井代官所の御用を勤める野村嘉蔵が、一万個以上の干柿を作り優良品を幕府その他へ献上していたという。

「苗木藩政史研究」によれば、元禄八年（一六九五）苗木藩領外出荷に対する役銭定で、串柿十連に付き銭十文を賦課すると定めている。また、江戸初期の元和から寛永に記された旧池田郡沓井村の「伊東長次郎年貢等申付状」によれば、地元の庄屋から下代官への歳暮に「つるし柿」が贈答されている。文政十二年（一八二八）、旧池田郡六之井村の庄屋の「歳暮等祝儀受納覚」には、海産物に加えて正月用御馳走品の中に枝柿の受納が記載されており、ここでは庄屋が枝柿を受け取っている。同様に江戸末期には、恵那・山岡地内でも〈かいぞぼ〉柿を使用した干柿の自家生産が盛んに行われ、良品物はとくに貴重で明知役人への歳暮に使われている記録がある。

また、郡上・明方の古老の話によると、飛騨での農民一揆のとき、郡上藩のこの地から三〇〇人を超す鉄砲隊が駆り出されて鎮圧に向かったというが、この際に皆の家から集められた干柿を持参し、飢饉で飢えている人々に持参した干柿を配って回ったと伝えられている。その後、明治に入ってからも、この地からは野麦峠を越えてたくさんの女性が働きに出た。郡上の地から峠を越えて信州の岡谷まで歩いて行ったが、弁当とともに保存のきく干柿とクリは必ず袋に入れて持って行ったという。

このように干柿は天下人から庶民まで、時代時代の人々の生活の中で貴重な食べ物として連綿として生き続けている。

なお、『岐阜県史』の「明治五年美濃国名産品の産地生産量（農林産物）」には、「蜂屋柿」の産地には加茂郡蜂屋村、「乾柿」には武儀郡神渕村、桐洞村それに不破郡山中村と厚見郡岐阜町の記述がある。

①伊自良の連柿づくり

伊自良の干柿の歴史ははっきりしないが、随分昔から屋敷柿や畦畔、空地の渋ガキを収穫して、自家消費用として作られてきた。

明治十四年の村明細帳によると、干柿は上伊自良の平井、長滝などで八、〇〇〇連（当時の連は最近の三個串刺し一〇段の一連とは異なると思われる）の記録があり、渋ガキは下伊自良の洞田、大森に産出ありとなっている。

伊自良は、もともと母岩がチャートや頁岩の痩せ地で、その上、川は地下水となってワジ（涸谷）になるため、強乾燥の土地柄で地力は低く、普通の畑作物は決してはかばかしくなかった。このため、従来より種々の野菜や果樹が試みられ、昔から柿の品種も極めて多く作られてきた。

明治末頃、その中で平井の奥地に古木として残っていた〈伊自良大実〉の干柿が味も良く、外観も優れていたとして、周囲の人々から注目されはじめた。大正から昭和の始め頃の接木の新技術の導入と相まって、主力品種として周辺に広まり、この地方の干柿の発展の始まりであるといわれている。

伊自良大実の収穫

その後、順次南の下伊自良へと広がったが、藤倉や洞田、大森では豊産性で枝条が強く、収穫しやすい〈藤倉大実〉が、渋採り用にもなり皮剥きもしやすいという特性もあって、干柿と柿渋の双方に併用する原料柿として使われてきた。そして、藤倉を中心に昭和七～八年には「甘干出荷組合」が作られ、協同で関西方面への出荷が始まった。

昭和三年の統計表では、上伊自良の生柿は一万八、〇〇〇本で、生産量一万二、〇〇〇貫（四五トン）と記されている。そして、乾柿（干柿）は掛、平井を中心に五、〇〇〇貫（約一九トンで個数で換算すると約二万個、現在の連に換算すると六、〇〇〇〜七、〇〇〇連となる）の生産量で、同時期の下伊自良の生産量とそんなに差がないと推測される。

太平洋戦争勃発後は、柿渋が軍に利用されるなど再評価があって、渋ガキは渋採り用に重きがおかれた。戦後は逆に食糧難による栄養不足や甘味料の不足もあって、干柿の需要が少しずつ増加する傾向にあった。

終戦後間もなくから、昭和二十四年頃にかけては若干の生産者によって品質向上への試行錯誤が続けられたが、当時の経済状況では多額の費用を投じることができなかった。

しかし、当時の消費者の要望や他の産地との競争の必要もあって、徐々に技術の改善、工夫がなされ、皮剥き直後の燻蒸（煙）処理や乾燥方法において、後期の火力乾燥など新しい技術や手法を導入して、ほぼ現在の技術基盤を整え

伊自良連柿の皮剥き作業

ていった。

　昭和三十年代に入って、社会情勢が少しずつ安定してくるに従って、干柿の生産も漸次増大し、干柿の評価も高まって、販売価格も安定してきた。伊自良村の昭和三十五年から四十年頃迄の生産量は二二万連に達し、価格も一連二、〇〇〇～三、〇〇〇円位で推移した。

　一方、昭和三十五年の開拓農業組合の設立や開拓振興会の誕生、同三十六年の農業基本法の施行によって農業の選択的拡大の気運が高まり、野菜畑の増反や畜産の飼育頭数増が相次いで、畦畔柿や空地のカキの減少、カキ畑の開墾による廃園が随所でなされた。

　その後は高度経済成長の影響も次第にこの地に及んで若者の農業離れが進み、生産者の高齢化によって、カキ生産者戸数は最盛期の三〇〇戸から昭和五十七年には三分の二の約二〇〇戸に減った。さらに平成八年には五〇戸となり、生産量も二万連（約六〇万個）と、昭和三十年代末の十分の一まで減じた。

　最近の「伊自良連柿組合」の組合員も一〇名から六名に減じ、約二、〇〇〇連程を出荷し、伊自良全体としては一万連前後にとどまっている。

　近年「伊自良連柿」は優れた特性を持つ〈伊自良大実〉を中心に、昔ながらの伝統の技術を最大限生かしつつ、品質向上、需要拡大に向けた関係者の懸命な努力がなされ、「飛騨・美濃伝統野菜」の一翼を担っている。なお、需要拡大の一環として平成の始め頃から、干柿に付加価値を付ける

〈巻柿〉づくりの取り組みがなされ、年間一、〇〇〇本を目標に加工されている。

旧村内には一本の紐の両端に二個の柿を吊るして乾燥する一般的な方法や、最初から最後の仕上げまでビニールハウスで行い、乾燥させる方法も増えつつある。

なお、平成三年からその年のでき映えを競う「伊自良連柿コンクール」が開催されている。

・連柿づくりの概略

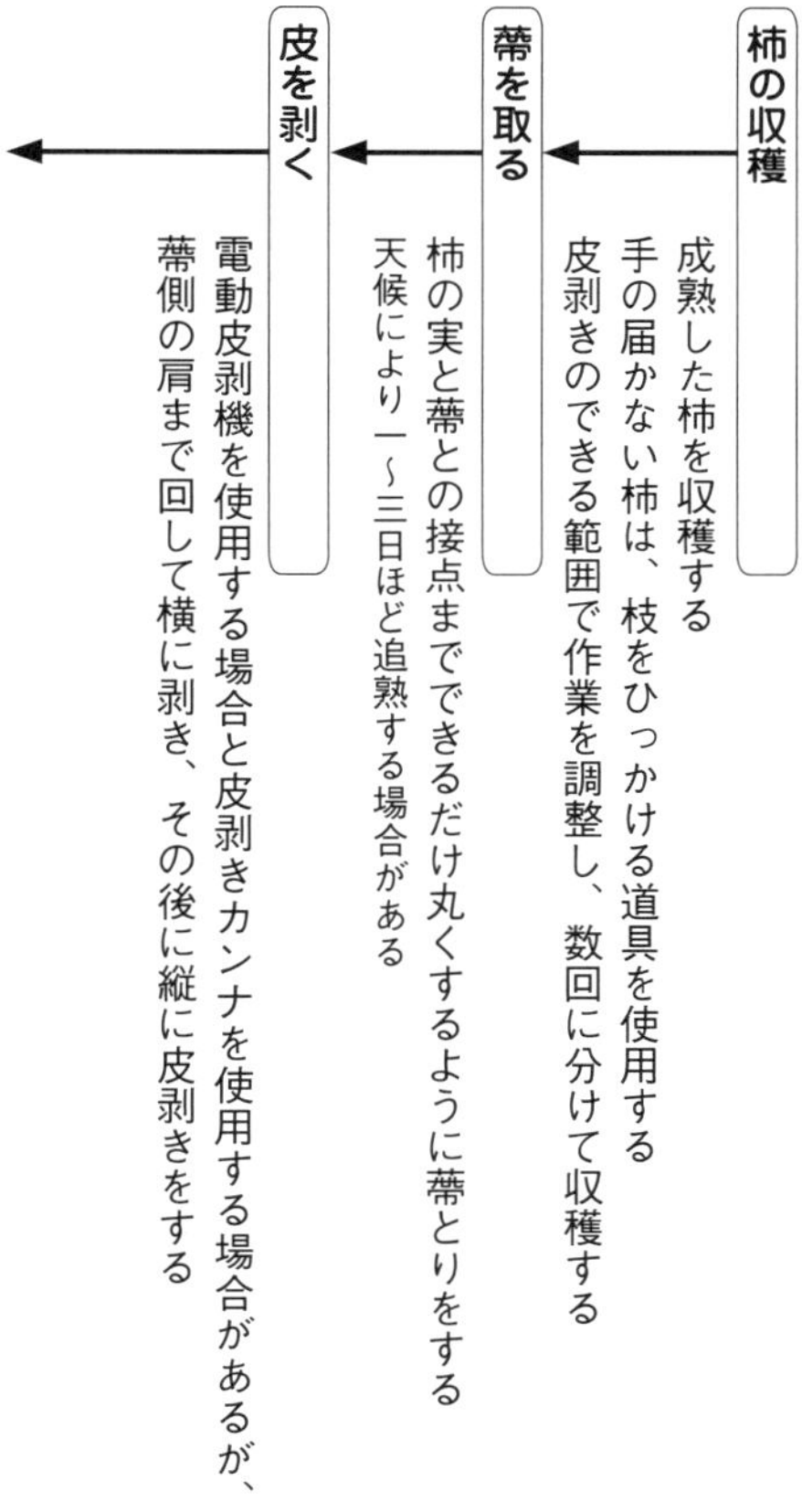

柿の収穫 → **蔕を取る** → **皮を剥く** →

柿の収穫：
成熟した柿を収穫する
手の届かない柿は、枝をひっかける道具を使用する
皮剥きのできる範囲で作業を調整し、数回に分けて収穫する

蔕を取る：
柿の実と蔕との接点までできるだけ丸くするように蔕とりをする
天候により一～三日ほど追熟する場合がある

皮を剥く：
電動皮剥機を使用する場合と皮剥きカンナを使用する場合があるが、
蔕側の肩まで回して横に剥き、その後に縦に皮剥きをする

串に挿す

大小サイズに合わせて選別した柿を所定（串の長さ）の竹串に挿す
竹串の両端は柿より外に出さない
柿の上端の蔕面をできるだけ揃える

↓

三個挿した串を連に編む

予め準備したもち稲藁六本で、連の下方に当たる方を稲葉を下にして、
順次縄編にしながら一〇段上へと編む
稲藁は最上段に架掛けできる幅とりを残す

↓

硫黄で燻蒸する

硫黄の使用量は燻蒸室一立方メートルあたり一〇～一五グラムとする
時間は一五分以内にし、短時間に処理する

↓

柿架で干す

柿架は三段または四段で、軒下の場合は二段以内とし、三～四週間干す
雨露を当てない

↓

ニゴ（ニオ）箒で表面をなでる

脱穀後の稲穂箒を使い柿表面を丁寧に数回なで、柿糖の発生を促す
（再度火力乾燥する場合有り）

↓

化粧縄で連を作り直す

出荷用に新しいもちの稲藁を使い化粧をし直す
連の上端をしっかりと結わえる

出荷する

連ごと、あるいは五連を一箱に梱包して出荷する

参考

①カキを収穫する道具

・竹の先端を四つ割りにし、小枝を挟んでカキが受け取れる幅を持たせ固定した、三～四メートルの長さの棹

・竹の先を逆さにして枝を一本残しカギを作って四～五センチに切り、これで引っかけ近くに引き寄せ収穫する

②連に編む稲藁

昔から作られているもち藁の丈の長い一メートル以上のものを特別に準備する

もち藁は少し早めに収穫し、青みが残っているものを使う

③竹串のサイズ
竹串は伐採してから三年以上経過して十分乾燥させた真竹を使う
竹節は掛けない
カキの大きさに合わせて、左表の寸法に切る

MS	四寸（一二センチ）
M	四・五寸（一三・六センチ）
L	五寸（一五センチ）
LL	五・五寸（一六・六センチ）
LLL	六寸（一八センチ）

④火力乾燥　熱源は練炭、薪などを使ったボイラーで温風を送る
温度は三〇度から始め、少しずつ上げて四〇～五〇度位までにし、二～三日間連続温風乾燥を行う

伊自良連柿の軒下乾燥

②関ヶ原の干柿づくり

関ヶ原の干柿づくりもその始まりは、他の地方と同様に自家消費用であると思われるが、販売目的で製造され始めた時期は古いと思われる。記録によると天保十四年（一八四三）旧山中村商人一〇名の中で、百姓商人四名がカキを取り扱っているとある。その後、明治十四年（一八八一）の関口議官巡察記録の「美濃国民俗誌稿」にも、旧山中村、松尾村の項で「この村では干柿を産し、婦女は中仙道周辺で店を出して、往復する旅人に干柿を売って業としている」と報告されている。この両村の周辺の玉や藤下、今須などには、カキの古木が今でも存在することから、当時から干柿を販売目的で製造していた地域はけっして多くはなかったが、相当量の生産、販売が行われていたものと思われる。

その後、大正初期には生産が拡大して販売対象も地元街道筋や県内にとどまらず、関西方面にまとめて出荷されるようになった。

この地方では、明治初め頃から南面は日当りを良くす

関ヶ原町における最近の干柿風景

るために大きく開き、北側は雨を凌ぐために傾斜を強くした藁葺きの片屋根という特徴をもつ「柿屋」と呼ばれる特別な乾燥小屋を作るなど、当時から品質向上の努力がされてきた。こうした小屋は最盛期には松尾を中心に十数棟あったといわれていた。それも平成十年代末頃までは二棟残るのみとなり、生産者グループによって管理されてきたが、現在ではすべて姿を消した。

大正元年（一九一二）発行の『柿栗栽培法』では柿屋について次のように記述されている。「乾燥小屋（柿屋）は藁葺きとし、南方に面し前方の高さ三間（約五・四メートル）これより後方に急傾斜をもって葺を下げたるものなり、而して地上一間（約一・八メートル）のところに一階を設け、下部は物置、上部を乾燥に充て。…南面に数條の丸太若しくは丸竹を結縛し、各八寸（約二四センチ）～一尺（約三〇センチ）の距離を保って横竹を架し、これに懸垂乾燥させる。降雨には蓆を吊り下げてぬれるのを防ぐ」とある。この乾燥小屋方式は大垣の柿羊羹製造店でも古くから用いられ、数棟の「柿屋」が建てられていた。柿すだれの昔からの風景はこの地方の秋の風物詩であった。

この地方一帯は礫質土壌で、土地がいつも乾燥しているため、屋敷や山畑、茶園の畦畔空地などには昔から渋ガキが多く植えられてきた。中でもこの地が原産といわれる〈田村〉（別名〈青檀子〉ともいわれている）は、樹齢二〇〇～三〇〇年といわれている古木が随所にみられた。この品種は中生の遅い品種で、十一月中旬頃の熟期。豊産性の大果で実の横断面は円形で溝がなく、甘味が強いので干柿として重宝されてきた。また一方、柿渋用の品種としても渋汁が多く、両者に併用できる特長があった。この他、干柿にされる品種としては量は少ないが、〈蜂屋〉が町内全体に分布している。また、やや小形の晩生種で甘味の強い〈赤檀子〉あるいは同じような小形の晩生種〈鶴の子〉などが干柿にされていた。これらの小形のものは自家用として軒下などに吊るされていた。

少しずつ伊吹下ろしが吹き始める十一月中旬頃になると、収穫された渋ガキは、果柄を切り揃えられ、余分な蔕は取られ、皮剥きカンナで蔕周辺をカキの肩部まで剥かれる。どの産地でもほぼ同様に行われている。

昭和三十年代中頃まで、カキの皮剥きは女性の夜なべ（夜間の作業）仕事で、一晩に三〇貫（約一一三キロ）以上剥く人が多かった。男性には、女性が剥いたカキを、予め用意してある野草の「なっきり」（なきりすげ、かんすげ）の両端にそれぞれ二個結び「柿屋」の竹に架ける仕事が待っていた。この際に使用する結び紐は、この地方独特のものが用いられた。それは伊吹山麓に生えている雑草の一種を、夏過ぎの農閑期に山から刈り取って来て、塩を入れた湯で煮てから乾燥させたもので、一升瓶の高さ（約四〇センチ）の長さに切り揃えたものを使用した。その後、個人で刈り取って使用する人は次第に少なくなり、一時は農協で乾燥「なっきり」が売られていたが、いつの間にかそれも姿を消した。その後、細縄やシュロの葉を細かく裂いて利用した人もあったが、昭和三十年代後半にはほとんどがビニール紐になっていた。その後干柿の生産者は次第に少なくなってきた。

また、この地方の干柿づくりは、先にも述べたようにやや晩生のカキが多く、古老の話によると「十一月も中旬を過ぎると周囲の山からの冷気の流入によって朝霧がしばしば発生するので、そんな時には稲藁や柴を焚いて煙を出して青黴の発生を防ぐ作業が行われていた。一帯に朝霧と煙がたなびき『柿屋』が幻想的風物詩となっていた」という。大正時代中頃から終戦前後までこうした干柿づくりを生産者が競い合って盛んに行い、大半を関西方面に、一部を名古屋や岐阜に、平箱に詰めて出荷していた。しかし、昭和三十年代後半には砂糖や甘味料が一般へも出回り、嗜好の変化や、社会情勢の変化などによって需要が激減したのに伴って価格も伸び悩んだこともあり、生産量は減ってきた。

こうした状況の中で〈蜂屋柿〉の干柿は、高級品として地元の菓子店に高値で買われた。この傾向は昭和五十年頃まで続いていたが、やがてだんだん少なくなった。最近ではかつての産地でも、自家消費用の干柿を各家庭の軒下に吊るしてある風景が、ところどころでみられる程度となっている。一方、渋ガキは柿渋利用に回され、生柿のまま八月下旬に収穫され、関西方面へ出荷されている（一五三頁「関ヶ原町」参照）。

③谷汲の干柿づくり

この地は昔から屋敷柿が多く、また山裾の原野では渋ガキが多く作られて柿渋の産地としても知られ、大正末期から終戦前までは柿渋を出荷していた。その後干柿生産が行われるようになると、華厳寺の山門を入った参道両側に並ぶ店の店頭で参拝客の土産品として販売されるようになり、一時は活況を呈していた。

品種は〈赤檀子〉〈鶴の子〉に加えて一部には〈田村〉など含まれていたが、これらの品種はやや大形で、一般には小形の干柿が多いため、他の地方から干柿を取り寄せて販売されたこともあった。この地の干柿は甘味が比較的強く、手頃な販売価格で好評を得ていた。

収穫は十一月中旬頃に始まり、年末年始の参拝客を対象に販売されていた。しかし、冷涼な土地柄ゆえ天候に左右され易く、霧や露による青黴の発生には毎年悩まされて、干柿がカビによって黒変する苦労を度々繰り返しながらも品質向上が図られてきた。

干柿は他の地域と同様に、皮剥きしたカキの枝を十数センチに切って輪にした細縄に挟み、軒下などに吊るして乾燥させる方法である。一時期この地でもシュロの葉を細かく裂いて二個を一連として乾燥させていたこともあった。

最近では主に自家消費目的のものが各家庭で作られ、軒下に吊るされている。

④堂上蜂屋の干柿づくり

蜂屋柿（堂上蜂屋）の歴史は古く、平安中期の藤原明衡「明衡往来」の中に朝廷にカキを献上した文書が見え（詳細は九一頁「堂上蜂屋の保存木」参照）、千有余年にわたる経過を辿ってきているようすがうかがえる。また、「美濃明細記」に「甘味格別にて風味軽し、江戸献上ははじめは生熟柿にし、後釣柿として再び献上する」とある。干し上がった蜂屋柿は極めて緻密にして種子が少ない、甘味が強いため舌ざわりが格別よく、色が透き通った飴色を呈して見た目も抜群で、極めて長きにわたって全国的に高く評価されてきた。

尾張藩を通じて上納されていた当時は、〈美濃柿〉や〈枝柿〉として、品質毎に厳選されて等級を付けられ、木箱や木枠に納めて送られた。

寛文年間（一六六一～七二）には尾張藩から蜂屋柿の注文が急増したため、周辺の上之郷や坂の東、川小牧などから原料生柿を集荷するために奔走した記録が残っている。それでも不足ぎみで、周辺に蜂屋柿の苗木を配布し増産に励んだという。こうして集められたものの中には、〈蜂屋柿〉の他〈た

堂上蜂屋の乾燥風景

いしろ柿〉も相当数含まれていたが、厳選される過程で規格外とされ、串柿として取り扱われてきた。

明治六年以降は、前にも述べたように内外で高い評価を受けていたものの、幕府の特権がなくなった影響は大きく、決して平坦な道のりではなかった。また、江戸中期に配布され、屋敷内や屋敷周辺に植えられた苗木が最盛期を過ぎ、原料生柿の生産は次第に減じる傾向にあった。それでも大正七年には、農商務省より副業奨励事業として認められ、多額の補助金を受けて全国的にも知られていた。

一方、当時の栽培技術の状況から、放任仕立と推定されるが、〈蜂屋柿〉品種の弱点として、樹勢が弱く着果率が低いことや隔年結果性が高いことに加えて、気象災害による生産の不安定化が顕著化していた。

また、製造加工の面でも高度な技術が必要とされるうえに、秋の稲の穫り入れ期間中という、年間を通じて農作業が一番忙しい時期に一カ月以上を要するカキの乾燥管理の期間が重なる等の不利な条件が次々と重なった。このため昭和十年代には、自家消費がほとんどで、販売目的の生産者は一～二軒に減少した。

大正末期には三万貫（約一一三トン）あった生産量が、終戦直後の昭和二十一年には一〇〇貫（約三八キロ）にまで激減した。この間地元では「蜂屋柿販売組合」を組織し「蜂屋柿カンフェト」

というゼリー菓子の製造販売を試みたが、この時代のこと、長続きしなかった。

一方、中山間地帯の振興政策として全国に拡大していた養蚕業ブームは大正~昭和にかけてこの地にも広がり、とくに盛んだった昭和の十年代には、蜂屋地内は見渡す限りの桑畑と化し、所々にイモ畑（サツマイモ）が見られる程度だった。その当時、昔からの蜂屋柿の干柿づくりの技法を守って製造していた人は二~三名であったが、ようやく昭和五十年代に入って農協等の協力もあって、「蜂屋柿を再び世に出そう」という気運が高まり、同五十三年、生産者二五名が集まって「名産蜂屋柿振興会」が結成された。

それ以降「蜂屋柿の母木」より接穂を採取し、優良苗木の生産、配布を積極的に行ったため、新植カキ園も順調に育ち、同六十年には会員数も七〇名にまで増えた。そして、平成元年には量産体制を整えるため、「名産蜂屋柿振興会」を市全域に対象を広めた「美濃加茂市蜂屋柿振興会」として再編し、同六年には会員数一一一名となり、作付け面積も約一三ヘクタールに及んだ。また、同十一年には蜂屋干柿を全国的にＰＲすることと地域ブランドとして確立することを目的に「蜂屋柿商標登録」を取得した。

しかし、その後は前にも述べたように〈蜂屋柿〉の樹勢がやや弱く、生産性がやや低いという弱点に加え、伝統に培われた生産方式は手づくりそのもので、皮を剥く作業は一日に一〇〇~一五〇個と限界があり、天日干しは一日に何度も方向を替え、「ニゴボウキかけ」「手もみ」など一個一個丁寧、丹念に取り扱う繊細な作業であるため大量生産に向かない点。さらに重い生柿を扱う重労働もあることから、高齢化が進む一方、後継者不足で、生産を見送る人は増加して、平成二十三年には会員数が六八名にまで減少した。

他方、新植されたカキの木が成木化されるにつれて、生産量は全体として増加しているが、一軒の年間生産量は約二、〇〇〇個にとどまり、一個平均四〇〇円の価格を確保しても年間八〇万円前後と厳しい状況にある。このため、平成二十六年には、五年振りに販売価格の値上げに踏み切り、出荷量五万個を目標に、関係者、生産者の懸命な努力がなされている。

なお、昭和五十三年蜂屋柿振興会を結成以来、品質を競う「蜂屋柿品評会」を毎年開催している。

・干柿づくりの概略

柿の収穫

収穫時の天気を考慮して二日置き位に適期収穫する。
富有柿用カラーチャートで赤道部の色は4B～6とし、果皮の色に緑色のないものを収穫する。

↓

追熟

収穫時にすでに完熟しているものは追熟しない。
適期収穫果は追熟三日間を原則とする。

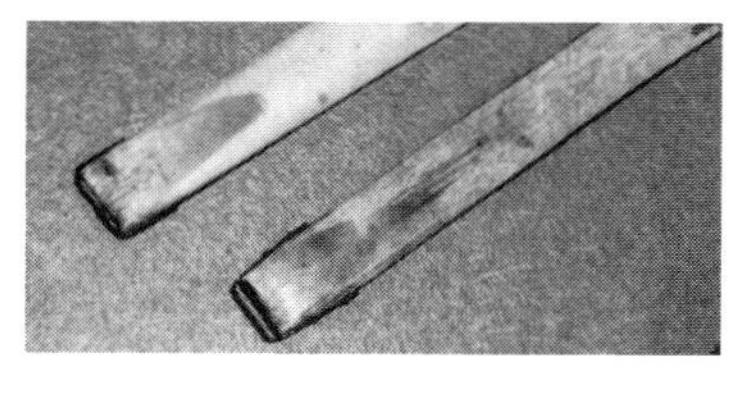

皮剥き道具（カンナ）

収穫後の天気工合も考慮しつつ、陽光の下で行うが、強過ぎる場合は新聞紙一枚を覆う。

親指と人差し指でかるく押し、少し弾力を確認した時を終了時とする。

蔕取り

蔕取りは蔕と果実の付着部と離脱部の境を果柄方向に親指で押しちぎり、
できるだけ小さく四角形に近づける。

剥皮

蔕の周りは果実の肩部まで二周位丸く剥き、その後は果実の形にそって縦方向に剥く。

（この場合蔕がほぼ四角形になっているので、皮が残らないように注意する）

翌日の天気に注意し、雨天の予報の時はできるだけ避ける。

完全に剥き終わったら、果実の表面に渋汁が浮き出てくるので、柔らかい布で丁寧に拭き取る。

連づくり

柵の段差の幅に見合ったビニール紐の長さの両端に柿を結び（後の整形時にはずれやすいよう）
二個ずつの連にする。

燻蒸

予め連を架けビニールで密閉できる燻蒸室を用意する。

皮剥きしてから表面ができるだけ乾かないよう、できたら三時間以内に密閉室に入れる。

硫黄華は容積一立方メートル当たり一〇グラムとし、二〇分以内で燻蒸する。

柿が接触しないようにする。

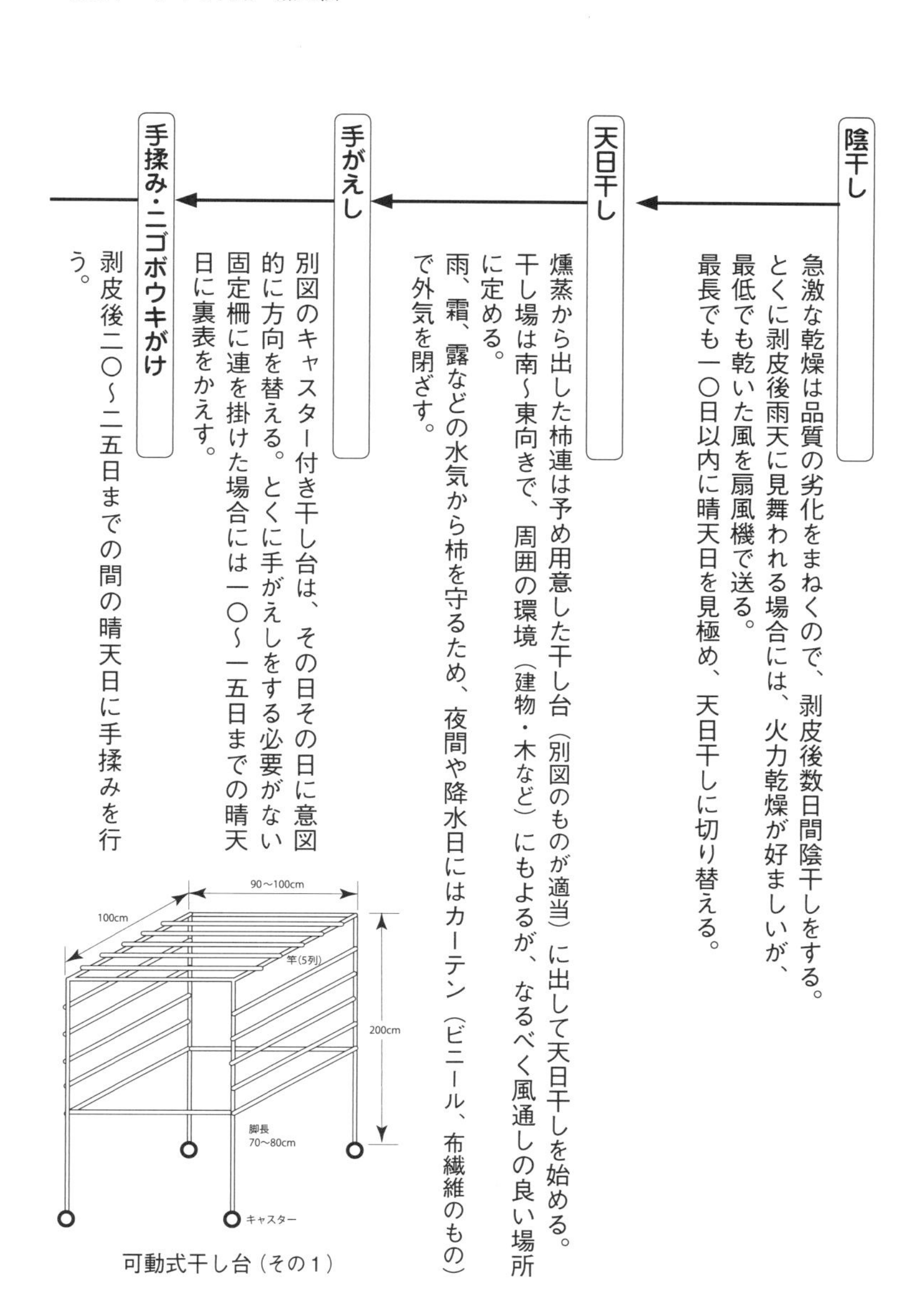

陰干し

急激な乾燥は品質の劣化をまねくので、剥皮後数日間陰干しをする。とくに剥皮後雨天に見舞われる場合には、火力乾燥が好ましいが、最低でも乾いた風を扇風機で送る。最長でも一〇日以内に晴天日を見極め、天日干しに切り替える。

天日干し

燻蒸から出した柿連は予め用意した干し台（別図のものが適当）に出して天日干しを始める。干し場は南～東向きで、周囲の環境（建物・木など）にもよるが、なるべく風通しの良い場所に定める。雨、霜、露などの水気から柿を守るため、夜間や降水日にはカーテン（ビニール、布織維のもの）で外気を閉ざす。

手がえし

別図のキャスター付き干し台は、その日その日に意図的に方向を替える。とくに手がえしをする必要がない固定柵に連を掛けた場合には一〇～一五日までの晴天日に裏表をかえす。

手揉み・ニゴボウキがけ

剥皮後二〇～二五日までの間の晴天日に手揉みを行う。

可動式干し台（その１）

柿の乾き工合を見ながら利き手の親指、人差し指、中指に圧力を加え、柿の中心部と表層部の水分の均一化につとめる。

手揉みの時「ミゴボウキ」で全面を丁寧に掃く。

陰干し

手揉み後二～三日間、密閉した部屋に入れ陰干しをする。

果内の水分の均一化をはかり、糖分（白糖質）が表面に出現するのを促す。

柿の表面は重厚な飴色になる。

仕上げ乾燥

糖分（白糖質）がふいたら確認して再度晴天日に一～二日間天日干しをする。

当日が雨天の場合は延期して風通しの良い所で乾燥させる。

整形・出荷

干柿から紐をはずし、一個ずつ手で丁寧に形を整えながらサイズ別に選別し、箱詰めを行う。

箱詰めした干柿を出荷しない場合には低温保管が望ましい。

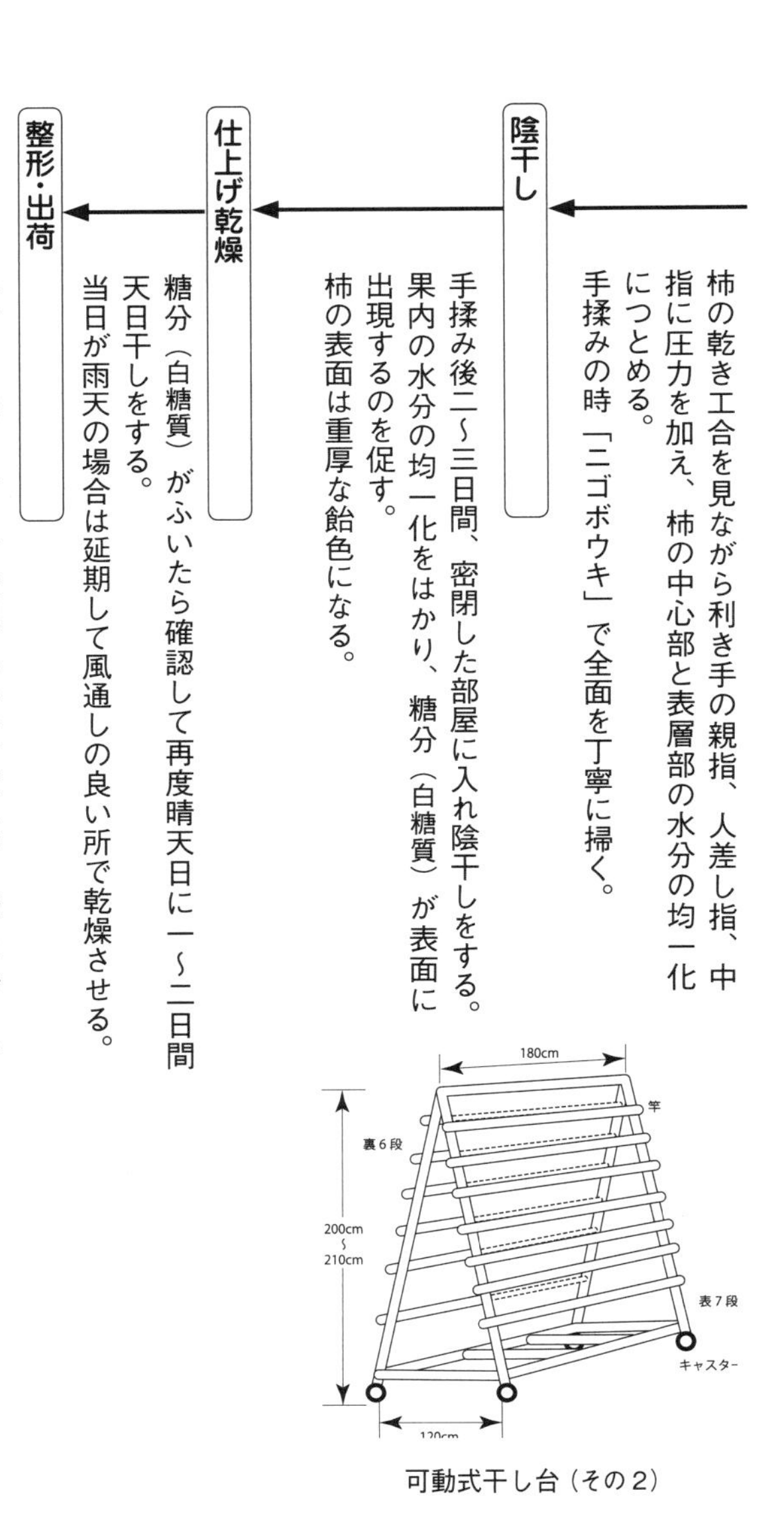

可動式干し台（その2）

⑤延年蜂屋柿づくり

郡上市の大和、和良、明宝などでは古くから自家消費の干柿づくりが行われてきた。

一方、白山信仰華やかなりし時代、白鳥の長滝白山神社で行われる「六日祭り」（花奪い祭り）には古来から菓子台に供物の一つとして干柿が供えられていた。また、かつての白山神社参拝者は宿坊で柿の湿布を使って長旅の疲れを癒していた。

そのような歴史を重ねてきた干柿で地域おこしをしようと、旧白鳥町園芸特産振興会が立ち上げられ、平成十五年から地元農家に〈蜂屋柿〉の苗木を斡旋し、干柿の商品化を本格化させた。四年経過した同十九年には栽培農家は一二〇名に増え、柿の木一、五〇〇本を栽培するまでに至った。同時に「延年蜂屋柿」を商標登録し、特産品として参拝者や当地を訪れる観光客対象に販売の促進をはかった。

当地方には昔ながらの〈富士柿〉（一名〈富士山〉）を干柿にする慣習が今でも残存するが、最近では〈延年蜂屋柿〉が全体の

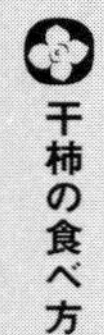

干柿の食べ方

あんぽ柿の小型のものや、押しガキにして型を圧縮した干柿は別であるが、吊るした干柿の一般的な食べ方は、①蒂を外して蒂の元に表皮が残っていないか確かめ、ある場合には表皮も除く。②両手で蒂の付いている方を上にして、おおよそ半分になるよう裂く。③半分のものをさらに半分に裂いて四等分とする。

種は四等分にした時に取り除く。決して干柿一個のままでかぶりつかない。

六～七割を占めるまでとなっている。価格は極上品の九個入りが八、〇〇〇円、特選品は同じく九個入りで六、〇〇〇円と、一個九〇〇～六〇〇円の評価をされ、比較的高値販売がされている。

干柿の作り方は、「蜂屋の干柿づくり」とほぼ同じように、完熟した柿を目安に収穫し、丁寧に皮を剥いて硫黄燻蒸を行い、陰干し、天日干し、丹念な手揉みと、約四〇日を掛けて作り上げていく。

最近では配布された〈蜂屋柿〉の苗木が成木化するのに伴って収量も増し、干柿製品も増える傾向になってきた。また、市内全域のイベント等の機会をとらえて販売を拡大するよう関係者の努力がなされている。〈延年蜂屋柿〉としては、年間五、〇〇〇個前後の出荷となっている。

なお、大正中頃から昭和の初め頃には、和良地区でも屋敷柿を収穫した干柿づくりが盛んに行われ、箱詰めして関や岐阜方面へ出荷されたが、その後は終戦前後の食糧増産のため、他の作物に転作されるなどしてだんだん少なくなった。しかし、昭和末から平成にかけて、干柿再興で地域おこしを図ろうと、地元の農家数名によって〈富士柿〉や地元に昔からある渋ガキを利用した干柿が作られ、地元の道の駅などで販売されている。

⑥恵那の干柿づくり

恵那での干柿づくりは、昔から農家の自家生産、自家消費のものが多かったが、藤では〈富士山〉の生産が多く、江戸末期には、皮を剥いた〈富士山〉二個を藁で結んで、軒下など雨露の当たらない日当りの良い所で乾燥させたものが地域特産物として販売されていた。

また、山岡や明知などでも〈かいぞぼ（かいつぼ）〉という地元の小形の在来種を用いた干柿づくりが各農家で行われていた。中でも串原・大平あたりでは、この地独特の〈立石〉という中～やや大きい渋ガキ品種が用いられ、串柿づくりが行われていた。それ以外でも渋ガキは相当数干柿づくりに向けられていた。

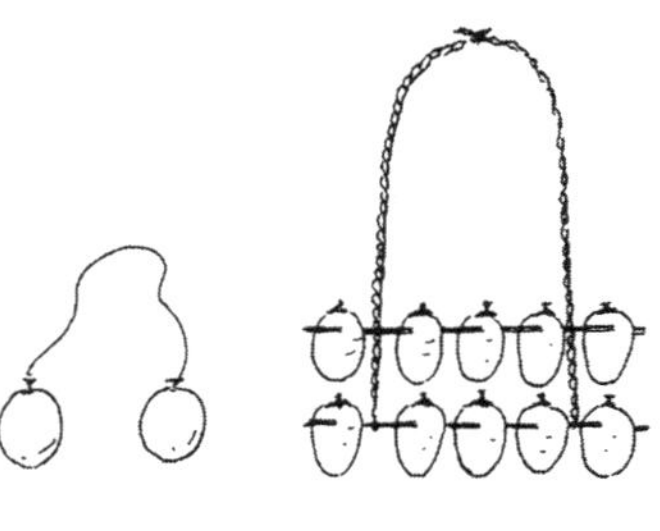

恵那のつるし柿

串柿は以前から稲架として使われていた古い架の竹を割って細い竹串を作り、一本に五個挿して両端一個残した二カ所に細縄を通し、一〇段編んで五〇個を一連として、これを一枚と呼んでいた。時には使用済みの古い番傘の骨を柿串として再利用していた。

連に編まれた串柿は外の架に掛けていたため、夜露に当たるし、運が悪いと雨に当たる時もあるが、一〇日～一五日程置いて、適当に乾くと架から外し、室内に取り込んで莚で覆って数日間置いて、再び屋外に出した。二回目の屋外は、雨露の当たらない軒下などに吊るし、注意を払って白い粉の吹くのを待っていた。この地方で生産の多い人は、一軒で二〇～三〇枚作り、仲買人を通じて名古屋方面に販売されていた。

⑦益田あまぼしのつくり方

旧益田郡での柿栽植の起源は不明であるが、明治大正期にはすでに各地の屋敷などに柿が多数散在した。とくに萩原、下呂では〈富士柿〉〈蜂屋柿〉〈まんが〉〈檀子〉など渋ガキの品種が多く、干柿づくりが各農家で自家消費用として一般化していた。ところが、大正から昭和初めにかけて、尾崎、野上地区を中心に販売目的の〈富士柿〉や〈蜂屋柿〉の干柿づくりが盛んになり、組織化されて協同出荷、協同販売が始められた。

当初は関や岐阜方面に出荷されていたが、昭和十年代には開通間もない国鉄高山線を利用して、関西市場に販路を拡大した。そして、「益田あまぼし」として名声をあげ、販売実績も伸びた。この時の干柿は、大形のものは二個を結んで一連とし、小形の品種は串柿としていた。

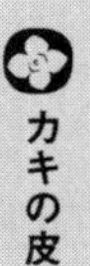

カキの皮

干柿を作る際に出るカキの皮は、昔から各々の家庭で蓆(むしろ)干しにし、子どものおやつやお茶うけにしたり、漬物の甘味料として広く使われていた。一方規格外の甘ガキは、大量に廃棄されてきた。この両者の量は全生産量の五〜六パーセントから最大一〇パーセントに達すると推定されている。このため以前から廃物の利活用が検討されてきた。

とくに皮に多く含まれているカロチノイド成分を有効活用した化粧品や生活用品の他、ニワトリの飼料に混合して与えると卵黄の色が橙色になり卵の成分も増すといわれ、実用化が進んでいる。

安政年間の「広益国産考」でも、「渋ガキの皮をそのまま日に干してたたいたり臼で粉にして米の粉を加えゆでて食べるとおいしく、食糧の補になる」と述べている。

従来の自家消費用の干柿は自然乾燥を主としていたが、この方法はその日その日の天気の影響を受けて、しばしばカビの発生、柿の黒変化などで外観を損ね、食味の低下などで商品価値を低下させた。そのため、この地では協同出荷に踏み切った頃より、火力乾燥法を導入して良品生産に取り組んだ。
終戦直後、昭和二十二年頃の「益田あまぼし」づくりの大略は次のとおりである。

・益田あまぼしのつくり方の概略

果実の採取

柿は十分に成熟したものを採取する（適期収穫）。
早く採取し過ぎると乾燥歩合が悪く、果は萎縮硬化し甘味が少ない。
遅過ぎると肉質が軟化し、食感が悪く外観を損なう。

果実の採取法

なるべく寒冷晴天日を選ぶ。柿は丁字枝を付けて取る。
採取時には霜、露など水滴が付いていないことを確認する。
屋内で数日間休ませる。指で押してわずかに軟らかみを感じる程度にして剥皮する。

昭和13年、高山線上呂駅から
大阪に出荷される益田あまぼし

剥皮

最初蔕部周辺を剥皮器にて横に、その後縦剥きとする。

果皮は残さない。

黒変を防ぐため、剥皮後直ちにきれいな木綿布にて果面の渋をすべて丁寧に取り除く。

紐かけ

大果の〈富士柿〉や〈蜂屋〉は細縄の両端に結ぶ。

小果の串柿にするものは、予め竹を用意する。青竹を用いず、古竹でしっかり乾燥したものを使う。

硫黄燻蒸

面の酸化褐変によって商品価値を失わないように必ず行う。

剥皮直後、室内の竿に掛け、室内一〇〇立方尺（約二・七立方メートル）に硫黄華四斤（約一五グラム）、燃焼時間三〇分間以内とする。密閉する。

小形果の串柿は燻蒸時間を短縮する。

乾燥機入れ

機内の竿に平行に吊るし、柿と柿とを接触させない。

一〇〇立方尺（約二・七立方メートル）で一〇〇〇～一五〇〇個を処理する。

排気と吸気口の操作を適確に行い、換気に注意する。

最初に温度をあげない。温度が高いと果皮が硬化し、脱渋が困難となる。

大果の〈富士柿〉は三日間、中果の〈蜂屋柿〉は二日間位とする。

乾燥むらを防ぐため、時々柵の上下を転換する。

天日干し
乾燥場はやや高い土地で通気よく、南面陽の当たる場所。
果面が硬化して乾燥速度が鈍った場合は、室内に入れて調整する。
水分均衡がとれたら、再度屋外に。
降雪時は室内に入れる。
霜、霧対策はしっかり行い、菰、筵を使用して変色を防ぐ。

→ 仕上・箱詰

なお、前に述べたように昭和二十～三十年代前半に好評を得て、関西方面に出荷していた当時の「益田あまぼし」も、昭和三十年代後半からの高度経済成長期に入ると、次第に生産者が少なくなり、自家消費に主軸が移ってきた。

その後、時代の変遷とともに高まりつつあった消費者の自然志向を受けて、昭和六十二年、尾崎を中心に「萩原町飛騨富士柿生産組合」が六〇名で結成されて、萩原町の特産品として柿生産に取り組んでいる。組合の活動はまず地元で好評の〈富士柿〉を選抜して接穂を採取し、それを稲沢市に送って、この地に合った苗木を育てて配布することから始められた。これによって六、〇〇〇本を超える苗木が新植されて生産量も年々増加、ビニールによる干柿の乾燥場も備えて、平成七年頃からは生柿の出荷も始まり、本格的に干柿の生産も開始された。

伊自良の皮むきカンナ

干柿を作る際に行われるカキの皮むき作業は、近年の大量生産体制では機械化されているが、昔から皮むきの台カンナが使われていた。伊自良では大正時代に数名のカンナづくり職人が居て生産者に供給していたが、最近では平井に一名のみとなった。ここでの作り方は次のようである。

カンナの台は竹材で、地元の竹林で数年を経過した太い孟宗竹を使用する。これは手触りが良く握りやすいもので、また狂いの生じない肉厚のものが求められている。切り出した竹材は天日干しにし、さらに細割りして乾燥を十分行い、狂いやカビの生じないよう丁寧に吟味して使う。

カンナの刃は昔より柱時計の鋼のゼンマイが使用されてきた。最近では時計の乾電池化でゼンマイの入手が困難になっているが、今も古時計を解体したゼンマイが使用されている。ゼンマイは所定の大きさに刻み、刃付けを行って竹台に装着するが、刃と台材の間隔は一ミリ程度で、間隔が広いと皮厚となってカキが小さくなり、狭いと皮が詰まって作業が捗らない。

昭和三十年頃までは伊自良村（当時）では十円で販売され、一時は本巣町や高富町など近隣にも及び、さらに遠く長野県などに広がったこともあった。

4 柿酢づくり

醸造酢の歴史は古いが、柿果から食酢を造る歴史はそれほど古くなく、百有余年前の明治末期のカナダでカキの実の実験中に偶然発見されたといわれている。

その後、明治～大正の書物にも「柿酢づくり」が記載されているが、当初は「熟期に近い落果した柿を集めて作る廃物利用で……」と記され、食品衛生上の問題があり、また、一方柿酢づくりの段階で「アルコール醗酵」が伴うため「酒税法」に触れるということもあって、自主規制がなされてきたこともあって、それほど広がりをみせなかった。しかし、厳密な法律解釈上の問題は残っていたが、昭和五十年代に入り、自然志向の高まりや農産物の六次産業化の話題が契機となり、自家用「柿酢づくり」の試みが各地で起こった。県内にあっても数カ所の人々によって「柿酢づくり」が始められた。

柿酢づくりは醸造の過程で柿の甘味を酒にかえる「柿酒づくり」（第一段階）と、酒を酢にかえる「柿酢づくり」（第二段階）の二つの醗酵作用を分けて理解することが肝要であるといわれている。即ち、第一段階の「柿酒づくり」は空気に触れるのを嫌う嫌気性菌の作用で分解が進むので、柿の表面が空気に触れないように口の小さい瓶などを容器として使い、柿を納めた後に表面にラップなどを掛け、蓋をして速やかに醗酵を促す。ブクブクと発泡して醗酵が終わったら、甘味が消失しているか味見をして確認する。そして、布などで漉し、滓（おり）を取り除き、溶液をできれば広口の瓶に移す。

第二段階の「柿酢づくり」は醗酵により空気を必要とする好気性菌を積極的に活動させるため、室温の比較的高い所（直射日光は避ける）に安置して酢酸醗酵を待つことになる。

入れられている容器や置かれている場所、あるいは気象条件などにより異なるが、この第二段階は長い日時をかけて熟成させた方が良い柿酢ができるといわれている。二〜三年熟成させると、よりこくがあり、まろやかになる。原料柿は甘ガキでも渋ガキでもよい。

昭和五十年代後半に県内で醸造されていた民間での「柿酢づくり」の主な工程は次のとおり。

・本巣市文殊の富有柿栽培農家の例

①原料柿は過熟気味の少し軟らかくなった富有柿を使用。

②果皮をきれいに拭き、蔕を取り除く。皮はそのままにする。

③果実を潰さないよう密着させ、上面をできるだけ平にして瓶の中に丁寧に並べる。

④並べ終わった上に新聞紙を数枚重ねて、軽く密着するように手で押さえる。瓶に蓋をし、全体にビニール袋をかぶせる。ハエなどの侵入に注意する。

⑤瓶は暖かそうな所に置く。

⑥四〜五月には酒の香りがし始め、しばらくすると酢の香りが漂うようになる。異臭がしたり、黒変していたら失敗なので中断する。
⑦夏を過ぎ秋になって瓶の中に竹製のザルを沈め、できた酢をすくい取る。
⑧一〇キロの柿から五〜六リットルの酢が得られる。

・海津市南濃町の柿研究会の例

①原料柿は表面を濡れた布できれいに拭き、蔕を取って瓶に入れる。
②すりこぎで細かく破砕して、ぐちゃぐちゃにする。
③市販のドライイーストを原料柿一キロ当たり一グラムの割合でよく混入する。
④表面をラップで覆い、空気に触れないように注意する。
⑤日の当たらない涼しい所で二〜三週間醗酵させる。
⑥味見して甘味が無くなったら、晒布で軽く絞って固形物を除く。
⑦広口の瓶に柿汁を入れ、空気に触れさせるが、塵埃やハエなどが入らないように晒など布を被せ、しっかりと紐で結ぶ。

なお、県下には八百津町や山県市を始め、数軒の柿酢の製造販売業者がある。

5　柿を使用した県内の菓子類

菓子の「菓」は字のごとく草と果物の果実そのもので、その源は野山の木の実や果樹あるいは山野草を食料にしていた時代に遡るといえる。そして、菓子作りはこれらの原料を砕いたり灰汁を抜いたり、手を加える技術を身につけることに始まる。

その後、七世紀には遣唐使によって唐より砂糖がもたらされ、甘味料としてこれを加える技術が伝わったが、砂糖は極めて貴重で限られた特権階級の人のみ使うことができた。当時、一般的な甘味料としては、米もやしや麦芽から得る飴や甘葛などが使われていたが、一部の貴族や祭祀用の供物として用いられ始めた砂糖は、その後の和菓子に大きな影響を与えた。

戦国時代には、茶道の普及により和菓子はその地位を確立した。以後の時代も公家や武士の保護のもとで、独特の技術が発展して現在の和菓子の基礎が形づくられていった。

町人文化が著しく発展した元禄年間（一六八八～一七〇四）には、木の実、果物、五穀、山野草などの粉を加工した一般庶民向けの和菓子が多く生まれた。原料を粉にし、それを精製し、焼いたり蒸したり揚げたり練り物にしたり、またそれを併用した多種類の和菓子が生まれた。菓子の長い歴史の中で干柿が菓子そのものであることは先にも述べたが、昨今の干柿を使用した和菓子はこの頃に芽生えていた。

現在でも代表的な和菓子である寒天を固めた練羊羹は、寛政頃（一七八九～一八〇一）に考案され、文化文政年間（一八〇四～三〇）に江戸で全盛となるが、このすぐ後、大垣で干柿を使った半生菓子の画期的な「柿羊羹」が生まれた。

その後、明治に入っても、全国有数の柿の生産県である岐阜県内の菓子製造業者は、各種の銘菓を生み、全国的に有名になった。現在県内で製造販売されているカキを使用した菓子類は別表（三四六頁）のとおりである。

県内の干柿を使った和菓子は前述の「柿羊羹」を始め多種多様で、最近では三〇種類以上に及ぶ。これらの和菓子は干柿の中に求肥（ぎゅうひ）、白餡、クリ、ゼリーなどの原料を入れ、干柿の自然の形や食欲を誘う飴色を大切に留めて加工したものが多い。巻柿は干柿そのままの形とは異なっているが、見た目も細やかで、包装素材に竹皮や藁を使った日本人らしい食文化の傑作である。現在、その他にも生柿から作ったゼリーやスナックなど、形を全く変えた菓子類もつくられている。

スナックやゼリーには生の富有柿が原料として用いられる。スナックには生柿をスライスしたりチップにしたりして、乾燥した形で用いられるのに対して、ゼリーにはペースト状や、ジュースに加工したものが用いられることが多い。また、特別な例として柿の葉を乾燥して粉末にした原材料も使用されている。

①巻柿

巻柿は平家の落武者が保存食として作ったのが始まりといわれているが詳らかでない。国内の柿生産地のうち数県で作られるようになったのは明治の中頃のことで、それまでは徳島県と大分県の両県で盛んに製造されていた。明治末頃には、この影響を受けた本県でも、長野、岡山、滋賀県などと共に生産を奨励し、関東や関西の市場へ出荷した記録がある。当時県内では加茂郡、奥美濃、山県などが主産地で、昭和二年には、加茂郡から遠く広島県湯来町まで講師を派遣して指導を行い、成果を上げている。湯来町では盛衰はあったものの、最近では年一万本以上の巻柿を生産し、地域の特産品化に成功している。

巻柿は干柿の両端を切って切り開き、種子を除いて重ね合わせ、竹皮に包んで荒縄で巻き込んだ保存食で、輪切りにして食するものである。土地によっては柿巻とも呼ばれている。

明治末頃の巻柿作りの指導書には、大略すると次のような項が記されている。

①原料は干柿を使用するが、形は長形かやや小振りの大きさが良い。
②干柿の表面には十分白粉（糖分）の現れたものを使用する。
③原料の干柿は厳選して良品質のものとする。とくに果肉の濃いものを選ぶ。
④仕上がった巻柿を輪切りにして食するか、断面に出る白粉の模様を大切にし、「花形マキ」「松

笠マキ」など名称を付けて大切にする（金太郎飴のようにどの位置で切っても同じ模様が出る作り方を貴重にしていた）。

このため干柿の両端を切って種子を出し重ね合わせる。その重ね方に経験と技術を要する。

⑤包装用の藁、竹皮、縄にも気をつけ、新鮮で十分に乾燥させたものを使用する。

⑥形は紡錘形をなし、中央と両端はあらかじめとくに強く締める。

⑦藁の上から細縄で形を整えながら強く丁寧に巻いていく。

⑧仕上がった巻柿の保存はさらに二週間程乾燥させる。

⑨梅雨期の保存には柿の変質と害虫やカビの発生に憂いのないようにする。

ア　奥美濃における巻柿

巻柿は自家生産、自家消費が多いが、奥美濃地方（八幡、明方）に昔から伝承されている食べ物の一つとして、お茶うけや子供のオヤツに、また夏の贈り物としても珍重されている。ここでは巻柿の芯に柚の干切りを入れることが古来より行われ、地元では「ゆず芯まき」と呼んでいる。

・「ゆず芯まき」の作り方（例）

①まずよく乾燥した長目の干柿の蔕を外し、開いて種子を取り除く。

②竹皮の内側を広げ、その上に巻寿司を作る要領で開いた干柿を並べる。
③手頃な太さになるよう何個か積み重ねる。中央に柚の皮をカンピョウのように細長く剥いて数本並べる。
④竹皮に巻き込む。
⑤畳糸のような丈夫な糸か細縄で両端を始め何箇所か縛る。
⑥雨露の当たらない軒下に二～三週間吊り下げておく。
⑦食べる時は竹皮を開き一センチ程の厚さに輪切りにする。
⑧夏頃まで日持ちする。冷蔵庫で保管するとよい。

イ　伊自良の巻柿

伊自良の巻柿の歴史も定かではないが、昭和の初め頃には多くの家で自家消費あるいは個人の贈り物として作られていた。平成に入ると旧村商工会の呼びかけで誕生した特産品村おこし団体「巻柿グループ」の手によって巻柿作りが始まった。

当初は数名の年配の経験者が作り、新しく開設された朝市（のちの物販所しゃくなげの里）で贈答用として販売された。その後、製造人員も十数名に増え、巻柿の種類も「ゆず入り巻柿」をはじめ、本来の藁や縄を使用したものや、色紙で包装したものなど、六～七種類になって、一本八〇〇～一、五〇〇円で販売されている。最近では年間一、〇〇〇本程作っている。

・巻柿の作り方（例）

①干柿二一個と柚一個を準備する。
②蔕を取り除き、その反対側も一部取り除いて切り開き種子を出す。
③八個の切り開いた干柿を形が整うよう一部重ねて均一的な厚さにして並べる。
④蔕を取り除き種子を出して半分にした干柿五個を③の上に重ねて並べる。
⑤柚の皮の干し切り八～一〇本程を④の上に並べる。
⑥半分に切った干柿を⑤の上に並べる。
⑦③と同じ要領で八個の干柿を反対方向に重ね並べ、厚みをできるだけ同じように並べる。
⑧巻寿司などに使う巻簀で巻き込み形を整える。
⑨稲藁を使い、できるだけ厚さが均一になるよう覆い、ビニールテープで固定する。形を円筒にする。
⑩仕上げた後は二～三週間なじませるため寝かせる。
⑪保存は春頃までで、それ以降は冷蔵庫に入れる。

②家庭でできるカキを使った菓子類

最近各家庭で作られている柿を使った菓子の例を次に述べる。

■カキゼリー（例）■

材料（五人分）

甘ガキ（生）二個

砂糖　六〇グラム

ゼラチン　大さじ一

①完熟した甘ガキの蒂を外し、皮を剥き種子を取り除く。

②①をざく切りにしてミキサーにかける。

③ゼラチンに二分の一カップの水を加え、なじませておく。

④②を火にかけ砂糖を加え、煮立ったらその後しばらく火を消し③をよく混ぜる。

⑤所定の型に流し入れ、常温になったら冷蔵庫に入れ固まるまで冷やす。

■カキプリン（例）■

材料（六人分）

甘ガキ（生）一個（一五〇グラム）
牛乳　一三〇CC
砂糖　適宜
バニラエッセンス　適量

①完熟した甘ガキの蔕を外し、皮を剥き種子を取り除く。
②①をざく切りにしミキサーにかける。
③②がピュレ状になったら牛乳を注ぎ入れ混ぜる。
④③にバニラエッセンスと好みにより砂糖を適宜加える。さらにミキサーにかける。
⑤④がよく混ざったら所定の型容器に入れる。
⑥⑤を冷蔵庫に入れ固まるまで冷やす。

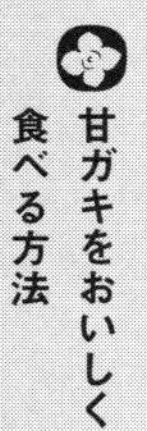

甘ガキをおいしく食べる方法

まず購入する際においしいカキを見分けるには、①カキの肩がしっかり充実し、形が良いこと。②カキに光沢があって、みずみずしく、全体に赤く色づいていること。③蔕が整形をして湿り気があり、実との間が密着していること。

蔕を下にしてカキを置き、やや四角い実に対し十字になるよう二回に刃物を当てて四つに切る。切ったカキ片の蔕を切り除くが、カキの中心部には果芯と呼ばれる白色の部位があるので、ここも少しのみ蔕取りと同時に取り除く。そして、皮を縦に弧に沿って剥く。

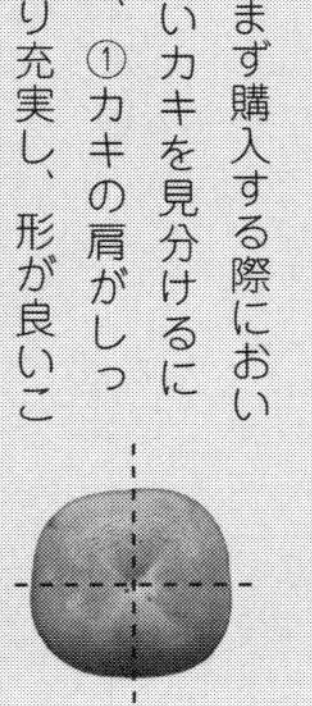

■カキジャム（例）■

材料

甘ガキ（生）　一キロ

砂糖（赤ザラメ）　六〇〇グラム

レモン（中）　一個

①柿はよく熟したものを使う。皮を剥き、蔕、芯、種子を取り除く。

②①を薄く刻み、大きさ二センチ、厚さ二～三ミリ位に細かくする。

（この場合、煮立てた時つぶつぶが残るのでミキサーにかけてもよい）

③レモンはきれいに洗って二つ割りにし、搾り器でジュースにする。

④③のレモンの皮は内側の薄皮を丁寧に取り除き、できるだけ細かく刻む。

⑤厚手の鍋に②の柿と④のレモンの皮と、それに砂糖を加え中火で煮る。

途中で③のジュースを入れる。

⑥二〇～三〇分位経過してジャムの固さになったら火を止める。

⑦ネジ蓋付きの小ビンを準備し、一〇分間位煮沸殺菌して、ジャムの熱いうちにビンに詰め、しっかり蓋を締めて常温になったら冷蔵庫で保存する。

③その他

・カキケーキ

加茂農林高校では数年前より地元堂上蜂屋の干柿を使用したパウンドケーキを商品化し、校内で販売している。

作り方は比較的シンプルでパウンドケーキを練り込む時に、蔕を外した干柿を五ミリ程に刻んで中に入れて焼くことである。しっとりとした柿の甘味が出て、堂上蜂屋の風味が生かせるということである。

・カキアイス

旧糸貫町の農産加工研究会では、地元の富有柿を使った柿アイスを考案し、朝市などで販売している。

作り方は、牛乳と生クリームを使ったアイスにミキサーで細かく潰した生柿を混ぜたもので、柿の甘さと歯ごたえが楽しめるという。

なお、同研究会は柿アイスと共に「カキの葉アイス」も試作している。これは前記の牛乳と生クリームを使ったアイスに微粉の柿の葉茶を〇・五パーセントと抹茶少々を添加したものである。

【岐阜県内の柿を使用した菓子一覧】（平成元年～20年）

所在地	菓名（商品名）	製造販売元	使用柿品種 他の原材料	説明案内
岐阜市	美濃柿	よ志屋		小麦粉、砂糖、卵、白餡
	柿ようかん	両香堂本舗	堂上蜂屋	柿は干した後も2年間土蔵のなかにねかせて渋を抜く　半割の竹入り
	牧谿（ぼっけい）	松花堂	シナノガキ	南宋時代の水墨画僧を手本とした長谷川等伯の画よりシナノガキを砂糖漬けにしたもの
	柿熟候	鵜飼堂総本舗	富有柿	富有柿を自然に熟したままゼリー状にしたもの
	翁柿	〃		
	美濃　豊寿柿	富田屋	卵菓子	岐阜は木の国山の国　柿は富有柿蜂屋柿
	柿くけこ	あいみ		干柿の中のあんは栗あんと白あん餅の2種類　姫路菓子博2008名誉総裁賞
	柿巻	伸光製菓協業組合		
	柿とうふ	緑水庵		富有柿の旨さをそのまま豆腐のような舌ざわりに仕上げた柿のゼリー
	かゆり柿	嘉百合園	富有柿	ドライフルーツ　富有柿の皮を剥きスライスして乾燥させたスナック菓子
	柿太郎	香梅有限会社	市田柿	市田柿、大福豆、手亡豆、小豆
笠松町	里の柿	梅の井	美濃柿	
山県市	巻柿	商工会事務所	伊自良大実	巻柿グループをつくり正月過ぎよりユズの皮を入れ作る
本巣市	柿羊羹	商工会議所	富有柿の生	
	富有の華	本巣商工会	富有柿	柿ゼリー6コと柿スナック2袋セット　富有柿
	御所柿カキようかん	おもと製菓（大平正幸）		生カキを利用したカキようかん　カキワインで焼いた大麦菓子。カキの粉を練りこんだカステラ
大垣市	柿羊羹	つちや	堂上蜂屋	宝暦5年創業　坪井伊助と名和和靖とつちや祐七が考えだして竹ようかん
	御前白柿	〃		
	延寿柿	〃	〃	
	宝賀来	〃		干柿の内に求肥を入れ、外側に小豆羊羹をかけ伊吹粉をまぶしたもの
海津市	甘干柿	昭和園		干柿の種子を取り除き芯に白アンを使用
関市	刀都柿	虎屋		干柿の中に香ばしいアンと果物が入ったお菓子　黄身餡が干柿とよく合う
	刀匠柿	松島屋	市田柿	種子をくり抜き芯に白アンを使用
	美濃柿（焼菓子）	レガル　フタク		手亡豆、小麦粉、卵、ハチミツ
美濃加茂市	蒸養柿	和風処「若」		熟した柿と長芋を練り込み凝縮した和菓子
	蜂屋柿	みのかも金蝶堂		
	柿せんべい	瑞林寺		小麦粉
	蜂屋柿ケーキ	加茂農林	堂上蜂屋	堂上蜂屋柿を5mm程に刻み練り込んだパウンドケーキ
郡上市	ゆず芯巻柿			
瑞浪市	福柿	岡埜栄泉		
恵那市	富有柿ゼリー	東濃酪農協同組合連合会	富有柿	富有柿の上品な香りと風味をそのまま包み込んだ純和風ゼリー
	濃密果喜	恵那川上屋	堂上蜂屋	蜂屋柿の中に蜜をつけ込み、さらに栗と白餡のペーストを入れたもの
	ひなたぼっこ	〃	市田柿	市田柿の干柿と地元自慢の栗きんとんの取り合わせ
		〃	市田柿	栗きんとんを市田柿と練切で包む
中津川市	五百羅柿	柿の木		近くに鎮座する五百羅漢にちなんで地元の栗と柿を原料にした和菓子
	柿の雫	仁太郎		

6　カキを使った料理

①行事食の中のカキ

中世以降、貴族から武士、そして庶民に至る身分制度が確立していくなかで、それぞれの食事内容は大きく異なっていった。その過程で、日本の食事は、基本食と晴れ食に大きく分けられるようになっていった。そして、晴れ食は行事食として江戸時代に町民文化と結びつき、庶民に広がった。

カキは歯固めの項（三四八頁）でも述べるように縁起食物として神事仏事を始め、正月料理など中世以降庶民の間に広く取り入れられている。

なお、庶民の料理ではないが、近年岐阜にかかわりのある武将にちなんだ料理が復元または創作され、その中に柿が用いられたものがあるので、ここに紹介しておきたい。

堺の商人であり茶人である津田宗及は天正二年（一五七四）、岐阜城に信長を訪ねて歓待を受けている。この年の二月三日に催された信長の茶会に準備された饗応料理の中に「御菓子枝柿一種」（口絵一四頁）があり、これには蜂屋柿が使われたといわれている。岐阜市歴史博物館が数年前に復元した当時の信長料理はとても豪華なもので、コイの刺身やクラゲ、タラ汁などの多くの膳に三個の蜂屋柿が添えられている。今流でいえばデザートとして使用されたものと推測される。

信長の岐阜在城は九年間であったが、ことのほか干柿を愛で、安土城へ移ってからも美濃から送ってくる干柿を楽しんだといわれている。

また、戦国武将で初代高山藩主の金森長近は飛騨を養子の可重に譲り、美濃小倉山城に居を構えて風雅を楽しんだといわれていて、美濃市とは所縁の人物であることから、最近「金森長近公御料」が創作された。長近とカキとのかかわりは詳らかではないが、九品ある膳の中の一品に「富有柿のゴマクリーム」が加えられている。

ア　歯固めのカキ

歯固めの儀式は全国的に行われている行事で、江戸末期までは六月一日に行われていた。当初は保存しておいた正月の鏡餅を炒り豆と共に食することで歯を丈夫にし、ひいては健康になるといわれ、江戸末期以降からは正月関連行事として県下各地に伝わっていたが、最近ではほとんどみられなくなった。しかし、これも成木責め同様、人々の毎日の生活の中で生まれ育った知恵で、唱えごとをして家族の健康と農産物の豊穣を願う大切な行事の一つであった。

県下に伝わっているカキと歯固めの儀式の様子を述べると次のようである。

私の生まれた関では、二十数年前まで三世代家族やお年寄りの居る大方の家で行われていた。まず、大晦日の晩に膳か三方に裏白を敷き、その上に餅、昆布、たつくり、ミカン、かち栗、黒豆それに干柿を人数以上の数量を盛り、歳徳神か天照大神にお供えする。そして、元日の早朝、若水を汲んで体を清めてからお参りする。この時注連縄(しめなわ)で示されている恵方に向かってもお参りする。その後、年取り行事の最初のセレモニーである歯固めにうつる。

最初に主人（父）が唱えごとの「まめでくりくり田が良くできて、みんな幸せかきとりかきとり、よろこぶように」といいながら、マメ、クリ、たつくりそして干柿と順に自分の掌に乗せ、最後に昆布を握って年長の祖父の手に渡し、順次序列に従って繰り返し、繰り返し渡し、みんな終わったら一緒になって賀詞を述べ合い、お茶を飲みながらよく噛んでいただいた。

お供えした膳の上には、お餅と代々（橙）の代用品であるミカンが残るが、餅は一度焼いて、朝食の雑煮の中に入れ、最初にいただいた。またミカンは当時田舎では貴重で、各々に一個ずつ配れず、お茶の折に一個か二個のみ皮を剥き、小袋に分離してみんなで分け合っていただいた記憶が残っている。

県下各地で行われていた歯固めの行事も、右にあげた歯固めの例とほぼ同様で、二、三〇年前まで各地で一部の家庭に残っていた。それも現在ではほとんど姿を消して

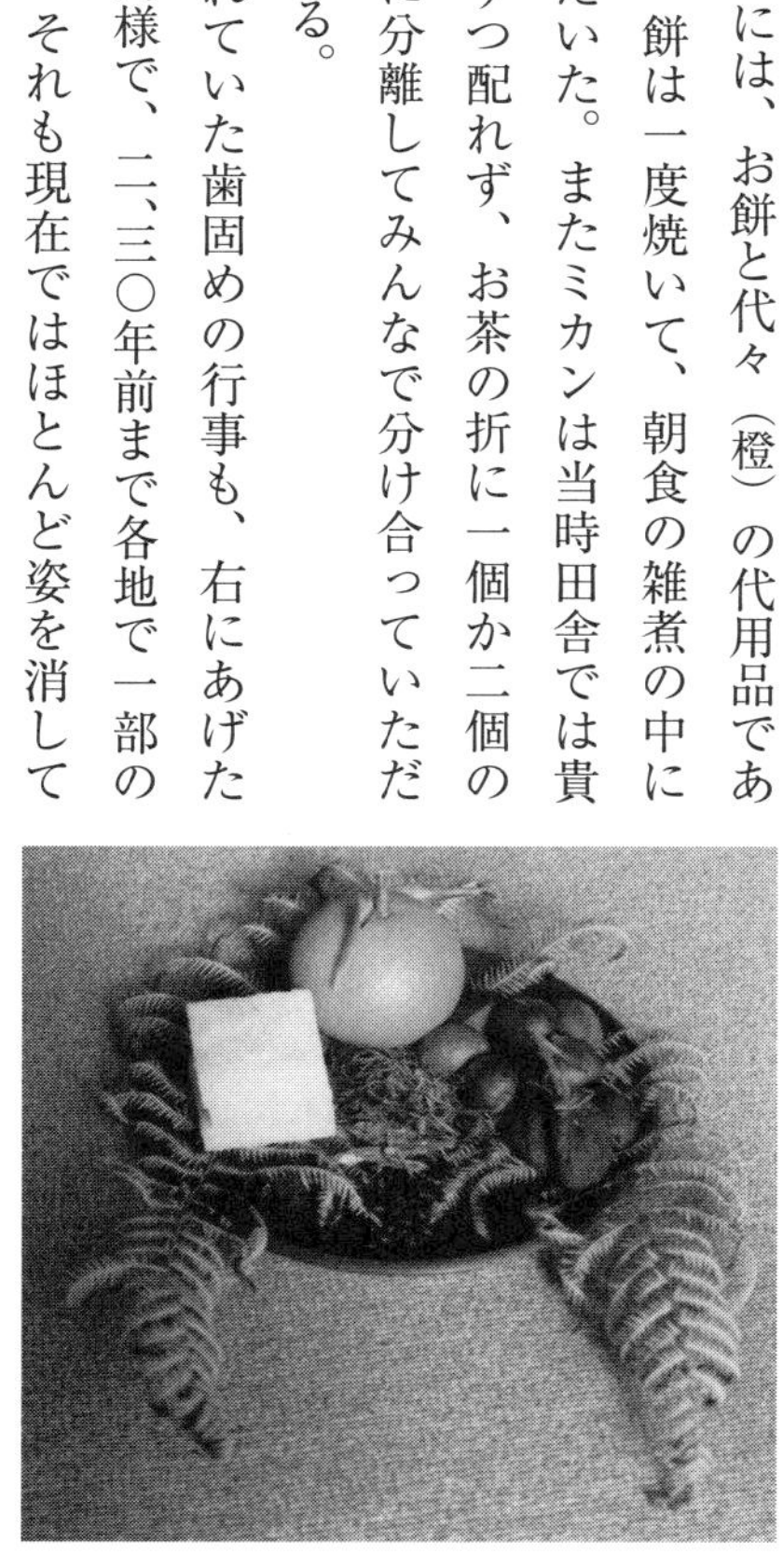

中濃で多く見られる歯固めの供物

しまった。

県下で行われていた歯固めの形式と唱えごとは次のとおりである。

歯固めが行われているほとんどの地域で雑煮を食べる前に、別にお供えしてあるそれぞれの品をいただく。中濃地域（美濃、関、美濃加茂）、飛騨川水系地域では先に述べた方法がとられているが、御嵩では膳かお盆の上に洗米を広く薄く拡げ、ミカンを載せた鏡餅を中央に置いて、その周りにおつ豆（黒豆を茹でて米粉をまぶしたもの）を置き、かち栗、たつくり、干柿を並べて盛る。それを家族は一つずつ指で押さえて、ミカンでは「家が代々続いて栄えるように」といい、続いて順に「マメでクリクリ働いて、田を作り、かき寄せるように」といいながら次に一口ずつお茶を飲みながら食べる。

揖斐川（坂内）、美山、板取、八百津、下呂、恵那などでもほぼ同様に行われていたが、これらの冷涼地では榧（かや）の実をバイと称して、唱えごとの中に「マメデクリクリガヤガヤ（賑わしく家族が多い意味）」といって家内繁昌を願ったり、「マメデクリクリバイバイ（健康で何倍もという意味）ハタラケルヨウニ」と勤労の喜びを願ったりしていた。

イ　年取り・正月行事

▼大垣藩累代の家老戸田家の「家事留書」に見える文久元年（一八六一）の記録によると、奥

御上間の壱飾りとして、三方飾りに裏白を載せ、数の子、昆布、たつくり、かち栗、黒豆、エビ、乃し、俵物などと共に串柿が供えられている。当時の庶民にとっては、俵物、エビ、乃しなどは縁遠いお供え物で、家老の家として格式を保ちながら、生活は比較的質素で、歯固めに供えられるのと同じ食品で新年を迎えていたことがわかる。

また、近くの南宮神社の正月神事も、まず恵方に礼拝し、お供えのマメ、クリ、カキを食べて新年を祝うことが例年行われている。

▼庄屋の正月行事「諸国風俗御問状写御答書下」（渡辺嘉美家蔵）によると、元日には三方に昆布、だいだい、俵物、かち栗、堅炭それにカキなどをお供えして、恵方に礼拝してから老親から年長の順に柿を食し、歳固めの儀式を行っていた。この時代ここでも俵物が供されるほかは一般庶民の歯固めとほぼ同じ方法がとられている。

▼各務原の一部にも正月行事の中で餅花を供えるところがある。桑の枝条に付けた餅花の元の所に串柿と乾イワシを紙に巻いて水引をかけて飾る風習が残っていた。

▼揖斐川、美山、東白川などの地方では、正月の年取り行事として、神棚に歳徳神、天照皇大神その他の軸を掛け、若水を汲んで清めたのち、恵方のあきの方向（注連縄が途切れている方角）にお参りし、お供えのマメ、クリ、榧の実と共に柿を食べる儀式を行っていた。なお、一部ではお供えに三方やお盆を使用せず、慣例として一升枡に入れて神棚に供えていた地方もある。

ウ　ほんこうさま（報恩講）の食べもの

▼飛騨地方（古川、国府、白川）は浄土真宗の信仰が厚く、開祖親鸞聖人の御徳をしのび、その恩に報いるとともに十二月頃の暮にその年の収穫に感謝を示す「ほんこうさま」が家族総出で行われていた。この風習は中濃地方などで行われる大師講（弘法さま）の行事にほぼ同じである。

カキは、お勤め（読経）のあと、食事をとったのちのお菓子としてお客様に出されるのが常であった。白川ではカキを四つ割にして囲炉裏の天井に吊るし、乾燥し終わると、叺に入れて一時倉に保管する。この時カビが生えるのを防ぐため、事前に乾燥させて準備しておいたヨモギの茎葉を一緒に入れて管理する。一カ月たつと白く粉をふいたカキができ上がり、独特な風味のカキに仕上がり、このカキが「ほんこうさま」のお菓子の中心になった。こうした方法は昭和五十年頃まで各家庭で続けられていた。国府でもほぼ同様に渋ガキの一部を火に炙り乾かしたり、また熟柿として特別な間食として利用されてきた。

▼旧徳山村でも親鸞聖人をしのぶ道場でのお逮夜（たいや）には会食をし、その後お菓子として、しば栗、榧の実（バイ）、干柿などを食べる風習があった。

エ　その他の行事食

前出の大垣藩家老「家事留書」によれば、旧暦の七月七日（新暦のお盆の八月十五日頃）の七夕さまのお供えものとしてナス、枝豆、ササゲなどとともにカキをお供えしている。この時のカキは、推定するに生の甘ガキで盆柿といわれる極早生のカキかと思われるが定かではない。以降、お盆の行事として旧七月十日にはお寺へ枝豆、ウリなどとともにカキ三つが供えられ、さらに七月十三日にも御仏前に枝豆、ナス、ササゲと一緒にカキが供えられており、神仏とともにカキが主要なお供物となっている。

また、カキの果実や干柿自体ではないが、カキの葉を利用してお供えする風習が県下の一部にあった。美濃加茂では田植えが終わった七月中旬頃に行う「田の神祭」で、必ずカキの葉を用いてお供えするし、関でもお盆のお精霊様を迎えた祭壇へのお供えには、カキの葉をお皿に見立てて揚げ物などを載せ、三度の食事毎に使用していた。これらはカキを縁起物として利用しているというよりも、むしろ生活の知恵の中からカキの葉の殺菌効果に注目して用いている食文化であろう。

一般には樹木の葉には、フェノール物質やフラボノイド類など多種多様な成分による効果が求められ、古来からカシワ餅やサクラ餅などのように葉を利用した食文化が育まれてきた。しかし、カキの葉はむしろ前記のカシワ葉やサクラ葉とは違い、葉中のタンニン殺菌効果が利活用されたものと思われる。それは主に、渋ガキの葉が良とされ、中筋（葉の中央にある筋）の真っすぐな種類を使うよういい伝えられていることからもうかがえる。

旧暦の一月七日には七草粥を作る習慣が広く知られているが、飛騨の一部では春が遅くこの時期雪中にあることも多いため、七草が生長せず、セリだけは雪をかき分け氷を割ってでも採取してくるが、他の六草は五穀や果物で補って煮る風習がある。

高山市旧丹生川村では、七草粥はヒエ、アワ、アズキなどに加えて干柿を入れ、七種にして粥を作り、無病息災を祈る風習があった。焼畑農業地帯の習俗で無病息災とともに五穀豊穣の願いもこめられていたものと思われる。

②カキを使った料理のいろいろ

柿なますなど

「柿なます」の歴史は古く、約五〇〇年程遡った安土桃山時代の創作料理であると伝えられ、古くから農家の正月料理としても馴染み深い一品である。

晩秋、干柿が仕上がるのと同じころに収穫できるダイコンとニンジンを主原料に、干柿を入れて甘酢に漬け込んだ食品である。恵那市東野では赤カブを入れ、飛騨の極一部でもニンジンの代わりの彩りとして赤カブが使われるなど、土地土地により、また各家庭においても若干の差はあるが、「柿なます」は比較的シンプルで他のおせち料理にもよく合う。

最近では彩りにキュウリや干しブドウなどを入れた華やかなものも多い。また、従来は晩秋にでき上がった干柿が使用されていたが、最近では生の甘ガキを使用して、十一月頃の早い時期から賞味する例も増えてきた。

■干柿を使った「柿なます」（例）■

材料　ダイコン　中一本（六〇〇グラム）
　　　ニンジン　中二分の一本（五〇グラム）
　　　干柿　　　中三個
　　　塩　　　　少々

□甘酢材料
酢　　一・五カップ
砂糖　大さじ八
塩　　小さじ二

①ダイコンとニンジンは皮を剥き、四～五センチの千切りにする。塩少々を振りかけ、軽く揉みしんなりさせる（塩水に浸してもよい）。
②干柿は蔕を外し種子を取り除き、やや太めの千切りにする。
（千切りにした干柿は少量の清酒に浸して軟らかくしてもよい）
③①をしばらくして固く絞り水気を少なくする。
④甘酢の材料を一緒に合わせ、広口ビンなどの容器に入れる。
（甘酢作りの際、好みにより化学調味料を少々入れてもよい）
⑤④の中に③の材料を入れ、数日間なじませる。

■カキの二杯酢（例）■

主な材料

甘ガキ（生）　中一個

キュウリ　中一本

カマボコ　二分の一板

□二杯酢材料

酢　大さじ二

清酒　大さじ一

醤油　小さじ一

みりん　少々

塩　少々

①甘ガキ（生）は皮を剥いて種子をとり除き、千切りにする。

②キュウリは長さ四〜五センチの千切りにする。

③カマボコは板から二分の一を切り取り千切りにする。

④酢、酒、醤油など調味料を一緒にし、よく混ぜる。

⑤①②③をよく混ぜ④の調味料液をかけ、全体をなじませる。

■カキと白カブの甘酢づけ（例）■

主な材料（五～六人分）

甘ガキ（生）　中二個（四〇〇グラム）

白カブ　中二個（六〇〇グラム）

塩　少々

□甘酢材料

酢　大さじ五

砂糖　大さじ三

塩　少々（好みによる）

①白カブの皮を薄く剥き、イチョウ切りにしたものに塩少々を振りかけ軽くもみ、しんなりさせる（塩水にしばらく浸してもよい）。

②①を固くしぼる。

③甘酢の材料を一緒に合わせ、容器に入れる。

④③の甘酢の中に②を入れ、一日程先に漬ける。

⑤甘ガキ（生）の皮を剥き、イチョウ切りにして先漬けしてある④に入れる。

⑥しばらくなじませる。

■カキの白あえ（例）■

主な材料（五～六人分）

甘ガキ（生）	中二個
イカ	中一杯
インゲン	五本

□白あえ衣材料

木綿豆腐	二分の一丁
マヨネーズ	大さじ四
白ゴマ	大さじ二
酢	大さじ一
砂糖	小さじ一
塩	少々

①イカは足を抜いて皮を剥き一口大に切って茹でる。
②インゲンもゆでて四～五センチの長さの斜めに細かく切る。
③柿は皮を剥いてイチョウ切りにする。
④豆腐は砕いて熱湯の中で一〇秒程加熱し、布巾で包んで水気を取る。
⑤白ゴマは焦がさないよう煎り、すり鉢でよくする。
⑥⑤の白ゴマの入った擂り鉢の中に④とマヨネーズ、酢、砂糖、塩少々を入れ、よく混合するまですり混ぜる（この時みりんを適宜入れてもよい）。
⑦①②③の材料を⑥の白あえ衣のすり鉢の中に入れ和える。

■カキ三色白あえ（例）■

主な材料（四～五人分）

甘ガキ（生）　中一個

ホウレンソウ　中一把

（またはコマツナ一把）

醤油　小さじ二

□白あえ材料

木綿豆腐　一丁

ゴマだれ　大さじ一

すり白ゴマ　適量

①ホウレンソウは塩茹でし、水に浸して晒し、後で水気をきって長さ三センチ位に切り、醤油を絡ませる。

②甘ガキ（生）は皮を剥いて種子を除き、拍子切りにする。

③木綿豆腐は熱湯で一〇秒間位加熱し、水気を十分とって、すり鉢に入れる。

④ゴマだれとすった白ゴマを②のすり鉢に入れ、よく混ぜ合わせる。

⑤①と②を④のすり鉢の中に入れ和える。

■カキのゴマあえ（例）■

主な材料（五人分）

干柿　中三個

ダイコン　二〇〇グラム

ニンジン　六〇グラム

白ゴマ　大さじ二

塩　少々

（ア）甘酢材料

酢　大さじ四

砂糖　大さじ一・五

塩　小さじ三分の一

化学調味料（好みにて）適宜

①（ア）の材料を合わせ甘酢を作る。

②干柿は蔕と種子を取り、二枚に開いて小口から千切りにし、①の甘酢に漬けておく。

③ダイコンとニンジンは千切りにし、塩少々を振り、しんなりさせて水気を搾り取る。

④白ゴマは焦がさないように炒って、よくすり潰しておく。

⑤②に③を入れて、さらに④を加えて、しばらく馴染ませる。

⑥小鉢に盛りつける。

■カキの変わり揚げ（例）■

主な材料（五～六人分）

干柿	中五個
はんぺん	一五〇グラム
青ジソ	一〇枚
片栗粉	少々

（ア）はんぺん添加材料

卵白	二個
清酒	小さじ三
塩	少々

（イ）衣材料

片栗粉	適量
卵白	適量
揚げ油	適量

①干柿は蔕を取り、開いて種子を除き、片栗粉を振りかける。
②はんぺんは細かく切り刻んで、すり鉢に入れ（ア）の添加材料を入れてよくすり混ぜる。
③①の干柿の上に②のはんぺんを平に塗り付け、青ジソを載せて柿を巻き込む。
④③に片栗粉、卵白、再び片栗粉と順にまぶして、やや低温の油に入れ順次温度を高めて揚げる。
⑤揚げ物が冷めたら一センチ程の厚さに切って皿に盛りつける。
⑥付け合わせに素揚げしたシシトウなど適量緑食野菜を添えるとよい。

■干柿とチキンの天ぷら（例）■

主な材料（八人分）

干柿　中八個
鶏むね肉（皮付き）七五〇グラム
片栗粉　一カップ
プロセスチーズ　一六枚
揚げ油　適量

（ア）漬け込み液材料

ニンニク　三片
生ショウガ　一片
卵　二個
醤油　大さじ四
清酒　大さじ二
みりん　大さじ二

（イ）揚げ衣材料

小麦粉　二カップ
牛乳　一カップ
粉チーズ　適量

①ニンニクとショウガはみじん切りにし、（ア）の諸材料を入れた漬け込み液をつくる。
②鶏肉に切れ目を入れすりこぎで軽くたたいて伸ばし、手頃な大きさに切って①の液に漬ける。
③干柿は蒂を外し、二つ割りにし種子を取り除く。
④③の干柿に片栗粉をまぶし、柿の中にプロセスチーズを挟む。
⑤②の漬け込み終わった鶏肉を広げ④を包み込み楊枝で留める。
⑥（イ）の衣材料を混ぜ、⑤の全体に（イ）をまぶし、油を中温にして揚げる。
⑦粉チーズを揚げ物に適当に振りかける。
⑧揚げ物の楊枝を抜き取り、二センチ位の大きさに切る。
⑨クレソン（または青じその葉かレタスでもよい）あるいは赤や黄などのプチトマトを取り合わせ器に盛りつける。

■カキ巻きトンカツ（例）■

主な材料（六〜七人分）

甘ガキ（生）　中一個（一〇〇グラム）

豚薄切り肉　五〇〇グラム

生シイタケ　四枚

インゲン　五〇グラム

塩、コショウ　各少々

（ア）衣材料

小麦粉　適量

とき卵　適量

パン粉　適量

揚げ油　適量

①インゲンは筋を取り塩茹でにし、長さ五センチに切る。

②カキは蔕を取り、皮を剥き、長さ五センチの拍子切りにする。

③生シイタケは石づきを取り、千切りにする。

④豚肉は一枚ずつ広げて、塩とコショウを振り①②③を載せて巻く。

⑤④を小麦粉、とき卵、パン粉の順に衣をつける。

⑥揚げ油を中温にして⑤を入れて、キツネ色になるまでゆっくり揚げる。

⑦⑥を斜めに二つ切りにし、葉物（レタスか青じそかクレソンのどれか）を添えて器に盛る。

■カキのポーク巻き焼き■

主な材料（五人分）

甘ガキ（生）　一個
豚薄切り肉　一〇枚
塩、コショウ　各少々

（ア）三杯酢材料
酢　大さじ二
醤油　大さじ二
砂糖　小さじ一

（イ）その他材料
練り辛し　少々
ゴマ油　少々

①カキは蔕と蔕の周囲の芯を取り、皮を剥いて五ミリ程の拍子切りにする。
②豚肉は広げて塩、コショウを振り、①の柿を芯にして巻く。
③フライパンにゴマ油をしいて②を焼く。
④レタスなど緑色広葉を敷いて③を器に盛りつける。
⑤三杯酢の材料を混ぜ合わせ、練り辛しを添えて④にかけていただく。

その他

・カキの葉の天ぷら

農薬などの散布していない渋ガキの葉を六月初め頃に摘み取り、天ぷらにすると青葉の美味しい料理として味わえる。できればマメガキ（シナノガキ）の葉を使うとよい。作り方は渋ガキの葉をきれいに洗い、水を切って素揚げにしても良いし、前記「干柿とチキンの天ぷら」（三六二頁参照）と同じ衣を付けて揚げてもよい。また、柿の葉は掻き揚げの材料としても使用できる。

・カキの葉ずし

カキの葉ずしは南北朝時代、北畠親房が旅だつ時に携帯したのが由来ともいわれる。大和や吉野周辺では、サバと酢飯をカキの葉で包んだカキの葉ずしが昔からきこりの携帯食として伝承されてきた。

本県でカキの葉ずしがいつ頃から作られてきたかは詳らかではないが、昭和の終わり、地産地消や自然食嗜好が盛んになった頃に、大垣と伊自良の二つの同好会あるいは個人で新名物としての試作が始まった。

酢飯を包むカキの葉は、あらかじめ七月初め頃に渋ガキの成葉を摘み取り、二五パーセント前後の濃度の食塩水で塩漬けにしたものを使用している。

作り方は一口サイズの酢飯に具を乗せて、前記塩漬けしたカキの葉で包み、二～三日間の押しずしにする。カキの葉特有の芳醇な香りがなじんで、酢飯と具が調和のとれた味わいになる。具は、大垣ではサバが、伊自良では塩サケが使われている。

カキの葉は、ホウ葉同様に殺菌効果があって保存性も高く、季節にもよるが一週間位は美味が楽しめるといわれている。

・カキの葉番茶ずし

御飯を番茶で炊き込む伝承は県下各地にあるが、中津川ではこの番茶御飯を酢飯にして小さく俵型に握り、皿がわりにしたカキの葉に乗せて野外で食べる風習がある。

この番茶ずしもホウ葉ずしやカキの葉ずしと同様に、主に携帯食としての由来をもつ。昔から中津川では、五月中旬からの茶摘みの時期に茶畑に持参し、作業のあい間のおやつとして食べていた。昭和の始め頃に始まったと伝えられている。

この番茶ずしの作り方は、水の代わりに煮出した番茶を使ってご飯を炊き、炊き上ったご飯の形を整えながら軽く握って、その上に黒ゴマを振りかけ、カキの葉に乗せるという、いたってシンプルなすしである。すしといっても、巻き込むわけでなく、カキの葉を皿がわりに使うだけの郷土食である。

中濃の関、美濃加茂、東濃の一部では、お盆のお精霊様の御供料理を盛付けるのにカキの葉が皿として使われているが、見方によっては器としてのカキの葉の利活用ともいえる。

7　カキを使った飲料

①富有柿を使ったカキジュース

昭和五十八年、〈富有柿〉を使ったカキジュースが開発された。原料は岐阜市や西濃の富有柿産地からの出荷時に出る規格外や傷物のカキで、商品名は「柿ドリンク」。一九〇グラム入りの缶入り飲料である。

従来のカキを原料とした飲料は、カキの果肉に含まれるペクチンの影響で果汁がどろどろになったり、渋味のシブオールが完全に抜けなかったりなど、味や食感に問題があった。しかし、今回これらの問題が技術的に解決され、カキ果汁三〇パーセント入りの「柿ドリンク」として市販されたのである。

カキは利尿効果が高く、血管を広げ、高血圧の人などによいといわれ、健康飲料として順調な販売が期待されている。

②干柿を使った「柿ラガー」

大垣の地ビールメーカーの開発によって、揖斐、本巣産の干柿を使った「柿ラガー」が平成十五年に商品化された。このラガーは大麦を多く使用した麦汁に干柿を加えた、干柿の独特な香りとフルーティーな味わいが特徴のビールである。

中にはビタミンCの効果が期待されるカキの葉のエキスも含まれていて、すべて自然原料から作られ、人工香料や着色料などが使用されていない自然飲料である。

三三〇ミリリットル入りのビン詰めで、販売価格は五〇〇円である。

③富有柿を使ったカキワイン

県産業技術センターは、昭和五十九年から開発を進めてきたバイオ技術を応用して、富有柿をワインに加工できる連続醗酵技術を完成させた。最近、この技術を使っ

各種のカキの加工品（平成 26 年）

て大垣の菓子メーカーが富有柿を砕いて原料を作り、川辺の酒造店で醸造したカキワインを「Gifu Wine」として商品化した。三〇〇ミリリットル入りのビン詰めで、販売価格は七〇〇円である。

④カキの葉茶

カキの葉は八十八夜が過ぎた頃から少しずつ伸長し、五月上旬を過ぎると次々と蕾が開花して、葉も展開しながら大きくなり、梅雨明け頃には葉中の有効成分が最も増すといわれている。カキの葉中には、人間の体内でビタミンCに変化するといわれているプロビタミンがとくに多く含まれている。弱酸性のお茶で、カフェインを含まないため、子供や病人にもよく、また眠れなくなるということもない。まさに健康飲料である。

このカキの葉茶は、これまでにも個々の農家では試みられてきたが、昭和五十年代中頃から始まった自然食品や自然食のブームに乗って、全国数カ所で始められた。

県内では昭和五十三年頃七宗町上麻生でカキの葉の生産が始まり、持ち寄って数量をまとめ、協同で加工する体制がと

カキ葉を収穫するカキの木の仕立て（七宗町）

られた。カキの葉中のビタミンCは、甘ガキの葉では少なく、渋ガキの葉に多い傾向がある。とくに〈信濃柿（君遷子）〉といわれるヤマガキ（マメガキ）では甘ガキに比べて倍以上のビタミン類を含み、葉中の組織も柔軟で厚く、お茶にしやすい良い条件を備えている。

昭和五十三年に上麻生で「山柿茶」が作られた当初は、生産農家三六名で面積三〇アールと少なかった。このため、長野県から二年生のヤマガキ（〈信濃柿〉）の苗を取り寄せ、新植から始めた。会員も次第に増え、昭和五十九年には一三〇戸になり、作付け面積も五ヘクタールを超えて、生産量も順調に増えてきた。

この間に、原料のヤマガキの幼木がほぼ成木となって、生産量も飛躍的に高まり、販売に本腰を入れるため「山柿茶」の商標登録も取得し、広く関東、東北、名古屋方面に販路を拡大した。

・山柿茶の作り方

二番茶の終わった七月の中頃過ぎより、専用柿で大きくなったカキ葉を摘採し、製茶工場で蒸す。この場合、品種は渋ガキの〈信濃柿〉に限る。

①蒸したカキの葉の露を切って冷やす。
②冷やしたカキの葉を加温しながら荒揉みをして、葉肉中の組織を柔軟にする。

③②の葉を回転機に入れて、回転させながら揉む。
④再度加温しながらカキの葉茶の水分の均一化をはかり、葉中の組織や成分が液中に出やすいようにする。
⑤乾燥させて成形し、選別する。
⑥篩別機（しべつ）にかけて粒度を分ける。
（細かくなったカキの葉はティーパック用にする）

なお、県内でカキの葉茶を製造販売している業者は、北方町などに三軒（社）ほどある。この他、カキの葉は日本料理の「つまもの」として、秋には料理店で多く使われている。徳島の上勝町は、花木の枝物や木の葉などの「彩り（いろどり）」産業が有名であるが、最近では名古屋からの流通業者によって、紅葉したカキの葉が移入されている。県内の料理屋では秋につまものとして膳にのる。世界遺産になった和食において、季節感や盛付けの美を生かすために欠かせないつまものとなる。

8　カキ材の利活用

熱帯、亜熱帯に分布するカキ属植物である黒檀は、高級家具材や日本家屋の床の間などの建築材として利活用されて広く知られている。同じように国内の樹齢を重ねたカキの木の樹心も黒柿として、先人達は日常生活の中に取り入れ、その材の美しさ、使い勝手の良さ、耐久性の長さ、あるいは湿気に強い機能性の高さを愛でて堪能してきた。

カキ材は弥生時代以降の遺跡から発掘されているし、天平年間（七二九～七四九）の「正倉院の木工芸」としても調度品あるいは仏具として数多く残されている。

黒柿は、おおよそ一〇〇年以上樹齢を重ねた柿の、樹心部にタンニンが集積し、炭化が進行して黒くなったもので、炭化の濃いものは「真黒柿」と呼び、炭化した部分がやや軟質なものは朽木といわれ、いずれも樹心を中心に限られた範囲で黒色の不規則な斑模様を発現する。一般には樹心の中心部に近い部位は、材が割れ易く狂いやすいので、この部位を除くことが多い。

ゴルフ競技が大衆化した高度経済成長期の昭和四十年頃には、県内のスポーツ用品メーカーによってゴルフクラブが製造されていた。その頃、県下全域にわたって、黒柿と推測される樹齢一〇〇年以上～二〇〇年前後までの屋敷柿の多くが、出材人といわれる仲買人によって多数集められ、ゴルフクラブのヘッドに使われた。当時はアメリカパーシモンと呼ばれていたアメリカ産のカキの木も使われ、雨の多い日本のカキは硬さで劣るといわれていた。さらに、原木の渋抜き(タンニンの除去)に手間がかかったり、また自然木（野生木）や放任木は良い材質になるが、枝打ちや剪定など管理が行き届いた栽培材は木工に適さないこともあって、クラブの材料は次第にアメリカガキへと切り替わっていった。カキ材は硬いが故に、ボールを打った瞬間特有の快音を残し、愛用者が多かったが、やがてメタルブームが到来すると、チタン合金製などにとって代わられ、ウッドクラブはほとんど姿を消した。

昔からカキ材は柱時計の外枠としても使用された。時を告げる鐘の響きは、他に類をみない程爽やかで心地よい音色を発するので、竹下夢二は黒柿の柱時計をこよなく愛したといわれている。

テレビ時代劇の水戸黄門で「この印籠が目に入らぬか……」と葵紋の印籠を掲げる助さん、格さんが愛用する印籠が何材で作られているかは知る由もないが、印籠の上質のものには黒柿

柿経（こけらきょう）

木片に経文を書写したもので卒塔婆経木（そとばきょうぼく）ともいう。平安時代頃、紙が貴重だった時代に木を薄く割ったものに、貴族、武士などが滅罪生善、極楽往生を願ってお経を書いた。

この柿経は大垣市野口町のある寺に所蔵されているが、材質は定かではない。

なお「柿」とは木材を削るときの木の細片で、家の新築工事の最後に木片を払い落とすことが「柿落とし」の由来である。

が使われている。県内にもこの印籠を製作している工人が一人いる。

隣の長野県の南木曽町では、箪笥や茶箪笥、あるいは置物やお盆、食器に至る日用品まで、ほとんどの高級品に黒柿材を使用した製品が作られている。また、愛知県（一宮市）でも棗（なつめ）や炉縁、茶杓など茶道具一式も斑模様になったシマガキといわれる黒柿を材料にして作られ、茶道愛好家に喜ばれている。

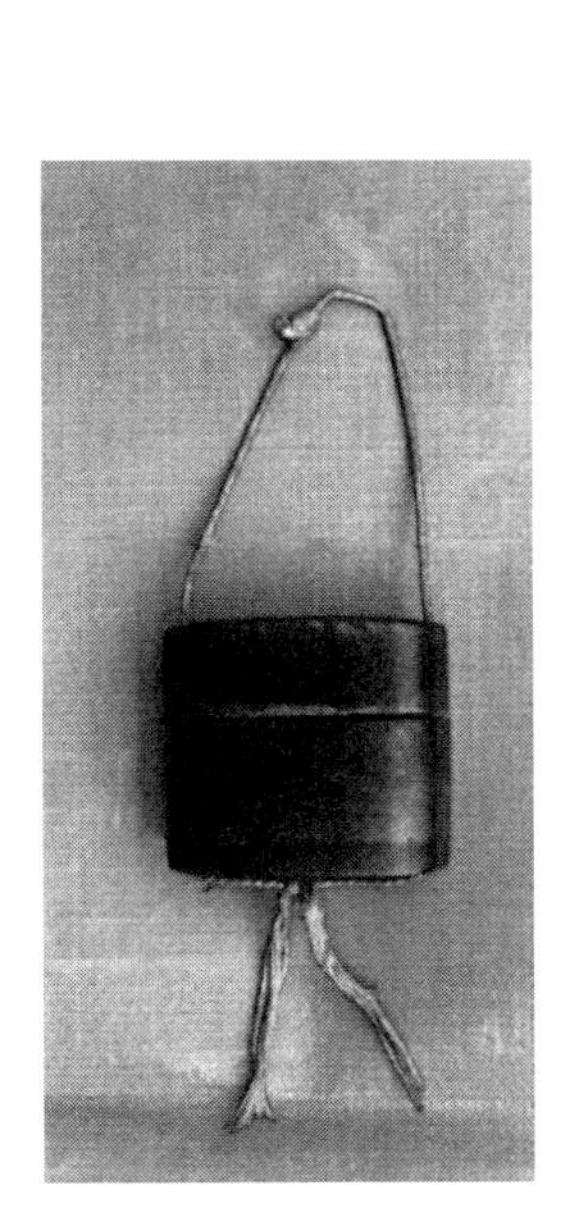
黒柿のいんろう

第六章　岐阜県のカキを広めた人々

①福嶌才治

大野郡居倉村（現瑞穂市巣南町居倉）に生まれる。大正八年二月に五五歳で没するまで、富有柿の発見、命名、苗木の増殖、そして宣伝、普及など、明治から大正にかけて、その一生を富有柿の育成に捧げてきた（六六頁「富有柿の母木」参照）。

福嶌は医師を志して一七歳のとき岐阜病院の実習生となったが健康を害し、二〇歳で居倉に帰った。明治十七年、隣家の小倉初衛方にあった外観、風味ともに優れたカキを見極め、その枝で接木を初めて試みた。そして、同二十五年、岐阜市で開催された品評会に初めて出品入賞した。

明治三十一年、親友であった川崎尋常小学校校長の久世亀吉の助言で、「富有」「福寿」の二案から「富有」を選び命名した。その後、同三十一年には岐阜県農会主催のカキ品評会に「富有柿」と名を冠して出品した結果、一等賞を受ける。

明治三十七年、才治は富有柿一籠を川崎村農会を経て、天皇陛下に献上、嘉納される。

慶応元年（一八六五）三月生まれ

「飛騨美濃特産名人」認定事業

岐阜県は恵まれた風土を生かして、全国に誇れる銘柄産地づくりを推進している。そして、それを地域で支えている優れた生産者を「飛騨美濃名人」として認定することで、この取り組みの一層の進展を図っている。

対象品目は野菜、果樹、畜産など三五品目で、とくに優れた技術や知識を有し、安定した収量や高品質を確保しつつ、地域等の生産振興のためその技術等を伝承し、後継者育成などの指導が期待できる生産者が対象となっている。

この認定事業は昭和六十一年に始

明治四十年、席田村郡府（現本巣市糸貫町郡府）の松尾勝次郎に富有柿二〇本、翌四十一年に同郡府の松尾松太郎に五〇本の苗木を販売し、郡府一帯の専用カキ園化を早め、富有柿の産地化を促進させた。

明治末から大正初めには、東北、関東、近畿など全国的に苗木販売をし、朝鮮半島にも送って大規模な販売宣伝を行った。

大正八年、五五歳で富有柿と共に生きた生涯を終えた。

まったが、平成二十七年までに対象品目「カキ」で九名、農産加工品等（干柿）で二名、合計十一名が認定されている（四三一頁参照）。

②松尾父子

松尾松太郎（父）　明治十八年生まれ

本巣市糸貫町郡府に生まれる。先駆的カキ生産者。

松太郎は明治末期に県内でもいち早く〈富有〉の専用カキ園を造成して、他の模範となってカキの普及拡大をはかり、その後も〈富有〉の斬新的栽培技術の基盤を築いた。

水田をつぶし、〈富有〉を新植して順次接木技術によって苗木生産に本格的に取り組み、増反をしながら規模拡大をはかったが、これは明治末頃の農村では考えられないようなことであった。

昭和の初めには、病害虫防除に新しいボルドー液の使用法を試みたり、環状剥皮技術を導入して経営の安定化を図った。そして、戦争が厳しくなって食糧難になると、畑化した水田を元にもどし米の増産に努める一方、上ノ保山の開墾に取りかかり、山全体で三〇ヘクタールのカキ畑の造成を達成した。これに伴い、当時最も進んだ防除施設を設けて省力化を実践、さらに並行して海外でのカキ畑造成にも着手し、内外ともにカキの普及指導に精励した。

また、政治、行政にも関心が高く、二八歳から村会議員を務め、続いて戦後初代の公選村長となった。これらの業績が認められ、昭和三十三年黄綬褒章を受けた。

松尾重雄（子）　大正三年生まれ

松尾松太郎の長男で、戦後の本巣カキ生産の中心的人物。重雄は若い時から父松太郎と一緒にカキの管理に当たり、昭和三年十一月には父親の松太郎と、昭和天皇の皇位継承式の神前に供える一五個の富有柿を献上している。

二一歳の時に本巣郡果樹研究会の結成に努め、新技術を取り入れて幼果の落下防止のための人工交配に取り組んだ。昭和三十八年頃には、現在ほぼ常識とされている「一枝一蕾」の摘蕾法を提唱し、大果の安定的収穫技術の基盤を築いた。

その後、カキ畑の規模拡大を進めるなかで、〈富有〉一品種では各種作業が集中して労働に限界を生じるという問題に行き着いた重雄は、新品種を積極的に導入して早晩品種と組み合わせることで、管理作業の分散をはかった。こうして早い時期から〈西村早生〉〈伊豆〉〈松本早生富有〉などの品種を経営の中にとり入れるとともに、出荷時の労力配分のための共選場の新設にも努力した。

また、重雄はそのその生涯にわたりカキで中国とのかかわりを持った。昭和十八年に三三歳で招集され、同二十一年に復員するまで中国大陸を転戦し、中国のカキを随所で見てきた。そして、戦後の同四十八年、日中国交正常化後に駐日中国大使が重雄宅を訪れた際には、中国山東省の思いもあって、カキ苗木五〇本を贈って、日中友好に努めている。

③浅見與七　明治二十七年生まれ

恵那市岩村町出身で、カキなど果樹学の権威者。

浅見與七は岩村町（恵那市）で庄屋浅見與一右衛門の三男に生まれた。大正七年、東京帝国大学を卒業、同十二年にリンゴなどの果樹の研究で農学博士の学位を受ける。

アメリカ留学もしている、国内果樹類の研究が多く、カキの学術的研究も幅広く行った。『果樹栽培汎論』『新撰原色果樹図説』など著書も多い。

昭和七年より東京大学教授、同十六年より国立果樹園芸試験場長も兼務する。当時、県農事試験場の石原技師を指導。同二十六年には日本園芸学会長などの要職を歴任。東京大学名誉教授。

④杉原作平　明治三十八年生まれ

瑞穂市巣南町出身。昭和六十三年甘ガキの新品種〈すなみ〉を品種登録した作出者で、カキ生産者。

作平は、まだ周辺には屋敷柿ばかりで専門カキ園がなかった大正八年に、いち早く畑で甘ガキの栽培を始めた。そして、昭和五年頃に定植した〈富有〉の一樹に、早い時期に他に先駆けて鮮やかに着色し、しかも大果になる枝を見つけた。その後、昭和二十八年頃から、その枝から採取した穂木を接木によって繁殖を繰り返した。約四〇年間試行錯誤をしながら固定化に努めた結果、〈富有〉にない優れた形質があることが判明し、同六十三年に新品種〈すなみ〉として登録した。岐阜県にとっては〈富有〉誕生以来、ほぼ一〇〇年振りの新しい甘ガキの出現で、関係者の期待は高まった。

この間、杉原は県果樹苗木農業組合の組合長として、県内の果樹生産者に新しい品種の苗木を供給するなど、その振興に努めてきた。とくに、新品種登録後は〈すなみ〉の早期普及に努力し、同組合に苗木の販売権を譲与して、地元での生産体制強化に寄与した。

なお、農業振興に長年尽力したとして、昭和五十一年に勲五等瑞宝章を受けた。また、同六十三年には全果連基金賞を受賞している。

⑤郷謹之助　明治三十九年生まれ

岐阜市出身。元県職員で、戦後混乱期におけるカキの栽培技術指導者。

謹之助は大正十五年に鹿児島県高等農林学校を卒業後、旧農林省興津園芸試験場に勤務して果樹に関する研究に従事、その後、鹿児島県や三重県で教鞭を取ったが、昭和十四年岐阜県に帰り、当時の岐阜県農事試験場（現農業技術センター）に勤務した。

昭和二十三年には農業改良助長法が施行され、翌二十四年から岐阜県庁農業改良課農業専門技術員制度が新設されると、最初の果樹担当専門技術員として、発足したばかりの農業改良普及員のカキ等果樹の栽培指導者として活躍した。それと同時に、青少年育成などの普及事業として四Hクラブの育成に尽力した。そして、昭和二十六年に『柿の栽培』（富民社）、同三十一年に『富有柿が世に出るまで』『柿栽培相談』（朝倉書店）など次々と著書を発表する一方、当時のカキ栽培指導者やカキ生産者、果樹関係者に対する具体的技術指導を行い、県内のカキ振興に貢献した。

同僚や部下からは「郷謹（ごうきん）さ」の愛称で親しまれ、人柄は純情豪快、仕事熱心で周りを明るくし、戦後混乱期におけるカキの普及振興に多大な功績を残した。

⑥村瀬俊雄　明治四十五年生まれ

美濃加茂市中蜂屋で生まれる。堂上蜂屋柿の栽培から加工まで、伝統技術の伝承と品質向上とその指導に当たった生産者。

二〇歳となった昭和五年頃から由緒ある蜂屋柿を長く後世に伝えてゆこうと決意。その後の戦争をはさんだ混乱期には生産者が一～二名に激減した危機的状態におちいっても、常に研究に取り組んだ。樹勢が弱く、着果率が低いうえに干柿の加工中の乾燥ムラが生じやすいという〈蜂屋柿〉の栽培上の短所を補うために、少しでも優れた特性を持った古い木を捜した。そして、村内を隈無く何年も見て回り、捜し出した優秀な系統を有した〈堂上蜂屋柿〉を探し当て、接木により増殖させた。

その後、昭和五十三年には周辺生産者に呼びかけ、当初二〇名で蜂屋柿振興会を結成、生産農家の技術的指導や規模拡大に努めた。

これら、この道一筋の業績が認められ、昭和六十年には農林水産業の部門で「県功労者」表彰を受けた。

平成元年には半世紀以上にわたって美濃加茂市の伝統名産品である蜂屋柿づくりに取り組み、その栽培育成拡大に尽くした功績で、大日本農会の農事功労者として「緑白授有功賞」を受章した。なお、蜂屋柿の母木（九一頁「堂上蜂屋の保存木」参照）は、村瀬氏宅屋敷柿として玄関前にある。

また、平成四年「飛騨美濃特産名人」に選ばれた村瀬琴子は俊雄の娘で、親子二代にわたり、伝統技術の継承と蜂屋柿の振興に尽くしている。

⑦カキを広めた県外の人々

・中村三夫

名古屋市出身。元岐阜大学農学部教授の中村三夫は、在任中にカキの蔕の機能解明を研究し、蔕に成長ホルモンのオキシンが存在するなど、その重要性を明らかにした。平成七年第四五回岐阜新聞大賞の学術賞を受けた。

・秋元浩一

鹿児島市出身。九州大学生産流通科教授（元岐阜大学農学部助教授）の秋元浩一は、昭和五十九

年に甘ガキか渋ガキかが判定できる「岐大式果実品質判定器」を考案、実用化した。これは集光レンズで集めた六五〇ワットのランプの光を、カキに当てるだけで甘、渋が肉眼で判定できる便利なものである。

また、平成十二年に美濃加茂市が産地の堂上蜂屋干柿の製法を、科学的に分析した『千年の歴史の味堂上蜂屋柿』を刊行した。

第七章　カキに関するあれこれ

1　理諺

▼カキは歯に毒　腹ぐすり

中東濃の一部でいい伝えられている諺である。

カキを食べれば歯にとってよくないが、腹にとっては良い、即ち胃腸薬になるということである。しかし、その本質ははっきりしておらず、あまり当てにならない。なぜならば、カキはやや硬い果実であるが、歯を痛めるような硬さではない。強いて解釈すれば、カキは古くから食べられてきた果物の中では糖分が高いため、虫歯になりやすいこと。また、糖分分解のためにはカルシウムを必要とするため、石灰質である歯を弱くすると考えられたと推察できないこともない。

一方、「腹ぐすり」について栄養学的に考えれば、カキは果物中ではビタミンAとCが多く、カルシウムも多い。このため栄養には優れているがやや消化し難く、またお腹を冷やす果物であると考えられる。

▼雨栗日柿

東濃地方の一部で伝えられている諺である。

「カキは旱天に多く、クリは雨天に多い」という意味で、クリは雨量の多い年に豊作、カキは反対に日照りの多い年に豊作ということ。これも程度の問題で、冷夏低温の平成五年や、高温寡雨の平成六年など、天候が極端である年には、クリもカキも豊作とはならなかった。

これはクリもカキも、栽培上重要な開花の時期や、果実の肥大期、さらには収穫直前期の日照時間の長短や温度の適不適が、収穫量や品質に微妙に影響するということを示している。

クリは梅雨期に開花するが花数が多いため、この時期に雨が多くても着果には影響せず、むしろ夏季に土壌が乾燥し過ぎると木の発育が悪く、果実の十分に発育しないから、夏から秋にかけては適当に雨が降ることが必要である。

カキは梅雨どきに日照が不足すると生育中の幼果が生理落果し、適当な着果数を確保できない。また、収穫期前の日照不足は、温度不足となり果実の発育は勿論、甘味の増減に大きく影響し、品質も著しく落とす結果となる。

▼桃栗三年柿八年、梅はスイスイ十三年

苗木を植えてからモモとクリは三年でなり始め、カキは八年ウメは十三年かかってようやくなりだすという意味。

県下はほぼ全域でいわれる諺であるが、地域により若干の違いがある。ほぼ同じなのはモモクリ三年カキ八年までで、その後に続くのがユズやサンショになる地域がある。また、岐阜地域の

一部で「ウメはスイスイ十三年」に続いて、さらに「ユズのオオバカ孫子の代へ」と、ユズはなり始めるのに最も長い年月を要するといわれている。

最近の果樹栽培の技術向上や品種改良によって、カキのなり始めは大きく短縮されて、四年位となった。しかし、ほとんどの果樹の種類で言えることだが苗木自体が十分育たないうちに果実をならせると樹の寿命を縮めることになる。

一般の果樹類は、なり始めの年数の三～四倍の樹齢になると最盛期を迎えるといわれているが、最も遅いといわれているユズは、なり始めまでに二十年以上の歳月を要する。ただし、最近ではユズでも「一才ユズ」とか「花ユズ」と呼ばれる小形のユズが出回り、これらは二、三年でなり始める。

▼梨尻柿頭

西濃地域の一部で伝えられている諺。

果実を食するときナシは頭より尻の方が、カキは尻より頭の方が味がよいという意味。

普通、ナシは枝に着生している方を頭といい、花が着生していた方を尻と呼んでいる。一方、カキはナシとは反対に、枝に着生し蔕の付いている方を尻といい、その逆が頭になるのだから結果としては同じ意味で、着生部の反対側をいうことになる。

味が良くなる理由としては、果実は生育上先端から熟して進化することから、両者とも早く先に熟したところは内容物（栄養分）がより充実しているからと考えられる。

▼小柿に核多し

小さなカキと大きなカキでは中に入っている種子数あるいは種の大きさはあまり変わりはないので、割合からいうと小柿ほど食するところが少ないという意味。

平核無などの無核種は別にして、〈富有〉や〈西村早生〉などの通常の品種は、受粉をして種子を数個内蔵するが、山野に自生する実生柿は小果で比較的種子の多いものが多い。

▼カキの木の枝と後生願いには、ろくなものがいない。

八幡や大和で伝えられている理諺（「美濃民俗」）。

カキの幹や太枝は毎年剪定されたり都合の良い方向に枝が誘引されて、真っすぐなものがない。「後生願い」は浄土真宗などでいわれている言葉で、如来に帰依して極楽往生を願う信者のことで、努力や誠意を示さずに口先だけで助けを求める不心得者は、ろくな人間ではないという意味。

▼**ショウヘイノアイマチ**

旧大和村に伝えられている諺（「美濃民俗」）。

昔、大和村に所平という人がいて、暗い夜道を歩いていると突如何かが肩にばっさりと当たった。驚いて手で触れてみると、ぬるりとして血のようであった。所平はびっくり仰天、やられたと叫んで家へ駆け込んだ。家人も驚いて灯りでよくよく見れば、赤い熟柿がつぶれていた。それ以来その集落ではショウヘイノアイマチといって、ちょっとした傷でも大袈裟に騒ぐのに例えた。

その他、全国的に語り継がれている理諺の主なものは次のとおりである。

▼**カキの皮は乞食に剥かせ、ウリの皮は大名に剥かせよ。**

カキの皮は皮にも栄養があるため惜しんで薄く剥き、ウリの皮は大様（おおよう）に厚く剥いても差し支えがない。

▼**時節を待てよカキの種**

カキの種子を播いてなるまでは一三年位かかるが、何事もあまり急がないで時節が到来するのを辛抱強く待つこと。

▼**しあん坊のカキの種**
けちけちする人は、食べられず利用できないカキの種まで物惜しみする。

▼**去年植えたカキの木**
カキの木の根は伸育がゆっくりで、植えても数年は実をつけないことから転じて無駄な望みのこと。

▼**カキが赤くなれば医者が青くなる**
カキが赤く色づく頃は秋の取り入れや何かで忙しく、病人が少なくなって医者が困る。また、一説にはカキの栄養が豊富であるので病人の数が減って医者にかかる人が少ないとも。

▼**熟しガキの押し合い**
軟化した熟しガキどうしが押し合ったら、全部潰れてしまうことになる。結局、皆潰れて駄目になること。

▼木守りガキ

晩秋落葉したカキの木に真紅なカキの実が一つ二つ残してある風景を見かけるが、この情景を木守りといい、県下はほぼ全域にいい伝えられてきた伝習である。「木の番人。来年もよくなるようにというまじないで木に取り残しておく果実」と広辞苑にあるが、誠に味わいの深い言葉である。

子供の頃、先に割れ目を付けた長い物干竿のような重い真竹で下に落ちないよう、兄弟でカキを取っていたが、最後の果実に近づいたとき、傍で見ていた祖母が「あの大きいのはカラスの分に残しておいてやったら」といい残念な思いがした。県内でも地方によってはカラスの分、鳥の分といって一個か数個残す風習は今でも残っている。リンゴ、ナシ、モモ、ミカンなどの果実のなり物は全部取ってしまわずに、一つ二つ残す慣習はほぼ全国的に知られている。

奥美濃や心底赤き木守柿　菖蒲あや

。

吹く風に少し寒さを感じる初冬に、赤いカキが梢に夕日が映ったりすると、人の情けを感じつつも、心寂しい心境になる。

2　カキの成木責め

関市の山奥で生まれた私は、小正月を迎えると幼少の頃を今でも思い出す。寒い朝、鉈を持って屋敷回りをして、唱えごとをいいながら成木責めをしたことを。

「なれなれカキの木、ならねば切るぞ」
「なります、なります」
「そんなら食べよ」

厳寒の早朝、井戸館の近くにある〈富士柿〉の大木の二股目がけて、大きな関ヶ原鉈をふりかざし、傷を二、三度付けた。そして、その傷痕に小豆粥を箸で食べさせ、繰り返し数本の屋敷柿の古木を回った。

土地土地あるいは家々によって若干の違いはあるが、正月十五日の小正月に、餅を小さく切って入れた七、八分のやわらかい小豆粥を歳神や恵比寿様にお供えし、お下がりを三日間保存し、十八日の朝に再び火を入れて皿に盛り盆に載せて、二人組になって近辺のカキの木を回る。組になる二人は家族構成で決まるが、兄弟や親と子、また、時には夫婦の場合もあった。正月十五日の小豆粥をなぜ十八日まで三日間保存するか、亡き母に尋ねたことがあったが、定かでない。

一人が鉈やヨキという小形の斧を持って、カキの木の前に立ち、「なれなれカキの木、ならねば切るぞ」と唱え、カキの幹の股部（第一枝の太い交叉した部位）に刃物を二、三打ち下ろし傷を付ける。すると少し控えて陰にいた他の一人が「なります、なります」と応答する。返事をもらうと木に傷を付けた一人が「そんなら食べよ」といって応諾する。控えていた人が箸で小豆粥を傷痕を癒すように与えるセレモニーである。ならないカキの木を厳しく叱責し脅かすようではあるが、自分らと同じ小豆粥を食べさせ、同等にカキの木を扱い、豊穣を願う人々の熱い思いが伝わってくる。

さて、成木責めの行事は全国的に行われている小正月の行事の一つで、樹種はウメ、ナシ、ミカンなど果樹全般にわたるが、本県では一部でウメの例もあるがカキが圧倒的に多い。『民俗学辞典』によれば、「刃物で成木に傷を付ける」とあるが、本県の場合鉈がほとんどで、一部小形の斧であった。問答の内容も土地土地によって若干差異があるが、もう少し詳しく見てみよう。「なるかならぬか、ならないならぶち切るぞ」と厳しく迫る地方（恵那、御嵩、東白川など）と、「なれなれカキの木、ならねば切るぞ」とややおだやかにいう地方（関、美濃、美濃加茂、山県）がある。それに対してカキの返答は、ほとんどが「なります、なります」か「なる、なる」と従順な答えである。

一方、この成木責めを十二月二十二、三日頃の大師講に行う地方（板取、下呂）もあって、ここでは唱える問答もやや穏やかに「おんしゃちっとともならへんで切るぞ」などといい、他の一人が「来年はきっとなるといっているので勘弁してやってくれ」といって助け舟を出し、大師講にふさわしい雰囲気と寛容な心が醸し出されていて興味深い。カキを食べる理由は法発（成道）を嘉喜するとか、釈尊の教えを忘れないようカキ取るとかいわれている。

なお、ごく一部の地方ではカキの木に傷を付ける方法とは異なり、株元に小豆粥を埋めたり、カキの木を棒でたたいて木の周りを回る方法がとられていることも過去にあった。また、小豆粥を後までとっておき、蝮にかまれた時に付けると早く治るともいわれている。

少し変わったところ（恵那市）では、「弘法様の年取り」といって、名称は前記大師講に似ているが成木責めは行わず、カキを大切にして必ず食べる風習がある。「カキを食べ、喰わにゃなるげな糞虫に」といってみんな必ずカキを食べる日を設けていた。

さて、このように鉈や他の刃物を使ってカキの木に傷を付けたり、棒でたたいたり、また株元に小豆粥を埋め込むなどする風習の意味を少し考えてみよう。

果樹栽培上行われている作業で関係が深そうなのは環状剥皮である。カキの木の主幹を地上わずか上の枝分かれしない位置で数センチ幅の帯状に皮を剥ぐ方法である。どちらかといえば樹勢が強く、着花状態の栄養バランスを欠いた木に、応急処置として用いられる栽培技術である。歴史はそんなに古くなく、時期的にも四月～五月の開花期前後が多い。現在では栽培密度の高い密植されたカキ園の間伐直前に適用されているが、木が衰弱するため通常では行われない作業である。結局のところ、成木責めの始められた年代はもとより、作業が行われる時期やその効果の面でも環状剥皮と同じ意味を持つかという点については疑問が残る。

私見を述べれば害虫の駆除説である。私の古い記憶でも、傷を付けるのはすべて主幹が双幹になった叉や第一枝の大枝が発生している分かれ際であった。この部位はカキの実の最大の敵である害虫でヘタムシといわれる「カキミガ」の越冬場所である。無意識で行われるにしてもこの住処を刃物で削ぎ取ることは防除法としての効果を生んでいたと思われ、理解しやすい。冬のこの時期、経費がかからず、まして労力もいらない最適の技術で、理にかなった行事であったといえる。四、五〇年前から厳寒期に行われてきた粗皮剥りは、害虫の「カキミガ」や「カキホソガ」の棲息場を取り除く作業で現在も行われている。最近では冬場に動力ポンプを使った水圧による粗皮削りの作業が行われ、白い木肌のカキ園が随所にみられる。

成木責めによる害虫駆除は小規模ながら効果が期待できるが、あくまで刃物で傷を付け粗皮を取り除く場合に限ったことで、棒でたたく場合には説明がつかないため疑問は残る。

さらに私見を述べれば、ごく一部に残る株元に小豆粥を埋める儀式は、本来の成木責めとはやや次元が異なり、かつて正月に牛馬や農具に至るまで鏡餅をお供えして感謝の気持ちを表したように、人と自然の一体感をもつ日本人の意識の中にある自然崇拝の表れであろう。

3　カキと俳句・短歌・校歌など

①俳句

美濃俳諧の歴史は芭蕉の三度の遊歴に始まる。芭蕉没後の美濃俳諧に覇を唱えたのは、芭蕉十哲の一人各務支考（かがみしこう）であろう。そして、それ以降は大きなうねりとなって美濃派が県下全域に広がっていった。

昔から暮らしの中に定着しているカキは、日本人の自然に対する崇拝と美意識の中にあって、俳人の格好の素材となっている。とくに江戸末期から明治にかけての近代俳句の革新者である正岡子規は、カキ好きでよく知られ「柿喰い俳句好みと云うべし」、また「三千の俳句を閲し柿二つ」と自句に詠んでカキ好きを自負していた。この子規のカキ好きを受けて、大串章は「子規にあり、短気と根気柿二つ」と詠んだ。また、子規は亡くなる直前の十二月十一日に茨城県の長塚節から送られた名産の蜂屋柿に対して「蜂屋柿四十速に届き申候　一つも潰れたる者無之候　右御禮旁」と礼状を出している。

江戸中期から末期の県内関係の主な句は次のとおりである。

○柿寺に麦穂いやしや作りとり　荊口（大垣藩士　大垣芭門代表者）

○此の中の古木はいつれ柿の花　此筋（荊口の長男）

○別るるや柿喰いながら坂の上　惟然（関の人　弁慶庵主）

○年切の老木も柿の若葉哉　千川（荊口の二男）

○山寺や裏も表も柿の花　気風（岐阜の人）

○渋かろか知らねと柿の初ちぎり　千尺（加賀千代女の弟子で高山の俳人）

○二階から柿ちぎるるを叱りけり　蘭香（大垣の人）

○青柿や一揆の裔の顔に逢う　幹雄（郡上の俳人）

○ちらちらと粉の浮く柿や日の盛り　魯九（蜂屋の俳人　佐七郎という）

○柿の木に秋まち顔の烏かな　北虎（奥美濃の人）

連句で

○ひき起す霜の薄や朝の門　丈草（蕉門十哲の一人、犬山の人）
　柿の葉をさがす焚付け　支考（北野の人　獅子庵初代）

明治以降の主なものは次のとおり。

○柿羊羹にる夜や伊吹颪吹く　鵜平

○吊し柿玻璃戸に朱の影落す　清夫

◦日の当たる窓をふさぎて柿すだれ　清夫

◦熟柿落つ雲の身近しここは飛騨　草堂

◦わがいのちをはるる日柿が葉を落す　青嶂

◦奥美濃や戸毎に柿の灯を点し　幸雄

◦御所富有会津不身知祇園坊　作者不詳

◦これを見て美濃の豊かさ富有柿　誓子

（昭和十九年十一月十三日美濃から送られてきた柿を見て　松阪にて）

◦こりこりと柿喰う音の早や夜ふけ　林火

誓子は合計四回岐阜県を訪れてカキの歌を詠んでいる。

昭和三十五年十一月美濃地を訪れて

○柿山にみえざる柿の方多し　誓子（舟木山の一部の柿山にて）

○柿の幹しづかやかかる負荷に堪え　誓子（横に伸びた太枝にずっしりなった柿を見て）

昭和三十八年秋に岐阜を訪れて

○硬肉を食うもぎたての富有柿　誓子（現場で生柿の食感にふれて）

○熟れ切って柿高くより甘露滴らす　誓子（完熟したみずみずしい柿の味を）

昭和五十二年十二月　馬籠で

○街道の坂に熟れ柿灯を点す　誓子（晩秋の夕方に）

平成四年十一月旧伊自良村を訪れて

○柿簾三段上下の差がなくて　誓子（二階上まで柿簾がつづいているのを見て）

○どれも揺れ柿簾みな揺れている　誓子（秋風に少し揺れる柿簾を見て）

○柿簾近づき柿の素肌見る　誓子（半乾きのアメ色の素肌を見て）

○柿簾宝珠と思へば皆宝珠　誓子（皮剥きした逆宝珠の釣し柿を眺め）

漫俳

○歯にしみて熟柿や吹雪く金華山　一平（曽遊初冬回顧）

○柿の花こぼれて落ちて気にならず　一平（選挙に落ちた人を慰んで）

全国的に知られているカキの代表的な俳句は次のとおり。

○里古りて柿の木持たぬ家もなし　芭蕉

○渋柿の花ちる里となりにけり　芭蕉

○茶仲間のぶっきら棒や柿紅葉　一茶

○浅ましや熟柿をしゃぶる体いたらく　一茶

○蔕おちの柿のおときく深山かな　素堂

○日当や熟柿の如き心地あり　漱石

○柿喰へば鐘が鳴るなり法隆寺　子規

○御仏の供えあまりの柿十五　子規

○禅寺の渋柿喰えば渋かりき　子規

◦柿の花石灯籠に落ちてとぶ　虚子
◦よろよろと棹がのぼりて柿を挟む　虚子
◦山柿や五六顆重き枝の先　蛇笏
◦柿の花こぼるる枝の低きかな　風生
◦髪寄せて柿むき競う灯火かな　久女
◦柿紅葉マリア灯籠苔寂びぬ　秋桜子
◦葉が落ちて柿山の柿すべて見ゆ　東光
◦柿喰うや命あまさず生きよの語　波郷
◦柿を喰う君の音またこりこりと　誓子
◦竿の先神経擬し柿を捥ぐ　誓子

②短歌

年のよのさすが蜂屋の串の柿
蜜とみまかふ甘口にして　円空

紅葉には時まだ早き山里に
いろずくものは庭のうま柿　慈円

朝けよし真昼の日陰あしからず
夕ばえはことに柿のもみじば　逍遥

軒にほす柿とり入れて新藁に
かこふ夜しも雪ふりいでぬ　三秋

柿の花集め来りてままごとの
飯ともなりぬ小さき笥にもる　三秋

柿赤ししんかんと時雨れて
老父は土の中　久雄

全国的に知られているカキの代表的な和歌は次のとおり

柿博打

江戸時代には軍鶏を用いた賭け事など博打は禁止令が出されていたが、農村では大正から昭和にかけて祭や縁日の余興として庶民は博打のスリルを楽しんでいた。

この頃、子供は子供でカキの実の色づく秋限定であるが、果実の内にある種子（核）の数を丁半で当てる柿博打が行われていた。

柿博打あっけらかんと空の色
岩城久治
（昭和十五年作）

柿の木の若葉に光あたるとき
春のかがやく朝を迎ふる　佐太郎

遠く雲夕立つ風の湖(うみ)こえて
柿の青葉を壁に吹きつく　赤彦

秋深きふるさとに帰り来(きた)り
すなはち立てり柿の木の下に　千樫

おりたちて今朝の寒さを驚きぬ
露しとしとと柿の落葉深く　左千夫

取り残す梢の柿の四つ五つ
みな穴あけり百舌鳥(もず)やつつきし　空穂

集団下校とはいかなくとも、数名の腕白児童が下校の際に歩いていて、見かけた道辺のカキの木から失敬したカキにかじりついて、丁半を見定めている光景が目に浮かぶ。

天辺にとり残された柿ひとつ
　みかえる人のなくてうれをり

霽江

③校歌・音頭

「あゝ決戦の関ヶ原」（関ヶ原町）

三番　伊吹の山の夕映へて
　　　梢に光る柿一つ
　　天下をかけし合戦と
　　その名ぞ高き関ヶ原

「糸貫町讃歌」（本巣市糸貫町）

三番　たわわに稔る柿のいろ
　　　焼えるいのちのかがやきを
　　顔に映してすこやかに

柿の木坂と柿坂峠

春にはカキの花が咲き
　秋にはカキの実が熟れる
　　カキの木坂は駅まで三里…

戦後二十年代後半に青木光一が歌った「柿の木坂」で、年配の人にはなつかしい歌である。県内にカキの木坂と峠は三箇所ある。

一つ目は廃線になった名鉄谷汲線の長瀬駅近くから東海自然歩道をたどり、谷汲山華厳寺本堂裏手に通じる峠越しにある。通称カキの木坂である。

二つ目は下呂市の萩原から馬瀬へ越える八尾山の北にある柿坂峠で、柿洞谷に沿って西村へ下って

「糸貫音頭」（本巣市糸貫町）
五番　あの娘どこの娘糸貫育ち
　　こころまん丸
　　色も富有の品のよさ

「清水音頭」（揖斐川町）
三番　柿が色づきゃ乙女の胸も
　　燃えて楽しい茸狩り
　　アリヤ、ヨイトコラセ

「白樫音頭」（揖斐川町）
二番　柿のあるとき来てみやしゃんせ
　　ドッコイショ
　　しぶい柿でもこりゃ甘くなるよ
　　チョイナチョイナ

ゆく道である。柿坂峠を垣坂峠とした一八世紀中頃の書物「飛騨国中案内」には「殊之他難所にて牛馬の足立す　歩行人漸く通る道なり」とあって難所であった。

　最後は下呂市の「峠のカキ」（二二三頁参照）である。このカキは高山市境の位山峠に至る県道の中央にあって一名「位山峠のカキ」とも呼ばれている。

　馬籠の旅館の主の話であるが、馬籠にも街道筋に往時よりカキの木が植えてあって、旅に疲れた人が自由にそれを取って食し旅の疲れを癒したというが、峠のカキにはそんな意味があったかも知れない。

「南方音頭」（大野町）

三番　ハァ味でおいでとナ　器量でおいで

ホホイのサッサ

富有柿なら富有柿なら

わしが里（ハヤシ）

「岐阜県地理唱歌」

四十七番　中仙道は此処を過ぎ

木曽川南を流れたり

北に方れる蜂屋村

名に負う柿の産地なり

「関ヶ原音頭」（関ヶ原町）

ハァ　昨日茸狩　けふ栗拾い

軒の干柿　恋の味

日本画と富有柿

岐阜県は明治以降、川合玉堂、前田青邨などの日本画の巨匠を輩出している。

その一人、加藤栄三の実弟で岐阜市出身の文化功労者の加藤東一には、葉付き、枝付きの「富有」や「干柿」の作品がある。その東一に師事し、のちに日展理事などを努めた養老町出身の土屋礼一には、学生時代の作とされる重厚なカキ色を呈した四個の「富有柿」を描いた作品がある。

また大垣市出身で前田青邨に師事し、文化勲章を受章した守屋多々志は、日本画でも歴史画の第一人者といわれ、数多くの作品が

秋は野の幸　ネ　チョイト
山の幸

「白川音頭」（白川町）

ハァ　小川柿どこ　甘干うまい
大利里芋蕎麦がよい

「蜂屋小学校校歌」

千歳の昔のその名高く
雲居の供御ともなりぬる柿
蜂屋　蜂屋　蜂屋　蜂屋
名に負う柿こそ村の誉
今なお天下にたぐひあらず
蜂屋　蜂屋　蜂屋　蜂屋

ある。守屋の生誕百年を記念して出版された、七十年にわたるスケッチ集の「果樹、野菜」など巾広い植物が描かれている中に「カキの花」の傑作がある。
このように県内にはカキの貴重な日本画が多く存在する。

「**伊自良音頭**」

四番　伊自良ヨー　伊自良良いとこ

香りは招く　ソーレ

食べてみたかやあの柿栗を

秋の殿様松茸か　ヨイトナ

「**柿寺瑞林寺**」

二番　三千石の豊穣地　白柿一つ米一升

徳川侯のお気入り　諸役ごめんの蜂屋町

4　カキの伝説と民話・俗信と民間療法

一般の人々が記録のための文字を日常的に使っていなかった時代に、古くからの「言い伝え」「口碑」「いわれ」として伝わり、その後「伝説」や「伝記」として記録され、また昔話として統括されたり、「民話」とも呼ばれたりもする伝承が各地に残っている。どう分類するにしても、地域の人々が中心となって脈々と語り継いできたことの意義を大切にしなければならない。

三世代が同居する家族が多かった昔は、祖父母から親へ、親から子供へと身近な生活環境の中で、多くの伝説や民話が連綿と伝えられてきた。わが国で広く伝承されている民話で、カキが登場する「サルカニ合戦」は、幼い頃聞いて今日でも心に残る物語である。勧善懲悪の道徳心を育む取組みは室町時代より始まったと伝えられている。

一方、民衆の生活の中で良きにつけ悪しきにつけ語り継がれてきた「俗信」といわれる事項も多い。

これらの「伝説」と「民話」、それに「俗信」は次のように三つに分けることができる。一つ目は、山川、動植物、天体など自然話題。二つ目は、人、地名、事件など歴史話題。三つ目は、神、仏、霊魂などの信仰話題である。岐阜県のカキについては、これらの三つが、単独でまたは複数が絡み合って永く伝えられてきた。また今後も伝えられることであろう。

また、民間療法は、医者にかかる程でもない疾病などのときに昔から用いられてきた素人風の療法で、身近な植物などが用いられていた。それなりの効果もあり、今でも広く伝えられているものもある。また、かつては富山の置き薬屋が、「食い合わせ表」という食物の禁忌表を、毎年家々に配って置いていったが、これも一部合理性があり、今日でも気にされることが多い。

①伝説と民話

ア　柿の木茶碗

大垣市上石津町に伝わる話

戦国時代、豊臣秀吉は伊勢との境、時の里の湯屋山権現に本陣を置かれたと云われている。この時、お忍びで樫原の庄屋三輪内助入道の家においでになり、ここを宿所として、高取のカキの大木の下で、内助入道の献茶を召された。その時秀吉は、たいそう茶を褒めて茶碗一個を入道に与え、カキの名を「茶碗柿」と名付けたと云われている。以来、この時与えられた茶碗を「柿の木茶碗」と呼び、カキの大木とともに大切に守られてきた。

現在、多良小学校近くにある瑠璃光寺裏手に高取という森がある。カキの大木が高く聳えていたが、昭和十六、七年頃に心なき者に切られ、炭にするため焼かれたという。

（『ふる里噺』）

イ　柿の木地蔵さん

大垣市青木町の熊野神社のすぐ北隣に祀られている「柿の木地蔵さん」のお祭りは八月一日で、子供たちによって催されている。近所の人の話では、子育ての願い事などに御利益があり他所からのお詣りも絶えないとのことである。

身の丈三十センチ程の石の地蔵で、昔から夏祭り前後の川遊びには、子供たちが川に放り込んだり転がして水浴させたりして楽しんでいる。

ところが、子供たちがどう扱っても許されるのに、大人が触れるとお咎めがあると言い伝えられている。昔酒に酔った青年が一杯気分で地蔵を川の中に投げ込んでしまい、後で思い直して元の場所へ返したが、祟りがあったといわれている。

祠の前には大きなカキの木が一本あり、昔から「柿の木地蔵さん」と呼ばれている。

（『大垣むかし話一〇〇話』）

ウ　家康と柿寺

神戸町に伝わる話

天下分け目の関ヶ原合戦を目前にひかえた慶長五年（一六〇〇）九月一日、江戸を出発した徳川家康は、九月十三日には岐阜にて一泊、翌十四日、旧東海道筋に沿って西進し、神戸に入り、白山神社で一服した。この時大勢の人々をかき分けて、八篠村（現在の神戸町八条）瑞雲寺の住職・智功という禅僧から大きな〈木練柿〉が届けられた。家康は長旅の疲れもあって甘いものを生理的に要求したのか、早速相好をくずしてかぶりついたが、すぐに顔をしかめて大声で「四分勝（しぶか）った、四分勝ったで八分勝利した」と叫ぶと剽軽に振舞い、カキをあたり一面にばらまいて、周囲の武将共に「大垣（大柿）は我が手に入った」と大機嫌になって士気を盛りたてた。この寺はその後、柿寺の称号と寺領十石を永代下賜されることになったという。

このカキの木は四百有余年を経て、幹の半分位枯れながら、飄々と生き長らえ、いまも二世と共にお寺の境内でひっそりと世の中を見守っている。

（『美濃神戸ふるさと百話』）

エ　耳柿

郡上市明宝町に伝わる話（一〇一頁「耳柿」の項参照）

今から五百年も前、天台宗比丘尼寺が栄えていた時分のこと。世の人々は、飢饉や不作もあって日々の食い物にも追われていた。こんな苦しみから逃れるには誰しも後生を願うしかなく、暇さえあれば年寄りも若い者も、男も女もお寺に寄り集まっては尼僧の法話に聞き入った。

ところが、ある日のこと尼様は、見かけたことのない男が、目立たぬように物陰でお参りをして、どこへ帰るともなく立ち消えているのに気付かれた。尼様は二、三度声を掛けたが返事がなかった。男は全く耳が聞こえなかった。そしてある時、尼様は男の後をつけて所在を見届けようとした。すると、その男は近くの古いヤマガキのそばまできたと思ったら、急にふわっと消えてしまった。つまり男はヤマガキのヌシであった。

「ああいとしいネ。ヤマガキのヌシが、やっと人間の姿を借りて御仏にすがろうとしながら、耳が聞こえんは情けない」と尼様は思われ、その後「どうかこのヤマガキに耳を与え、御仏の心が通じるよう」と一生懸命御仏に祈られた。

すると不思議にも、その年の秋からヤマガキの実には一つ一つ小さな耳が付くようになり、男の姿も見られなくなった。

それからヤマガキのことを耳柿というようになり、カキの木周辺を耳柿平というようになった。

（『奥美濃よもやま話』四十話）

オ　不思議なカキの実

下呂市萩原町に伝わる話

上村の松ヶ瀬で、国道から旧道への坂を下りさらに東へ抜ける一関谷にかかる橋のたもとに一本の大きなカキの木が立っている。

このカキの思い出を近所のおじいさんは、「盗みに行って見つかって叱られたこと」と、このカキの不思議な味について話してくれた。「もともと甘ガキなんやけど、実のかっこうによって、甘いのと渋いのがあったな。へたのところから実の先まで真っすぐなやつが甘かったが、暗いとこで（形が）わからず、渋いカキにかぶりついたりした」と。

カキのある家では、「昔から渋い実もなったそうな。少しでも芯がゆがんでいたら渋くて食べれない、真っ直なを選んで採れ」と嫁にきた時教えてもらったとか。

（『萩原町の民話』）

カ　串柿仙人

旧高山市に伝わる話

昔、高山の八軒町に打保屋源蔵という大工が住んでいた。妻に先だたれ、貧乏な暮らしをしていた。ある日源蔵は四方山話の中で仙人の話を聞いた。そして自分も仙人になりたい一心で、物知りの和尚さんに聞くに限ると思い、お寺に相談に伺った。

和尚さんは、「人の話や物の本で見ると、火にかけない物を食べ、人にあわない山奥で深く深く考えて修行すると、仙人になれるそうじゃ。仙人になれば、木の実を食べて暮らせ、苦しみもなく、長生きできる」と云った。

これを聞いた源蔵は、すぐに家に帰り、家財を売り払い、火にかけないでよい食糧はと、いろいろ考えた末、〈山柿〉を沢山買い込み、これを背負って松倉の山奥深く入って行った。

山の人となった源蔵は、串柿を食べながら一心に修行に励んだが串柿も日に日に減じ、木の実も思うように手に入らず、体は衰え、思考も働かなくなり、毎日を朦朧として過ごしたという。

そしてついに行倒れとなっていたが、幸い村人に発見され、八軒町へつれて帰らされ、手厚い看護のおかげで甦ったといわれている。

仙人になりそこなった源蔵は、その後坊さんになり各地を回って修行し、数年後松倉に帰った。地元の人々から源蔵は「串柿仙人、串柿仙人」と呼ばれて親しまれたという。


（『高山市の奇人・変人』）

キ　法力柿とサル

高山市丹生川町法力に伝わる話

カキ農家は昔も今も猿害には悩まされているが、逆の説もある。その昔、多くのサルがきて、法力柿の実を取っていかにもうまそうに食べていた。これを見た法力の人々は、カキのうまさをはじめて認識したという。

（『丹生川村史』）

ク　与三兵衛柿

旧益田郡川西村西上田（下呂市萩原町西上田）に伝わっている話

昔の地蔵祭りは賑やかに行われていた。ある年の地蔵送りの祭りに郡上から出店していた「与三兵衛」という人がカキを売り、そのカキのタネから芽が生えよく育って大木になった。人々はこのカキを「与三兵衛柿」と呼ぶようになった。

その後、いつの日かカキの木は切り倒され、今はない。

（『川西村誌』）

②俗信（県内に伝わる俗信）

㋐自然話題

○カキの実は全部取ってしまわず頂上近くに一つだけ残しておかなければいけない。全部取ってしまうと来年はならない。（岐阜）
○カキの実は収穫のとき、一、二個残しておくとよい。（谷汲）
○カキの木に熟したカキ一つを残しておかないと翌年はならない。（宮川）
○カキの葉が早く落ちるようだとその年は雪が多く、早く色づくと初雪が早い。（飛騨）
○カキを植えるには辰巳の方角がよい。（白川、東白川）

㋑信仰話題

○カキの木は縁起が良いと思われている。（県内各地）
○カキの木から落ちると早く死ぬ。（安八）
○カキの木から落ちると死ぬことがある。（宮川）
○カキの木から落ちると寿命がない。（北方）
○カキの木から落ちると大怪我をする。（白鳥）
○カキの木から落ちると三年以内に死ぬ。（北方）

○カキの木を切ると人が死ぬといわれている。（旧郡上郡）

○カキの木から落ちた傷は治らない。（関ヶ原）

○カキの木から落ちた傷は一生治らない。（関）

○カキの種や木を火にくべてはならない。理由は、旧武儀郡では、火の神、炉の神が嫌うからだというもので、火の神が祟る。……これは荒神様がカキを嫌うことと、あるいはカキを惜しまれるから（カキが好きだから）という理由による。またカキの種子は目の形に似ている。（県内各地）

○カキの木を始め屋敷内の木は屋根棟より上に伸びると凶兆とするから伸ばさない。（県内各地）

○カキの種を囲炉裏にくべると病気になる。（中濃）

○カキの種や木を火にくべてはならない。火の神が祟る。（武儀、関）

○カキの種を囲炉裏にくべると病気になる。（県内各地）

○カキの種を焼いた煙が目に入ると盲目になる。（岐阜）

○囲炉裏にカキの種をくべると歯が痛む。（県内各地）

○カキの種を火にくべると火の神が祟る。（益田）

○カキの木を伐ると運が悪い、人が死ぬ。（郡上）

○カキの夢をみると身内に不幸が。（岐阜）

○ナスやカキでも同じであるが、母がガニ股カキを食べると双子が生まれる。（県内各地）

○イチジクやビワを屋敷に植えてはいけない。カキの木も植えるものではない。（岐阜）

㋒ 民間療法（生活・健康話題）

○飛騨では熟柿を酒の中に入れて、その汁をしもやけ、凍傷につけるとよく効くという。これは冬の間生柿がないため窮余の策であったかもしれない。（飛騨）

○風邪には串柿、黒豆、ほうずきを煎じて飲む。（宮川）

○中風には柿渋を飲めばよい。（岐阜、不破、揖斐）

○中風、高血圧にカキを食べるとよい。または、柿渋を飲めばよい。（飛騨）

○産前はカキを忌む。体が冷えるから。（岐阜、関、美濃加茂）

○中風にはカキの渋を飲ませて土の上に寝かせ、動かさない。（岐阜）

○蝮に咬まれた時に干柿をつける。（美山、揖斐川）

○鼻血止めには柿渋を綿につけて鼻の穴をふさぐ。（御嵩）

○喉の痛む時は蜂屋柿に味噌を付けて食べれば良い。（大垣）

○やけずり（やけど）のとき柿渋に浸すと痛みがとれる。（恵那）

○霜やけには、渋ガキの汁を塗ったり、熟柿を酒の中に入れてその汁をつけるとよい。（宮川）

○高血圧にはカキの葉を煎じて常用する。渋を飲む。（御嵩）

○酔いどめには熟柿を食べる。（御嵩）

○いぼはカキの実のへたでこするとよい。（宮川）

○産後に湯に入ったあと串柿を食べると命を失う。（飛騨）

○カニとカキは一緒に食べると毒になる。（飛騨）

○酒に生柿、柚とカキも一緒に食べると毒になる。（飛騨）

○できものにはドクダミの葉をカキの葉で包み焼いて付けるとよい。（池田）

○酒に熟柿は食い合わせで腹痛をおこす。（池田）

5　カキの機能性成分

カキの完全甘ガキはそのまま生で、渋ガキはその脱渋法にもよるが生で、そして干柿は乾燥して水分の少なくなったカキを食するが、それぞれの成分、水分含量は当然異なってくる。しかし、共通していえることは他の果物類より糖質が多く、ビタミン類、ポリフェノール類、カリウム類が豊富に含まれていることである。

最近、認証制度になったフードファクター（機能性成分）でいえば、完全甘ガキのビタミンC含有量は一〇〇グラム中に七〇ミリグラムで、温州ミカン三五ミリグラムの二倍の成分を含んでおり、カキ一個摂取すれば大人一日の必要量をほぼ賄うことができる。

また、昔からカキを食べると二日酔防止によいといわれているが、これもビタミンCが肝臓の働きをよくすることや、通称タンニンと呼ばれているカテキン類が胃腸外壁の蛋白質に作用してアルコールの吸収を抑制すること、あるいは利尿作用のあるカリウムも効果があるといわれている。

果実の赤い色の成分であるカロチノイドに含まれるリコピンやβ–クリプトキサンチンは、干柿には多く（干柿は水分含量が二四パーセントであるので、水分換算で置き換えても高い）、とくにβ–クリプトキサンチンはガンに対する抑制効果が高いことがわかってきている。

カキの葉や渋ガキに多い渋味は、通称タンニンといわれているポルフェノール類で、この成分は抗酸化作用が高く、生活習慣病の予防に効果があることが知られている。

最近、県生物工学研究所などの研究では、未成熟ガキを減圧乾燥技術で粉末にしてマウスに与えた実験で、血中コレステロール、中性脂肪が減少した結果が得られたことから、商品化が期待されている。

干柿を作るときには皮を剥くので、普通大量の皮が発生する（果実重量の五～六パーセント）が、昔から農家ではダイコンを本漬けする際にその皮を入れて、甘味料として使ってきた。しかし、最近、この皮には人の肌のシミやソバカスの原因であるメラニンの生成を抑制するフラボノイドが多く含まれていることが明らかになり、美白化粧品の開発がされている。

大垣市内にある老舗菓子店で柿羊羹の原料である干柿を作る際に取り除くカキの皮を利用した化粧品が実用化され注目されている。

6 柿寺「蜂屋の瑞林寺」

「柿寺」として知られるのは文明年間（一四八〇）に悟渓禅師の法を享けて、仁済禅師が開創した臨済宗妙心寺派の龍雲山瑞林寺である。

瑞林寺と蜂屋柿には創建当時から深い関わりがあって、蜂屋柿の将軍などへの献上に伴う特権を記した由緒書も数種類あるといわれている。

瑞林寺の蜂屋柿

仁済禅師が室町幕府一〇代将軍足利義材（義稙）に蜂屋柿を献上して「柿寺」の称号と寺領一〇石を授かって以降、同寺住職と地元民はその後も豊臣秀吉、徳川の歴代将軍に蜂屋柿を献上、寺領を安堵され、蜂屋の地元民には諸役免除の特権が与えられたといわれている。しかし、当時の史料は慶長八年（一六〇二）に瑞林寺の火事で消失したため、これらはのちになって書かれた文書による。

瑞林寺の西方、寺から一旦平地に下り、西の小高い山に再び登る中腹に「御柿屋」があったといわれている。安永四年（一七七五）に記録のある「瑞林寺境内絵図」に「御柿屋」が描かれている（口絵一五頁）が、ここは寛文五年（一六六五）に藩の経費で設置され、当時、献上するための蜂屋柿はここで製造したり、荷造りして取りまとめされていた。下方には「郷倉」も描かれているが、対比すると「御柿屋」は相当大きな施設であったようである。

寺には慶長十五年の「大久保長安蜂屋柿献上申付状」や元禄七年の「蜂屋柿上納由書口上書」など江戸初期の古文書が多く所蔵されている。

なお、この寺では堂上蜂屋振興会が主催する茶会が、平成六年から毎年正月第二日曜日に開催されている。この会は美濃加茂市茶華道連盟に加入する各会派の抹茶と煎茶会で、初釜と蜂屋柿の普及ＰＲを兼ねて行われ、例年盛況である。

7　富有柿の里

（本巣市上之保）

ＪＲ岐阜駅から車で約四〇分、大垣インターから車で四五分程の本巣縦貫道（国道157号線）沿いの舟来山の麓にある〈富有柿〉をテーマにした複合施設。「富有柿センター」「先進技術実証施設（柿栽培研究ハウス）」「柿園展示園」「ふれあい広場」「都市農村交流施設」などの多くのカキ関連の施設が平成三年から七年間で約一六億円を投じてつくられ、同十年に「古墳と柿の館」がオープンしてほぼ完成を見た。

メーンの「富有柿センター」ではホールで郷土の歴史やカキの各種資料を展示紹介。また、「先進技術実証施設」にはバイオテクノロジー研究室、検査実験室、農産加工研究室などがあって、バイオテクノロジーを駆使した新品種の育成や新しい栽培法の研究に取り組んでいる。

富有柿の海外販売

平成に入って、全国的に地域特産物の海外での市場開拓を狙うアンテナショップを設置する動きがみられ始めた。県や生産者団体でつくる協議会を通じて、海外からの注目を集めている地域特産品のうち、本物、手作り、健康さらに自然志向の物産を、現地で試食、宣伝、販売をしようとするものである。

平成二年にはシカゴの郊外に設けられているアンテナショップに参加、同三年にはシンガポールの国際卸売センターで富有柿を始め、七〇品目を出展し好評を得た。

その後も、香港やバンコクで県農林水産物輸出促進協議会を通じて「岐阜フェア」として海外で独自にスーパー、百貨店へ出展して、幅広い市民への定着を図っている。

世界各地から集められた六三種八〇本のカキの木が植えられている「柿の品種展示園」には、昔から屋敷柿として馴染みの深い在来種や、岐阜県原産の品種など数多く保存されている。散策コースとなる山の南傾斜と合わせると総面積約六ヘクタールの巨大な触れ合いゾーンになっている。

◉

巻末資料

▶資料①

カキ市町村別栽培面積・収穫量（青果物生産出荷統計調査による：岐阜農林統計協会）

市町村名	平成18年産				平成元年産		
	栽培面積(ha)	結果樹面積(ha)	収穫量(t)	出荷量(t)	栽培面積(ha)	結果樹面積(ha)	収穫量(ha)
岐阜市	251	231	2,450	2140	268	250	3,130
大垣市	22	22	156	102	19	19	162
中津川市	10	10	63	38			
美濃市	11	11	99	71	11	11	116
羽島市	25	23	244	219	26	24	295
美濃加茂市	57	57	717	615	62	61	802
各務原市	18	17	170	135	24	24	248
山県市	25	24	131	89			
瑞穂市	137	122	1,640	1,520			
本巣市	488	461	6,170	5,450			
下呂市	20	18	44	32			
海津市	96	96	644	555			
養老町	21	21	139	116	31	31	220
神戸町	15	15	126	112	17	17	164
揖斐川町	22	22	165	106	30	30	216
大野町	273	258	3,250	3,010	317	305	4,110
北方町	21	20	215	197	26	25	278
南濃町					108	103	1,170
垂井町					20	20	90
池田町					19	19	115
本巣町					58	56	643
穂積町					24	24	275
栄南町					135	126	1,940
谷汲町					28	28	172
真正町					138	132	2,050
糸貫町					331	299	4,550
伊自良村					23	22	113
その他市町村	68	62	477	293	115	104	641
合　計	1,580	1,490	16,900	14,800	1,830	1,730	21,500

▶資料②

飛騨美濃特産名人（カキ）一覧

認定年度	認定者の市町村	認定者名	対象品目
昭和 63 年度	本巣市	後藤幸男	カキ
平成元年度	大野町	若原満	カキ
平成 2 年度	岐阜市	溝口敏正	カキ
平成 3 年度	美濃加茂市	村瀬琴子	農産加工品等（干柿）
平成 6 年度	岐阜市	早川四郎	カキ
平成 7 年度	本巣市	加藤泰一	カキ
平成 10 年度	大野町	若原悟	カキ
平成 18 年度	岐阜市	松井不二夫	カキ
平成 19 年度	美濃加茂市	堀部庫一	農産加工品等（干柿）
平成 26 年度	本巣市	松尾學	カキ
平成 27 年度	本巣市	高橋保男	カキ

成熟期	果実の形※1	果皮の色	果汁糖度	甘渋の別※2	その他の特長・摘要
10下		黄緑色	22.1	PC渋	蔕色は灰緑
10上〜		黄緑色	22.4	PC渋	自然仕立
11上〜11中		黄緑色	16.9	PC渋	隔年結果性大きい
11中〜11下		黄橙色	20.8	PC渋	豊産生大
10上〜10中		濃紅色	23.5	PC渋	放任仕立
11中〜11下		橙色	22.0	PC渋	果頂部黒斑点出易い
11上		橙朱色	16.5	PC渋	紅葉有
11上〜11中		橙色	26.1	PC渋	果頂部に條紋が現れる
11上〜11中		橙色	20.8	PC渋	蔕窪深い
10中〜10		橙色	21.0	PV甘	果肉の褐紋極めて多い
10上〜10		黄橙色	17.5	PC渋	品種歴600年　連年豊産性　品質良好
11下		黄橙色	20.1	PC渋	果梗脱離し易い
11中		黄橙色	18.7	PC渋	着果数やや少ない　無せん定
11上〜11中		橙色	18.2	PC渋	極めて小果無せん定
11上〜11中		中位橙	21.4	PC渋	果頂部より軟化し易い　先端濃紅
10中〜10下		黄橙色	18.2	PV甘	褐斑多い　果皮に褐紋多い　品質上　雄花有
10下〜11上		橙色	18.1	PV甘	品質は中位　脱渋性良い
11上		暗黄橙色	16.4	PV甘	帯状の円座有　褐斑多い
11中		黄色	21.4	PC渋	落葉時の葉色紅色　果汁多い
10下〜11上		橙色	16.0	PV甘	種子周辺に褐斑有り　粉質　醂柿に適す
10下〜11上		橙朱色	17.3	PV甘	隔年結果性大きい　霜降に似る

▶資料③

[屋敷カキの主な品種特性表 01]

品種名　名称	樹姿	樹勢	成葉の大きさ	果実の大きさ	1個果重(g)	果径指数
青柿(白川町)	やや直立性	やや強	やや小形	小	68	113
青柿(海津市)	直立性	やや強	やや大形	小	96	104
アオダイ	やや直立性	やや強	やや大形	やや大	210	105
青檀子(関ヶ原町)	直立性	強	中形	大	235	85
赤柿(関市)	やや直立性	やや弱	やや小形	やや小	120	118
赤檀子	やや開張	やや弱	中形	やや小	119	90
アカズ	やや開張	やや弱	中形	やや小	86	95
有鳥	やや直立性	中位	やや小形	小	91	88
炙柿	やや直立性	やや強	やや小形	やや小	120	89
甘百目	やや開張	やや弱	中形	大	224	87
市田柿	やや直立性	中位	やや小形	中	151	100
伊自良大実	直立性	中位	中形	やや大	201	75
いのちの柿(大垣市)	やや直立性	中位	やや小形	中	120	104
岩田の柿(中津川市)	やや直立性	やや弱	小形	極小	48	110
うまし柿	やや開張	中位	中形	中	155	127
絵御所	開張	弱	中形	大	221	127
江戸一(江戸甘一)	やや開張	弱	中形	やや大	210	125
円座(帯仕)	開張	弱	中形	中	106	99
近江檀子	開張	やや弱	やや小形	小	99	83
鬼平(関市)	やや開張	中位	中形	中	156	108
オフリ	やや開張	中位	中形	やや大	205	100

成熟期	果実の形※1	果皮の色	果汁糖度	甘渋の別※2	その他の特長・摘要
11上		橙色	18.2	PC渋	熟柿に適する（うまし柿）
11中～11下		橙色	16.4	PV甘	蔕に凹有り　果頂濃色
10下～11上		橙色	21.2	PC渋	隔年結果性大　ヤマガキの一種
11上～11中		橙色	19.8	PV甘	果頂軟化し易い
10中～10下		橙色	22.3	PC渋	極小形　隔年結果性大　ヤマガキの一種
11上～11中		橙色	17.6	PV甘	(御所？)
10下～11上		橙色	21.5	PV甘	果実がワタの花の蕾に似る
10下～11上		橙色	18.2	PC渋	極小果　隔年結果性大
11上～11中		橙色	18.6	PC渋	ヤマガキの一種
10中～10下		紫黒色	15.1	PV甘	果皮が特有な色　連年結実する
9中～9下		濃紅色	16.9	PV甘	褐斑少ない　果汁少ない
11上～11中		橙紅色	19	PC甘	甘味強い　果頂部裂化し易い
11上～11中		橙朱色	20.3	PV甘	甘味強い　渋果も発生
10下～11上		橙色	15.9	PV甘	褐斑多い　果皮に褐紋多い　品質上
10下～11上		橙色	18	PV渋	雄花の着生頗る多い　結実性良好
10下～11上		橙紅色	19	PC甘	蔕すき有　雄花の着生有
10下～11上		濃紅色	17.1	PV甘	シンショウタン　蔕窪小さく薄い
10中～10下		濃朱色	22.9	PC甘	褐斑頗る多い　一名円座柿
11中		橙色	21.3	PV甘	別名オフルに似る
11上		橙色	21.4	PC渋	隔年結果性大

[屋敷カキの主な品種特性表 02]

品種名　名称	樹姿	樹勢	成葉の大きさ	果実の大きさ	1個果重(g)	果径指数
オフリョウ	やや直立性	中位	やや大形	やや大	168	108
オフル	やや直立性	やや弱	中形	やや大	209	108
カイズボ	やや直立性	中位	やや小形	小	78	90
キザラシ(キザワシ)	やや開張	やや弱	中形	やや小	127	104
キツネ柿	やや直立性	中位	やや小形	極小	43	112
キネリ(木練)	やや開張	中位	中形	やや大	161	101
キワタガキ	やや開張	中位	中形	やや小	124	104
キンギリ	やや直立性	中位	やや小形	極小	54	97
串柿	開張	中位	やや小形	小	107	122
黒柿	開張	やや弱	やや小形	やや小	105	106
駒つなぎ柿(ハッサク)	やや開張	中位	中形	やや小	134	109
御所(岐阜市)	やや直立性	やや強	中形	やや大	180	140
御所(垂井町)	開張	やや弱	やや小形	やや大	195	129
コネリ(関ヶ原町)	やや開張	やや中位	やや大形	中	151	136
サエフジ	やや開張	強	中形	やや大	168	90
鷺山御所	やや開張	中位	やや大形	やや大	190	130
砂糖柿	やや開張	中位	中形	やや大	192	120
座柿	やや開張	中位	中形	やや大	168	117
沢田御所	やや直立性	やや弱	中形	中	162	111
サンネモ	やや直立性	やや強	中形	やや小	132	118

成熟期	果実の形※1	果皮の色	果汁糖度	甘渋の別※2	その他の特長・摘要
11中		黄橙色	21.4	PC渋	結実性よく収量多い　干し柿あめ色
11上		黄緑色	22.8	PC渋	蔕特大　着果数少ない　しだれ柿か美観を呈す
10下〜11上		黄色	17.9	PC渋	下垂枝が美しい
11中〜11下		紫黒色	24.3	PC渋	ぶどうガキ　着果数多い　隔年結果性小
10下〜11上		黄橙色	17.9	PV甘	隔年結果性大　褐斑小さい
10下〜11上		濃紅色	18.2	PV甘	隔年結果性大　果頂がやや軟化
10下〜11上		橙色	17.0	PC甘	果頂部裂開　外観不良　未歴170年
11中〜11下		黄鮮色	22.9	PC渋	雄花を付ける　外観見映え
9下〜10上		濃紅色	19.5	PV甘	雌雄花着生　甘味富む　極早生
10中〜10下		橙色	19.4	PV甘	光沢(果実)有り　外観良好
11上		濃紅色	17.6	PV甘	蔕が薄く果柄も細い　褐斑少ない
11上		橙朱色	15.8	PV甘	蔕が薄く橙黄色　褐斑細かい
11上〜11中		橙色	19.5	PV甘	褐斑小さく少ない　果心大きい
11上〜11中		橙朱色	14.6	PV甘	未歴800年　雄花着生大　褐斑多い
11中		橙色	23.0	PC渋	隔年結果性大　果実小
11上		橙色	23.1	PC渋	隔年結果性大　果実小　渋味強
10上〜11中		濃紅色	15.8	PC甘	果頂軟化し易い　果頂に褐紋時々有り
10下〜11上		橙紅色	19.4	PC甘	別名鷺山御所　蔕すき発生大
10下〜11上		橙色	16.7	PV甘	隔年結果性有り　大果
11上〜11中		黄橙色	16.0	PV渋	頗る大果　果頂部黒紋有り
10下〜11上		橙色	17.9	PV甘	果実扁平

[屋敷カキの主な品種特性表 03]

品種名　名称	樹姿	樹勢	成葉の大きさ	果実の大きさ	1個果重(g)	果径指数
三社	やや開張	弱	やや小形	中	158	85
しだれガキ(恵那・蛭川)	極めて開張	弱	小形	極小	84	113
山岡のしだれガキ(恵那・山岡)	やや直立性	やや中位	中形	やや小	131	78
信濃柿	やや直立性	やや強	小形	極小	9	82
霜降	やや開張	やや弱	中形	やや大	186	101
霜降(加茂野柿)	やや直立性	やや弱	中形	大	196	107
次郎	やや直立性	やや強	中形	やや大	186	142
素人擬	中位	中位	やや大形	やや大	216	113
猩猩	やや開張	やや強	やや大形	中	163	120
シンショウ(シンシヨ)	中位	中位	中形	やや大	185	116
シンミョウタン	やや直立性	やや強	やや大形	やや大	186	127
シンミョウ	やや直立性	中位	中形	やや大	195	121
瑞雲寺のオオガキ(木蓮柿)	やや変形	極めて弱	中形	中	154	100
禅寺丸	開張	強	やや小形	中	174	117
センボロ	やや直立性	やや強	やや小形	極小	58	118
せんぼ	直立性	やや強	やや小形	極小	50	122
宗祇(郡上市)	やや直立性	中位	やや小形	中	150	126
草平柿(鷲山御所)	中位	中位	やや大形	やや大	194	130
大名柿	やや直立性	中位	中形	大	223	104
ダイシロウ(下呂市)	やや直立性	やや強	やや大形	大	258	93
ダイシロウ(高山市)	やや直立性	やや強	やや大形	やや大	180	130

成熟期	果実の形※1	果皮の色	果汁糖度	甘渋の別※2	その他の特長・摘要
11上～11中		橙色	19.3	PC渋	再生力強く強剪定に耐える
11上～11中		橙色	18	PC渋	果汁多い（葉隠とは別？）
11上～11中		橙色	22.1	PC渋	干し柿　醂柿
11中～11下		橙色	19.1	PC渋	蔕窪の凹み大　縦断面ややクサビ形
11上～11中		橙色	19	PV甘	褐斑の大きさ中　数も中程度
11上～11中		黄橙色	21.9	PV甘	褐斑粗　果汁少ない
10中～10下		橙色	18.7	PV甘	隔年結果性強い　種子少ない　渋果
10中～11上		橙朱色	16.4	PC甘	品種名ヒラクリと呼ばれる
11上～11中		橙色	15.7	PV甘	豊産性大　褐斑大きく密集
11中～11下		黄橙色	24	PC渋	熟柿としては甘味強い　200年以上
11上		橙色	19.8	PV甘	果頂凹む　褐斑中
11上～11中		橙色	18.6	PV甘	褐斑中程度
10下～11中		濃紅色	18.4	PC甘	果実は色彩が鮮麗である
11中～11下		黄橙色	18.9	PC渋	果柄が短い　雄花の着生稀
10中～10下		橙色	21.9	PC渋	下枝は下垂
11上～11中		橙色	22.5	PC渋	直幹　自然仕立
10上～10中		濃紅色	16.3	PV甘	蔕に凸有り　台座10mm位有り
11中～11下		橙朱色	15.1	PV甘	霜に遭うと甘くなる
10中		濃紅色	15.4	PV甘	無剪定　多汁　蔕が反る　果実は方形
11中～11下		黄橙色	16.3	PC甘	豊産性大　果頂部が割れ易い（袋御所？）

[屋敷カキの主な品種特性表 04]

品種名　名称	樹姿	樹勢	成葉の大きさ	果実の大きさ	1個果重(g)	果径指数
ダイシロウ(美濃市)	開張	強	中形	中	185	103
タカゼ	やや直立性	強	やや大形	やや大	194	82
タテイシ	やや直立性	やや強	小形	やや大	172	96
田村(垂井町)	直立性	強	大形	大	244	82
太郎助(関市)	やや直立性	やや強	中形	中	178	96
ダルミ	やや直立性	やや強	やや大形	中	168	92
月夜(御望野の月夜柿)	やや開張	中位	中形	中	154	123
廿原のカキ	やや開張	中位	やや小形	やや小	115	120
鶴の子(甘)	やや開張	やや弱	やや小形	中	163	67
鶴の子(渋)	中開張	弱	小形	やや大	234	63
寺柿(関ヶ原町)	やや開張	やや強	中形	中	180	141
寺柿(池田町)	やや開張	やや強	中形	中	161	130
天神御所	中開張	やや弱	中形	やや大	200	108
堂上蜂屋	開張	やや弱	やや大形	やや大	196	100
峠のカキ	やや開張	やや強	やや小形	小	80	109
長柿	やや直立性	中位	中形	中	168	67
名古屋柿(珍宝柿)	やや直立性	やや弱	中形	中	160	86
ニタリガキ	中間形	中位	やや小形	54中40	149	135
野井御所	直立性	極めて強い	小形	56中43	141	130
裂御所	中間形	中位	やや大形	75大55	214	136

成熟期	果実の形※1	果皮の色	果汁糖度	甘渋の別※2	その他の特長・摘要
11下		橙色	19.1	PC渋	外観美しい　多汁
11中〜11下		黄橙色	18.2	PC渋	時により果頂に不定形斑有り
10中〜10下		黄橙色	16.4	PV甘	肉質は荒いが多汁
10上〜10中		橙朱色	22	PV甘	果頂軟化し易い　雄花の着生有
10下〜11上		橙色	22.4	PV渋	とくに熟柿が良いが醂柿　干柿にもよい
10中〜10下		橙色	18.8	PC渋	種子皆無
10上〜10中		暗橙色	15.6	PC甘	若干果頂が凹む　種子数少ない
11上〜11中		橙色	19.4	PC渋	隔年結果性有り　干し柿　蔕下に黒すじ有
11中〜11下		橙紅色	19.2	PC甘	褐斑多く甘味強い
11上〜11中		橙色	22.2	PC渋	熟柿に最も適する
11上〜11中		橙朱色	18.1	PV甘	シンショウ　果色は光沢有　外観良好
10中		橙色	16.8	PV甘	1.0cm位の座有り　脱渋易い
10下		橙色	20.4	PV渋	醂柿に適する
10中〜10下		橙色	17.9	PV甘	着果数少ない
10中〜11下		濃紅色	18.6	PV甘	果枝の色鮮明
10上〜10中		橙色	18.5	PC甘	収穫期早い
11中〜11下		橙色	19.9	PC渋	雄花中程度の着生
11中〜12下		紫黒色	21.8	PC渋	(シナノガキ　君遷子)
11上〜11中		橙色	21.2	PC渋	果頂軟化し易い
11中		橙色	20.4	PC渋	果柄が長い　種子多い

[屋敷カキの主な品種特性表 05]

品種名　名称	樹姿	樹勢	成葉の大きさ	果実の大きさ	1個果重(g)	果径指数
葉隠(垂井町)	やや開張	強	やや大形	中	164	101
蜂屋(岐阜市)	やや開張	中位	やや大形	やや大	188	96
ハツキリ	開張	中位	やや中形	中	178	92
七右衛門	やや開張	やや強	やや小形	中	169	100
百目(渋)	やや直立	やや強	やや大形	大	255	79
平核無	開張	中位	中形	中	146	153
平柿	開張	やや弱	小形	小	100	134
藤倉大実	やや直立	やや強	中形	やや大	195	83
藤原御所	開張	やや弱	やや小形	中	182	114
富士(富士山)	直立	強	大形	大	265	91
舟つなぎ柿(海津市)	やや開張	やや強	中形	やや大	200	128
筆柿	開張	やや弱	やや大形	中	149	79
法力柿	開張	やや弱	中形	中	153	100
盆柿(本巣市)	やや開張	やや弱	中形	中	165	110
盆柿(関ヶ原町)	やや開張	中位	中形	中	153	130
盆柿(関市)	やや開張	やや弱	やや小形	中	143	118
松井柿	やや開張	中位	やや大形	やや大	190	102
マメガキ	やや直立	中位	小形	極小	9	86
万賀	やや開張	中位	中形	中	145	70
丸葉蜂屋	開張	やや弱	やや大形	やや大	203	111

成熟期	果実の形※1	果皮の色	果汁糖度	甘渋の別※2	その他の特長・摘要
11上		橙色	16.4	PV甘	多汁　肉質富有に似る　葉柄赤褐色
10下~11上		橙朱色	19.7	PV甘	四條の側溝有り　褐斑多し
11中~11下		黄橙色	18.4	PC渋	四角っぽく大形果実
10中~10下		橙朱色	18.7	PC甘	條紋わずかに発生する場合あり
11上		橙色	22.7	PC渋	10mm位の耳型の座あり
10中		橙色	22.3	PC渋	ほとんどが種子なし
10下~11上		橙朱色	16.1	PV甘	褐斑細かく少ない
11上		銅橙色	17.6	PV甘	収穫期後期に條紋の発生有り
11上~11中		橙紅色	17.2	PV甘	蔕厚く縦縞有り　褐斑小
11上~11中		橙色	13.1	PV甘	果頂が黒くなる　甘味少ない
10中~10下		橙色	16.8	PV甘	豊産であるが隔年結果性強い

[屋敷カキの主な品種特性　06]

品種名　名称	樹姿	樹勢	成葉の大きさ	果実の大きさ	1個果重(g)	果径指数
水御所	やや開張	やや弱	中形	中	148	122
水島	やや直立	中位	大形	やや大	185	117
水蜂屋	やや開張	中位	やや大形	大	210	100
水戸野のオオガキ(キネリ)	やや開張	中位	中形	中	152	100
耳柿	やや直立	やや強	中形	小	71	84
宮村のカキ	やや開張	やや強	やや小形	やや小	100	100
妙丹柿(揖斐川町)	やや開張	中位	やや小形	中	184	108
明善寺のカキ	直立	中位	中形	やや小	138	105
八島	直立	中位	中形	中	175	90
ヨロイドオシ	やや直立	やや強	大形	やや大	198	100
蓮台寺	開張	やや弱	極めて小形	中	156	119

※１果実の形の欄で

●	頗る長形
●	長形
●	やや長形
●	球形
●	擬宝珠
●	やや扁形
●	扁形
●	頗る扁形

※２甘渋の別の欄で

PC 甘は完全甘ガキ、PC 渋は完全渋ガキ

PV 甘は不完全甘ガキ、PV 渋は不完全渋ガキ

主な参考文献

岐阜県益田郡誌（岐阜県益田郡役所／編・大衆書房・一九七〇）（／岐阜県益田郡役所・一九一六）
揖斐郡誌（岐阜県揖斐郡教育会・大正十二年）
恵那郡誌（恵那郡教育會・大正十五年）
美濃民俗（郷土出版社・一九八九）
揖斐川町史（揖斐川町・一九七〇、一九七一）
春日村史　上／下／現代編（春日村史編集委員会／同／春日村・一九八三／同／二〇〇五）
大野町史　史料編／通史編／増補編（大野町・一九八一／一九八五／二〇一〇）
真正町史　史料編／通史編／通史編近世（真正町・一九七一／一九七五／同）
南濃町史　史料編／通史編（南濃町史編纂委員会／南濃町・一九七七／一九八二）
大和町史　通史編下／史料編続編上／史料編続編下1／史料編続編下2（大和町・一九八八／一九九九／二〇〇三／二〇〇四）
美濃加茂市史　史料編／民俗編／通史編（美濃加茂市・一九七七一九七八／一九八〇）
糸貫町史　史料編／通史編（糸貫町・一九六九・一九八二）
関ヶ原町史　史料編2／通史編上／下（関ヶ原町・一九八八／一九九〇／一九九三）
本巣町史　史料編／通史編（本巣町・一九七五／同）
池田町史　史料編／通史編（池田町・一九七四／一九七八）
川西村誌（川西村役場・一九三一）
伊自良誌（伊自良村役場・一九七三）
岐阜県史　通史編［5］近世下／［7］近代中（岐阜県・一九七二／一九七〇）
岐阜県昭和農業史　上／（岐阜県・一九九三／一九九四）
濃陽志略（岐阜史談会・一九三五）

濃陽絢行記（大衆書房・一九八九）
岐阜県農業技術研究所100周年記念誌（岐阜県農業技術研究所100周年記念事業実行委員会・二〇〇一）
柿の民俗誌―柿と柿渋―（今井敬潤著／現代創造社・一九九〇）
実験柿栗栽培法（恩田鐵彌、松村春太郎著／博文館・一九一二）
農具揃（丸山幸太郎校注・執筆／農山漁村文化協会・一九八一）
種苗特性分類調査報告書（カキ）（広島県・一九八三）
柿のあるくらし（伊自良村高齢者活動促進協議会編／山県農業改良普及書・一九八二）
日本産物誌　上（伊藤圭介著／文部省・一八七六）
カキの栽培技術（石原三一著・一九四八）
千年の歴史の味堂上蜂屋柿（新農林社・二〇〇〇）
広益国産考（大蔵永常著／岩波書店・一九九五）
日本農業全書（宮崎安貞著／農山漁村文化協会・一九七八）
岐阜県の食事／聞き書　岐阜の食事（日本の食生活全集岐阜編集委員会編／農山漁村文化協会・一九九〇）
果樹園芸大事典（佐藤公一著／養賢堂・一九七二）
農業技術大系（カキ）（農山漁村文化協会）
富有かきの由来（第十八回全国カキ研究大会実行委員会）
カキの栽培（郷謹之助著／富民社・一九五六）
カキと人生（傍島善次著／明玄書房・一九八〇）
岐阜県天然記念物調査報告書／岐阜縣史蹟名勝天然記念物調査報告書（岐阜県・一九三二／岐阜県図書館協会・一九七一）
芭蕉美濃路を行く（尾藤静風著・一九八三）
美濃国民俗誌稿・関口議官巡察復命書（岐阜県郷土資料研究協議会・一九七六）
飛騨後風土記／斐太後風土記　上／下（富田礼彦著／大日本地誌大系刊行会・一九一五～一六）

飛州誌／飛州図誌／飛州志（長谷川一陽校訂・一八二九／岐阜新聞社・二〇〇一）
百姓伝記　上／下（岩波書店・二〇〇一）
新撰美濃志（岡田啓著・一九〇〇／一九六九）
歴史・伝説の上にみる飛騨の植物　物語篇（石田秋雄編／国府町教育委員会・一九七七）
蜂屋柿その歴史と人々展（美濃加茂市ミュージアム・二〇〇八）
本巣市と柿の歴史探訪（本巣市富有柿の里・一九九八）
もっと知ろう柿の話（本巣市富有柿の里・一九九八）

あとがき

里古(ふ)りて柿の木もたぬ家もなし　芭蕉

（元禄七年　芭蕉五十歳　伊賀上野での作）

四、五十年前までは、田舎のほとんどの家の屋敷にカキの木のない家はなかった。

わが家にも昔から屋敷柿が母屋を囲うように何本も植えてあった。お盆を過ぎる頃には、〈ヒラ〉という盆柿が熟し始め、次に〈七右衛門〉、それに高接ぎのしてある〈連台寺〉〈筆柿〉そして〈禅寺丸(ぜんじまる)〉の甘さもまた格別であった。十月に入る頃には、〈太郎助〉が熟し始めるが、この品種は、収穫期間が長くて、約一カ月間位にわたり穫れた。また漬柿にしてもうかかった。

そして、〈富有〉もすでに大木になっていて数本あちこちに植えてあったが池や小川の近くのものと、屋敷の中程のものとは熟し方が異なり甘みも違うので兄弟が競って自分の好みのカキを見定めていた。〈富有〉の終わる頃には〈富士〉と〈赤柿〉の干柿づくりの後の熟柿も楽しみだった。

正月過ぎまでカキを味わった。

齢を重ねると、なにかの拍子に過ぎ去った遠い日の情景が顔を出すことがある。今では取り戻すことはできないが、人との語らいの中で、旅先で、ましてや同窓会などの宴席では、いつも懐かしい昔語りがパターン化してくる。
人は誰しもが過去を語るとき、毒気や積もった埃を振り払って、自分の中で少々化粧して話をする。これまでのそれぞれの過去の事情を乗り越えて、現状を肯定しあって生活している。

私は本当にカキが好きである。
田舎の秋の夕暮れ葉を落としながらたわわに実り柿色に熟したカキの実。
その実は甘く、ときには渋く、いつまでも残る懐かしい里の香、
あぜ道を通ると生垣の中から、高い稲架を越えて
垂れ下がった枝柿。
行き交う度に色づいてゆく日々が待ち遠しくて
誰にも見つからないよう
小さなポケットにこっそりねじ込んだこともあった。
ひと口かじると渋くて反対側に再度挑戦したが

あきらめたこともあった。
カキの木に牛が繋いであってカキを取りに登れない
運の悪いこともあった。
カキがとれないで屋根づたいに行き、屁っ放り腰で
竹竿でもぎ取ったこともあった。
門柿をくぐり抜け遊びに行った友達の家、
かくれんぼの時は絶好のかくれ場所だった。
女の子はカキの葉っぱを二つに折って内裏雛を作り遊んだ。
男子は落ちた幼果にマッチ棒を刺したコマ回し競争に必死だった。
秋の運動会には籠ごとカキを持ち込み休憩時間には母がカキの皮を剥いて待っていた。
軒下に吊してある干柿が手頃に乾くと
夜中にとりに行き見つかった。
筵（むしろ）干しのカキの皮も、つまみ食いを重ねて日毎に少なくなっていった。
正月には心身ともに改まって歯固めのカキを厳かにいただいた。
いつも生活そのものだった。
やがて年月が流れて、あの頃の無邪気さはどこへやら……

屋敷柿の姿は年毎に消えて少なくなった。
子供のはしゃぐ声も少なくなった。
屋敷柿もわずかに残っているのみとなり
遠い存在になってしまった。
しかし、ノスタルジアに浸っている場合ではないと思った。

とりもどそう、ぬくもりのいっぱいつまっているカキの木を
とりもどそう多様性豊かなカキのある生活を……。
と思う、このごろである。

昭和五十五年頃､桜に関する取材で飛騨を訪れていた。たまたま立ち寄った丹生川で〈法力柿〉の話を聞いた。地元での古老の話は熱をおび、輝いていて、人生そのものという印象を受け、感銘した。その頃よりカキに対する興味が芽生え、思い起こす契機となった。なんとか甦らせたいと思い再三訪れ聞いてまわったが、ほとんど残っていなかった。
東濃地方に広く植えられている〈万賀〉の漬柿の味が忘れられないという人に度々であった。この話になると語らいが止まらないでいつまでも続いた。

その後、三十数年間にわたり県下のカキに関する話や屋敷柿の実態を調べるために四～五回は回ったが、訪れるたびに屋敷柿の数は減じていった。天然紀念物である天神御所の原木、駒塚神社のヤマガキをはじめ、恵那の野井御所の巨木など三百～四百年を越えている古木が年ごとに少なくなり、駐車場をつくるために屋敷柿が切り倒されることが続いた。本当にさみしい思いであった。しかし一方では、再興の思いを込めて法力柿などの幼木を育ててみえる篤志家もあったが、その数は少ないのが現状である。

カキは、わが国において古来から人々の間で最も身近に生活の中に取り入れられてきたことは周知の事実である。経済の高度成長以降、都市化によって農村は変化し、屋敷がかわり伝統も崩れて、生活様式も大きく変貌した。

一種類の果樹で、いや一本の木としてこれほどまでに衣、食、住にわたり多様に利活用されて生活に密着していることは特別珍しいことである。まさにスーパーツリーと呼んでも過言ではない木と思う。それだけに先人たちのカキに対する思いの深さを感じ取れるし、また四〇〇種を超える多様な在来種が育てられてきた。まさに生活樹としての真骨頂であると確信している。カキがあると暮らしに潤いが増すこともあろう。

幸い岐阜県は、〈堂上蜂屋〉〈富有〉の原産地として、また二〇品種を数える古来からの在来種を生みだしたわが地は、カキにとって最も適する風土を有する誇りある郷土であると思う。

好むと好まざるとにかかわらず、移りゆく世情の中で多くの課題があるのも事実であるが、本書によって、一人でも多くの人の心にカキへの思いが伝わって広がってゆくのを願っている。

私はカキの実がたわわに実っている田舎の風景が好きである。原田泰治が描くような素朴な風景が好きである。その風景から日本固有のカキがだんだん少なくなっていくことが淋しい。

カキの専門家でない私ごとき未熟者が各分野にわたり広くカキに触れてはみたが中途半端に終始したことは否めないと思う。しかしカキに対する思いは少なからず持ち続けているのでお赦しいただきたい。著者のささやかな希望を述べるとすれば、本書が些かなりともカキ生産者や関係者の皆さまの一助となることを願っている。そして広く消費者にも食品としてのカキの凄さを知っていただければ幸甚である。

最後になりましたが、この書が刊行される運びになったのは、旧知の「一つ葉文庫」高田明実氏のお陰です。一昨年より長きにわたり初めの構成から原稿作成に至るまで長い間丁寧にご指導をいただき厚くお礼申し上げます。写真家の作美善男氏には現地へ数回に及ぶご足労をいただき、ふる里を思い起こす写真を提供していただきました。ありがとうございました。また、本書の刊行にあたっては、原稿が予想外に遅くなってご迷惑をおかけしたにもかかわらず、最後までおつき合いいただいた樹林舎編集部の折井克比古氏には格別お世話になりました。心よりお詫びし、この日に至ったことに感謝申し上げます。

平成二十八年十月吉日

石垣和義

著者略歴

石垣和義（いしがき　かずよし）

昭和12年9月関市に生まれる。
昭和33年3月岐阜県農業講習所卒業
昭和36年4月岐阜県上級職員となる
元岐阜県中山間地農業試験場長
元岐阜県農業大学校副校長
著書『岐阜県の桜―各地の桜を訪ねて―』
　　『岐阜県の桜―よもやま話―』など。
樹木医
岐阜市カキ共販振興会会員

表紙カバー・口絵撮影

作美善男（さくみ　よしお）日本写真協会会員

岐阜県のカキ **生活樹としての屋敷柿とかかわった暮らしの歴史**

2016年10月21日　初版1刷発行

著　者　石垣和義

発　行　樹林舎
〒468-0052　名古屋市天白区井口1-1504-102
TEL:052-801-3144　FAX:052-801-3148
http://www.jurinsha.com/

発　売　株式会社人間社
〒464-0850　名古屋市千種区今池1-6-13　今池スタービル2F
TEL:052-731-2121　FAX:052-731-2122
e-mail:mhh02073@nifty.com

印刷製本　モリモト印刷株式会社

ISBN 978-4-908627-04-0
＊定価はカバーに表示してあります。
＊乱丁・落丁本はお取り替えいたします。